住房和城乡建设部"十四五"规划教材 | 内蒙古自治区"十四五"职业教育规划教材

高职高专土建专业"互联网+"创新规划教材

全新修订

工程造价控制

第四版

主　编◎斯　庆
副主编◎褚菁晶　祝丽思
参　编◎郭文娟　侯文婷　高丽惠
　　　　于　洁　李剑心　梁　宇
　　　　刘桂霞　王俊峰

北京大学出版社

PEKING UNIVERSITY PRESS

内 容 简 介

本书针对高等职业技术应用型人才的培养目标和要求，结合高等职业教育的特点，以理论知识够用、突出实践为目的编写。本书内容按照基本建设程序编排，以工程造价控制原理为基础，为培养实践能力导入大量的工程实例，与其他专业课程内容之间保持相互渗透、相互统一的关系。同时，本书介绍了工程造价领域现行的法规和相关政策，体现知识的综合性、实用性、实践性和政策性。

全书共分 7 章，主要内容包括建设工程造价概述及依据、建设工程造价的构成、建设工程决策阶段工程造价控制、建设工程设计阶段工程造价控制、建设工程招投标阶段工程造价控制、建设工程施工阶段工程造价控制和建设工程竣工验收阶段工程造价控制。

本书既可作为高职高专院校工程造价、建筑工程管理、工程监理等专业的教学用书，也可作为造价员等执业资格考试的培训教材。

图书在版编目(CIP)数据

工程造价控制/斯庆主编. —4 版. —北京：北京大学出版社，2023.6
高职高专土建专业"互联网+"创新规划教材
ISBN 978-7-301-33937-4

Ⅰ.①工… Ⅱ.①斯… Ⅲ.①工程造价控制—高等职业教育—教材 Ⅳ.①TU723.3

中国国家版本馆 CIP 数据核字(2023)第 064642 号

书　　　名	工程造价控制（第四版）
	GONGCHENG ZAOJIA KONGZHI (DI-SI BAN)
著作责任者	斯　庆　主编
策 划 编 辑	杨星璐
责 任 编 辑	赵思儒
数 字 编 辑	蒙俞材
标 准 书 号	ISBN 978-7-301-33937-4
出 版 发 行	北京大学出版社
地　　　址	北京市海淀区成府路 205 号　100871
网　　　址	http://www.pup.cn　新浪微博：@北京大学出版社
电 子 邮 箱	编辑部 pup6@pup.cn　总编室 zpup@pup.cn
电　　　话	邮购部 010-62752015　发行部 010-62750672　编辑部 010-62750667
印 刷 者	北京溢漾印刷有限公司
经 销 者	新华书店
	787 毫米×1092 毫米　16 开本　19.75 印张　474 千字
	2009 年 2 月第 1 版　2014 年 8 月第 2 版
	2021 年 1 月第 3 版　2023 年 6 月第 4 版
	2025 年 1 月全新修订　2025 年 6 月第 4 次印刷（总第 25 次印刷）
定　　　价	59.00 元

未经许可，不得以任何方式复制或抄袭本书之部分或全部内容。
版权所有，侵权必究
举报电话：010-62752024　电子邮箱：fd@pup.cn
图书如有印装质量问题，请与出版部联系，电话：010-62756370

第四版前言
Preface

《工程造价控制》教材立足职业教育改革发展新阶段，紧密对接智能建造时代工程造价数字化转型升级需求，以培养"懂技术、精造价、善管理、守匠心"的复合型人才为目标，在继承前三版特色的基础上，从体系架构到内容呈现进行了全方位革新，构建了"理论前沿性-教学适配性-就业导向性"三位一体的新型教材范式。

本教材由行业专家、企业代表及院校教师联合编审，通过协同工程造价协会与工程咨询企业调研，对标岗位需求与教学标准，深度融入BIM技术，构建覆盖建设项目全寿命周期的8章知识体系，包括决策、设计、招投标、施工以及竣工验收等阶段的造价控制，形成"环节递进、学用一体"的内容架构，为《工程造价控制》和《工程造价管理》等课程提供系统性学习指导。

本教材在修订过程中，严格依据住房和城乡建设部发布的《建设工程工程量清单计价标准》（GB/T 50500—2024）、中国建设工程造价管理协会制定的《建设项目全过程造价咨询规程》（CECA/GC4—2017）（中价协〔2017〕45号）文件要求，同时紧密结合《中华人民共和国民法典》《建设工程施工合同（示范文本）》（GF–2021–0201）、《中华人民共和国招标投标法实施条例（2019年修订）》《基本建设项目竣工财务决算管理暂行办法》（财建〔2016〕503号）等国家最新颁布的工程造价管理相关政策法规。此外，教材深度融合"岗课赛证"育人理念，更新了全国注册造价工程师考试和工程造价数字化应用职业技能等级证书和全过程工程咨询领域的前沿知识。教材创新"思维导图导航＋行业引例导入"双引擎驱动模式，配合实时更新的"知识链接"与"素养拓新"延展模块，确保学科知识与产业前沿动态同步；凸显教学实用性，设计"证书在线（造价工程师历年真题）、技能在线和案例在线（综合应用案例）"三维能力培养模型；配置"工作任务单＋模拟试卷"双轨训练体系，实现从知识输入到实践输出的学用闭环。

教材中"素养拓新"架构了工程造价管理"三层六维"的思政教育体系。在职业信念层，结合"港珠澳大桥高质量施工""上海中心大厦全寿命周期造价管理"等大国工程案例，引导学生感悟家国情怀与责任担当；在职业伦理层，通过"定额发展历史""营改增变革"等内容，帮助学生树立底线思维和职业操守；在职业能力层，依托"冬奥场馆绿色节能设计""小浪底严谨招投标"等案例，培养学生精益求精的工匠精神。教材以真实工程实践为依托，将价值塑造与专业知识深度融合，助力学生成长为德才兼备的新时代工程人才。

本教材作为《工程造价控制》课程的配套用书，依托课程多年积累的优质教学资源。自2014年该课程被评为自治区级精品课程以来，我们持续优化课程内容，创新教学模式，于2023年获批自治区职业教育精品在线课程，2024年进一步被认定为自治区级职业教育一流核心课程。教材编写过程中，融入了丰富的教学案例、实践项目、BIM技术应用以及行业最新动态，同时结合在线课程平台中的视频讲解、互动习题、虚拟仿真等数字化资源，开发了《工程造价控制》数字教材，为学习者提供全方位、多层次的学习支持。本教材能满足教师培训和教学、学习者自学和考证等多样化需求，助力培养高素质、应用型的工程造价管理人才。

本教材由内蒙古建筑职业技术学院斯庆担任主编，内蒙古建筑职业技术学院褚菁晶和祝丽思担任副主编，内蒙古建筑职业技术学院郭文娟、侯文婷、高丽惠、于洁、四川建筑职业技术学院李剑心、苏州秉诚工程造价咨询有限公司梁宇、兴泰建设集团有限公司刘桂霞、内蒙古和利管理咨询集团有限公司王俊峰参编。全书由斯庆负责统稿。

内蒙古自治区本级政府投资非经营性项目代建中心张鑫和内蒙古海誉工程项目管理公司董事长国桂玲对本书进行了审读，并提出了宝贵意见，对本书的修订工作提供了很大的帮助，在此表示感谢！

本书在编写过程中，参阅和引用了一些优秀教材内容，吸收了国内外众多同行专家的最新研究成果，在此表示衷心的感谢。由于编者水平有限，书中难免存在不足和疏漏之处，敬请各位读者批评指正。

编　者
2025 年 1 月

资源索引

目录 Catalog

第1章 工程造价控制：开启工程财富密码 1
1.1 工程造价控制初印象 2
1.2 建设工程定额新视野 10
1.3 工程量清单实战解读 16
1.4 多元依据共支撑 27
本章小结 29
习题 29
工作任务单一 32
工作任务单二 34

第2章 工程造价构成：成本拼图大揭秘 36
2.1 工程造价构成要素拆解 37
2.2 设备与工器具购置费成本探秘 39
2.3 建筑安装工程费费用解析 45
2.4 隐藏成本之幕后的费用力量 58
2.5 未知防线之预备费与建设期利息的应对 67
本章小结 70
习题 70
工作任务单 73

第3章 决策阶段控制：项目成败的分水岭 76
3.1 可行性研究深度洞察 77
3.2 投资估算精准锚定 81
3.3 财务评价多维解析 94
本章小结 123
习题 123
工作任务单一 127
工作任务单二 129

第4章 设计阶段控制：精打细算的设计之道 131
4.1 设计方案优选与限额设计解析 133
4.2 价值工程原理与工程应用分析 139
4.3 设计概算编制方法与审查要点 146
4.4 施工图预算编审妙计与实战重点 155
本章小结 165
习题 165

工作任务单一 …………………………………………………………………… 168
工作任务单二 …………………………………………………………………… 170

第5章 招投标阶段控制：博弈中的造价平衡 ……………………………… 172
5.1 招投标流程全景透视 …………………………………………………… 173
5.2 招标清单魔法宝典 ……………………………………………………… 180
5.3 最高投标限价安全密码 ………………………………………………… 191
5.4 投标策略与报价技巧揭秘 ……………………………………………… 194
5.5 施工合同种类详解 ……………………………………………………… 203
本章小结 ………………………………………………………………………… 207
习题 ……………………………………………………………………………… 207
工作任务单一 …………………………………………………………………… 211
工作任务单二 …………………………………………………………………… 213

第6章 施工阶段控制：技术与成本的双重把控之术 ……………………… 215
6.1 施工阶段控制要点总览 ………………………………………………… 216
6.2 工程变更与价款调整应对与实践 ……………………………………… 218
6.3 工程索赔攻防实战 ……………………………………………………… 224
6.4 工程价款结算优化与精细化管控 ……………………………………… 235
6.5 资金使用计划的精细筹划与高效运用实践 …………………………… 246
本章小结 ………………………………………………………………………… 253
习题 ……………………………………………………………………………… 254
工作任务单一 …………………………………………………………………… 258
工作任务单二 …………………………………………………………………… 260

第7章 竣工验收阶段控制：工程造价的终极试炼场 ……………………… 262
7.1 竣工决算的编制决胜点 ………………………………………………… 263
7.2 保修费用的精算谋略 …………………………………………………… 272
本章小结 ………………………………………………………………………… 277
习题 ……………………………………………………………………………… 277
工作任务单 ……………………………………………………………………… 281

第8章 BIM技术用于造价管理：数字造价的拓展 ………………………… 283
8.1 开启BIM+造价管理数字时代 ………………………………………… 284
8.2 BIM技术赋能全过程造价控制 ………………………………………… 289
8.3 数字造价的实战风云 …………………………………………………… 291
本章小结 ………………………………………………………………………… 301
习题 ……………………………………………………………………………… 301
工作任务单 ……………………………………………………………………… 303

附　录　AI伴学内容及提示词 ………………………………………………… 305

参考文献 …………………………………………………………………………… 308

第1章 工程造价控制：开启工程财富密码

思维导图

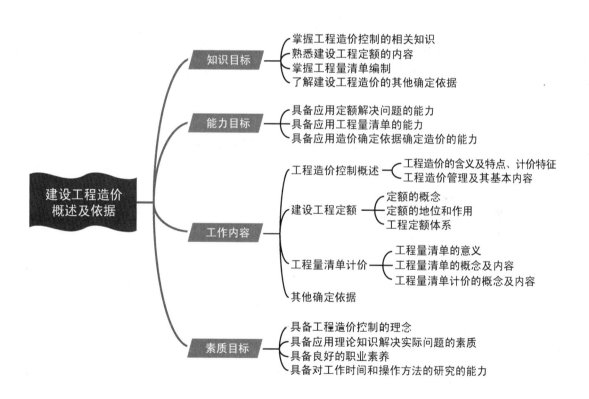

引例

某市政府准备投资兴建一项隧道工程，此工程为该市建设规划的重要项目之一，经过投资估算，已将该工程列入地方年度固定资产投资计划。概算已经主管部门批准，征地工作基本完成，施工图及有关技术资料齐全，现决定对该项目进行施工招标。招标以前，业主委托工程造价咨询人编制工程量清单和最高投标限价，并且将其提供给了各投标单位，对参加投标的施工企业进行投标价的评定，择"优"选择合适的施工单位并签署工程合同。

在招投标的过程中，从项目投资决策到确定施工单位开始施工，不同阶段要进行多次计价，如投资估算、概算造价、修正概算造价、预算造价（最高投标限价）、合同价等。那么确定工程造价的依据是什么呢？

知识链接

一般来说，建设工程从最初的项目建议书、可行性研究到准备开始施工以前，应预先对建设工程造价进行计算和确定。建设工程造价在不同阶段的具体表现形式为投资估算、概算造价、修正概算造价、预算造价（最高投标限价）、合同价等。建设工程造价表现形式多种多样，所需的确定依据也不同，但确定的基本原理是相同的。建设工程造价确定的依据是指进行建设工程造价确定所必需的基础数据和资料，主要包括工程定额、工程量清单、要素市场价格信息、工程技术文件、环境条件与工程建设实施组织和技术方案等。

1.1 工程造价控制初印象

1.1.1 工程造价的含义及特点

1. 工程造价的含义

工程造价通常是指工程建设预计或实际支出的费用。由于所处的角度不同，工程造价有两种不同的含义。

（1）从投资者（业主）的角度分析，工程造价是指建设一项工程预计或实际开支的全部资产投资费用。投资者为了获得投资项目的预期效益，需要对项目进行策划、决策及建设实施，直至竣工验收等一系列投资管理活动。在上述活动中所花费的全部费用就构成了工程造价。从这个意义上讲，工程造价就是建设工程项目固定资产总投资。

（2）从市场交易的角度分析，工程造价是指为建成一项工程，预计或实际在工程发承包交易活动中所形成的建筑安装工程费用或建设工程总费用。显然，工程造价的这种含义是指以建设工程这种特定的商品形式作为交易对象，通过招标投标或其他交易方式，在进行多次预估的基础上，最终由市场形成的价格。这里指的工程，既可以是涵盖范围很大的一个建设工程项目，也可以是其中的一个单项工程或单位工程，甚至可以是整个建设工程中的某个阶段，如建筑安装工程、装饰装修工程或者其中的某个组成部分。

第1章 工程造价控制：开启工程财富密码

> **特别提示**
>
> 　　人们通常将工程造价的第二种含义认定为工程承发包价格。工程造价的两种含义是从不同角度把握同一种事物的本质。
>
> 　　对建设工程投资者来说，市场经济条件下的工程造价就是项目投资额，是"购买"项目要付出的价格，同时也是投资者在作为市场供给主体"出售"项目时定价的基础。
>
> 　　对承包商、供应商，以及规划、设计等机构来说，工程价格是他们作为市场供给主体出售商品和劳务的价格总和，或者是特指范围的工程造价，如建筑安装工程造价。

2. 工程造价的特点

工程建设的特点决定了工程造价具有以下特点。

（1）大额性。

能够发挥投资效用的任何一项工程，不仅实物形体庞大，而且造价高。其中，特大型工程项目的造价可达上百亿、千亿元。工程造价的大额性使其关系到有关各方面的重大经济利益，同时也会对宏观经济产生重大的影响，这就决定了工程造价的特殊地位，也说明了工程造价管理的重要意义。

（2）个别性。

任何一项工程都有特定的用途、功能和规模。因此，对每一项工程的结构、造型、空间分割、设备配置和内外装饰都有具体的要求，即工程内容和实物形态都具有个别性。产品个别性决定了工程造价的个别性，同时，每项工程所处的地区、地段都不相同，这使得工程造价的个别性更加突出。

（3）动态性。

任何一项工程从决策到竣工交付使用，都有一个较长的建设期。在此期间，经常会出现许多影响工程造价的因素，如工程变更、设备材料价格、工资标准，以及利率、汇率的变化等，这些变化必然会影响工程造价的变动。由此可见，工程造价在整个建设期内都处于不确定状态，竣工决算后才能最终决定实际造价。

（4）层次性。

工程造价的层次性取决于工程的层次性。一个建设项目往往含有多个能独立发挥设计效能的单项工程（车间、写字楼、住宅等），一个单项工程又是由多个能够各自发挥专业效能的单位工程（土建工程、电器安装工程等）组成的。与此相对应，工程造价有3个层次：建设项目总造价、单项工程造价和单位工程造价。如果专业分工更细，单位工程（如土建工程）的组成部分——分部工程也可以成为交换对象，如大型土方工程、基础工程、装饰工程等。这样，工程造价的层次就增加分部工程和分项工程两个层次而成为5个层次。

（5）兼容性。

工程造价的兼容性首先表现在它具有两种含义，其次表现在工程造价构成因素的广泛性和复杂性。在工程造价中，成本因素非常复杂，其中为获得建设工程用地付出的费用，项目可行性研究和规划实际费用，与政府一定时期政策（特别是产业政策和税收政策）相关的费用占有相当的份额。此外，盈利的构成也较为复杂，资金成本也较大。

1.1.2 工程造价的计价特征

工程造价的计价是确定工程造价的形成过程，所以工程项目的特点决定了工程计价的特征。

1. 计价的单件性

建筑产品的单件性特点决定了每项工程都必须单独计算造价。

2. 计价的多次性

建设工程周期长、规模大、造价高，需要按建设程序决策和实施，工程造价的计价也需要在不同阶段多次进行，以保证工程造价计算的准确性和控制的有效性。多次计价是个逐步深化、逐步细化和逐步接近实际造价的过程。大型建设工程项目的造价计价过程如图1.1所示。

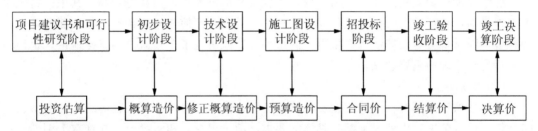

图 1.1　大型建设工程项目的造价计价过程

（1）投资估算。在项目建议书和可行性研究阶段通过编制估算文件预先测算和确定的工程造价。投资估算是建设项目进行决策、筹集资金和合理控制造价的主要依据。

（2）概算造价。在初步设计阶段，根据设计意图，通过编制工程概算文件预先测算和确定的工程造价。与投资估算造价相比，概算造价的准确性有所提高，但受估算造价的控制。概算造价一般又可分为建设项目概算总造价、各个单项工程概算综合造价和各单位工程概算造价。

（3）修正概算造价。在技术设计阶段，根据技术设计的要求，通过编制修正概算文件，预先测算和确定的工程造价。修正概算是对初步设计阶段的概算造价的修正和调整，比概算造价准确，但受概算造价控制。

（4）预算造价。在施工图设计阶段，根据施工图纸，通过编制预算文件，预先测算和确定的工程造价。预算造价比概算造价或修正概算造价更为详尽和准确，但同样要受前一阶段工程造价的控制。并非每一个工程项目均要确定预算造价。目前，有些工程项目需要确定最高投标限价以限制最高投标报价。

（5）合同价。在工程发承包阶段，通过签订总承包合同、建筑安装工程承包合同、设备材料采购合同，以及技术和咨询服务合同所确定的价格。合同价属于市场价格，它是由发承包双方根据市场行情通过招投标等方式达成一致、共同认可的成交价格。但应注意，合同价并不等同于最终结算的实际工程造价。根据计价方法不同，建设工程合同有许多类型，不同类型合同的合同价内涵也会有所不同。

(6) 结算价。在工程竣工验收阶段，按合同调价范围和调价方法，对实际发生的工程量增减、设备和材料价差等进行调整后计算和确定的价格，反映的是工程项目的实际造价。工程结算文件一般由承包单位编制，由发包单位审查，也可以委托具有相应资质的工程造价咨询机构进行审查。

(7) 决算价。在工程竣工决算阶段，以实物数量和货币指标为计量单位，综合反映竣工项目从筹建开始到项目竣工交付使用为止的全部建设费用。工程决算文件一般由建设单位编制，上报相关主管部门审查。

3. 工程造价的计价组合性

工程造价的计价是分部组合而成的，这一特征和建设项目的组合性有关。一个建设项目是一个工程综合体，它可以分解为许多有内在联系的工程，如图 1.2 所示。从计价和工程管理的角度看，分部分项工程还可以进一步分解。建设项目的组合性决定了概算造价和预算造价的逐步组合过程，同时也反映到合同价和结算价的确定过程中。工程造价的计算过程是：分部分项工程单价→单位工程造价→单项工程造价→建设项目总造价。

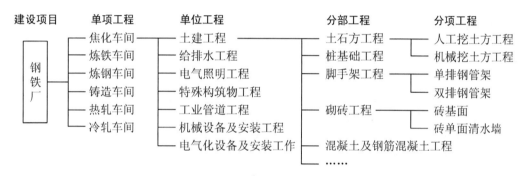

图 1.2 建设项目分解示意图

 证书在线 1-1

根据分部组合计价原理，单位工程可依据（　　）等的不同分解为分部工程。（2017 年真题）

A. 结构部位　　B. 路段长度　　C. 施工特点
D. 材料　　　　E. 工序

【解析】：单位工程可以按照结构部位、路段长度及施工特点或施工任务分解为分部工程。因此正确答案为 ABC。分解成分部工程后，从工程计价的角度，还需要把分部工程按照不同的施工方法、材料、工序及路段长度等划分为分项工程。

【本题答案】：ABC

4. 工程造价计价方法的多样性

工程的多次计价有各不相同的计价依据，每次计价的精确度要求也各不相同，由此决定了计价方法的多样性。例如，计算投资估算的方法有设备系数法、生产能力指数估算法等，计算概、预算造价的方法有单价法和实物法等。不同的方法有不同的适用条件，计价时应根据具体情况加以选择。

5. 工程造价计价依据的复杂性

影响工程造价的因素较多，这决定了其计价依据的复杂性。计价依据主要可分为以下

7类。

(1) 计算设备和工程量的依据。其中包括项目建议书、可行性研究报告、设计文件等。

(2) 人工、材料、施工机具等实物消耗量的计算依据。其中包括投资估算指标、概算定额、预算定额等。

(3) 计算工程单价的价格依据。其中包括人工单价、材料价格、材料运杂费、机械台班费等。

(4) 计算设备单价的依据。其中包括设备原价、设备运杂费、进口设备关税等。

(5) 计算措施费、其他项目费和工程建设其他费用的依据。其中主要是相关的费用定额和指标。

(6) 政府规定的税费。

(7) 物价指数和工程造价指数。

工程造价计价依据的复杂性不仅使计算过程复杂，而且要求计价人员熟悉各类依据，并加以正确应用。

1.1.3　工程造价管理及其基本内容

1. 工程造价管理的含义

工程造价管理的含义包括两方面，一是建设工程投资费用管理，二是建设工程价格管理。

1) 建设工程投资费用管理

建设工程投资费用管理是指为了实现投资的预期目标，在拟定的规划、设计方案的条件下，预测、计算、确定和监控工程造价及其变动的系统活动。建设工程投资费用管理属于投资管理的范畴，它既涵盖了微观的项目投资费用的管理，也涵盖了宏观层次的投资费用的管理。

2) 建设工程价格管理

建设工程价格管理属于价格管理范畴。在社会主义市场经济条件下，价格管理分两个层次：在微观层次上，是生产企业在掌握市场价格信息的基础上，为实现管理目标而进行的成本控制、计价、定价和竞价的系统活动；在宏观层次上，是政府根据社会经济发展的要求，利用法律手段、经济手段和行政手段对价格进行管理和调控，以及通过市场管理规范市场主体价格行为的系统活动。

> **特别提示**
>
> 工程建设关系国计民生，政府投资公共、公益性项目在今后仍然会占相当份额。因此，国家对工程造价的管理，不仅具有一般商品价格的调控职能，而且在政府投资项目上也具有着微观主体的管理职能。这种双重角色的双重管理职能是工程造价管理的一大特色。区分不同的管理职能，进而制定不同的管理目标，采用不同的管理方法是一种必然的趋势。

2. 全面造价管理

全面造价管理是指有效地使用专业知识和专门的技术去计划和控制资源、造价、盈利和风险。建设工程全面造价管理包括全寿命周期造价管理、全过程造价管理、全要素造价管理和全方位造价管理。

1) 全寿命周期造价管理

建设工程全寿命周期造价是指建设工程初始建造成本和建成后的日常使用成本之和，它包括建设前期、建设期、使用期及拆除期各个阶段的成本。在工程建设及使用的不同阶段，工程造价存在诸多不确定性，这使得工程造价管理至今只能作为一种实现建设工程全寿命周期造价最小化的指导思想，用来指导建设工程的投资决策及设计方案的选择。

2) 全过程造价管理

建设工程全过程是指建设工程前期决策、设计、招投标、施工、竣工验收等各个阶段。全过程造价管理覆盖建设工程前期决策及实施的各个阶段，包括前期决策阶段的项目策划、投资估算、项目经济评价、项目融资方案分析，设计阶段的限额设计、方案比选、概预算编制，招投标阶段的标段划分、承发包模式及合同形式的选择、最高投标限价或标底编制，施工阶段的工程计量与结算、工程变更控制、索赔管理，竣工验收阶段的竣工结算与决算等。

全过程造价管理与全寿命周期造价管理的对比

3) 全要素造价管理

建设工程造价管理不能单就工程造价本身谈造价管理，因为除工程本身造价之外，工期、质量、安全及环境等因素均会对工程造价产生影响。为此，控制建设工程造价不仅是控制建设工程本身的成本，还应同时考虑工期成本、质量成本、安全与环境成本的控制，从而实现工程成本、工期、质量、安全、环境的集成管理。

4) 全方位造价管理

建设工程造价管理不仅是业主或承包单位的任务，也应该是政府建设行政主管部门、行业协会、业主方、设计方、承包方以及有关咨询机构的共同任务。尽管各方的地位、利益、角度等有所不同，但必须建立完善的协同工作机制，才能实现建设工程造价的有效控制。

素养拓新

改革开放以来，我国建设行业不断发展，以建筑信息模型（Build Information Model，BIM）理念为基础的软件，给工程行业的管理模式带来创新和变革。BIM技术的应用不仅能够减少造价人员手动算量的时间，而且能够使计算出来的工程量结果更加精确，得出的成本预算更接近实际工程量。因此，BIM技术对于提高建筑行业信息化管理水平、有效控制建设项目各个阶段的造价，起到了显著的推动作用。

上海中心大厦全寿命周期采用BIM技术进行造价管理。该项目基于BIM技术的造价咨询服务主要体现在设计阶段、施工阶段、竣工阶段等工作环节。BIM团队充分利用BIM软件技术特点，进行工程计量和材料用量计算，便捷实现工程数据的调整，还可以进行变更管理、成本事先控制、中期付款和工程竣工结算。

基于BIM的造价控制与管理为我们行业带来了省时、省力的工作模式，将庞大的专业信息数据、计算结果进行系统化管理，同时让各专业工程三维可视化，使项目信息形象化、直观化，把我们各环节各工种有机结合，为我们创造了一个协同工作的平台。

随着我们对BIM相关数据标准理论、信息共享与数据转换等关键技术的研究，BIM理念和BIM技术的推广和应用，为工程项目全寿命周期成本管理提供了新的潜力和机遇。上海中心大厦的全寿命周期造价管理，体现了造价管理与控制在项目周期运营过程中的全面管控思想，具有重要借鉴意义。

3. 我国工程造价管理的目标、任务及基本内容

1) 我国工程造价管理的目标

我国工程造价管理的目标是按照经济规律的要求，根据社会主义市场经济的发展形势，利用科学的管理方法和先进的管理手段，合理地确定造价和有效地控制造价，以提高投资效益和建筑安装企业经营效果。

2) 我国工程造价管理的任务

我国工程造价管理的任务是加强工程造价的全过程动态管理，强化工程造价的约束机制，维护有关各方的经济利益，规范价格行为，促进微观效益和宏观效益的统一。

3) 我国工程造价管理的基本内容

我国工程造价管理的基本内容就是合理确定和有效控制工程造价。

(1) 所谓工程造价的合理确定，就是在建设程序的各个阶段，合理确定投资估算、概算造价、预算造价、承包合同价、结算价、竣工决算价。

① 在项目建议书阶段，按照有关规定编制的初步投资估算，经过有关部门批准，作为拟建项目列入国家中长期计划和开展前期工作的控制造价。

② 在项目可行性研究阶段，按照有关规定编制的投资估算，经过有关部门批准，作为该项目的控制造价。

③ 在初步设计阶段，按照有关规定编制的初步设计总预算经过有关部门批准即可作为拟建项目工程造价的最高限额。

④ 在施工图阶段，按照规定编制施工图预算，用以核实施工图阶段预算造价是否超过批准的初步设计概算。对以施工图预算为基础实施招标的工程，承包合同价也是以经济合同形式确定的建筑安装工程造价。

⑤ 在工程实施阶段，按照承包方实际的工程量，以合同价为基础，同时考虑因为物价变动所引起的造价变更，以及设计中难以预计的而在实施阶段实际发生的工程和费用，合理确定结算价。

⑥ 在竣工验收阶段，全面汇集在工程建设过程中实际花费的全部费用，编制竣工决算，以体现建设工程的实际造价。

(2) 所谓工程造价的有效控制，就是在优化建设方案、设计方案的基础上，在建设程序的各个阶段，采用一定的方法和措施把工程造价的发生控制在合理的范围和核定的造价限额以内。具体地说就是：用投资估算价控制设计方案的选择和初步设计概算造价；用概算造价控制技术设计和修正概算造价；用概算造价或修正概算造价控制施工图设计和预算造价。通过工程造价的有效控制以求合理使用人力、物力和财力，进而取得较好的投资效益。

有效控制工程造价应体现以下3项原则。

① 以设计阶段为重点的建设全过程造价控制。工程造价控制贯穿于项目建设全过程的同时，应注意工程设计阶段的造价控制。工程造价控制的关键在于前期决策和设计阶段，而在项目投资决策完成之后，控制工程造价的关键在于设计。建设工程全寿命周期费用包括工程造价和工程交付使用后的经常开支费用（含经营费用、日常维护修理费用、使

用期内大修理和局部更新费用)以及该项目使用期满后的报废拆除费用等。据西方一些国家分析,设计费一般不足建设工程全寿命周期费用的1%,但正是这少于1%的费用对工程造价的影响度占到75%以上。由此可见,设计质量对整个工程建设的效益是至关重要的。

② 主动控制以取得令人满意的结果。长期以来,人们一直把控制理解为目标值与实际值的比较,当实际值偏离目标值时,分析其产生偏差的原因并确定下一步的对策。在工程建设全过程中进行这样的工程造价控制当然是有意义的,但问题在于这种立足于调查—分析—决策的基础之上的偏离—纠偏—再纠偏的控制是一种被动的控制,因为这样做只能发现偏离,不能预防可能发生的偏离。为尽可能地减少甚至避免目标值与实际值的偏离,还必须立足于事先主动地采取控制措施,实现主动控制;也就是说,工程造价控制不仅要反映投资决策,反映设计、发包和施工(被动地控制工程造价),更要能动的影响投资决策,影响设计、发包和施工(主动地控制工程造价)。

③ 技术与经济相结合是控制工程造价最有效的手段。要有效地控制工程造价,应从组织、技术、经济等多方面采取措施。从组织上采取的措施包括明确项目组织结构,明确造价控制及其任务,明确管理职能分工;从技术上采取的措施包括重视设计多方案选择,严格审查监督初步设计、技术设计、施工图设计,深入技术领域研究节约投资的可能性;从经济上采取的措施包括动态地控制造价的计划值和实际值,严格审核各项费用支出,采取对节约投资的有力奖惩措施等。

4. 工程造价管理的组织

工程造价管理的组织是指为了实现工程造价管理目标而进行的有效组织活动,以及与造价管理功能相关的有机群体。它是工程造价动态的组织活动过程和相对静态的造价管理部门的统一,具体来说主要是指国家、地方、部门和企业之间管理权限和职责范围的划分。

工程造价管理组织有三个系统。

1) 政府行政管理系统

政府在工程造价管理中既是宏观管理主体,也是政府投资目的的微观管理主体。从宏观管理角度来讲,政府对工程造价管理有一个严密的组织系统,设置了多层次管理机构,规定了管理权限和职责范围。国家建设行政主管部门的造价管理机构在全国范围内行使管理职能,它在工程造价管理工作方面承担的主要职责有以下几个方面。

(1) 组织制定工程造价管理的有关法规、制度并组织贯彻实施。

(2) 组织制定全国统一经济定额和制定、修订本部门经济定额。

(3) 监督指导全国统一经济定额和部管行业经济定额的实施。

(4) 制定工程造价咨询单位的资质标准并监督执行,提出工程造价专业技术人员执业资格标准。

(5) 负责全国工程造价咨询单位资质管理工作,负责全国甲级工程造价咨询单位的资质审定。

省、自治区、直辖市和国务院其他主管部门的造价管理机构在其管理辖区范围内行使相应的管理职能;省辖市和地区的造价管理部门在所辖地区内行使相应的管理职能。

2) 企、事业机构管理系统

企、事业机构对工程造价的管理属微观管理的范畴。设计单位、工程造价咨询企业按照业主或委托方的意图，在可行性研究和规划设计阶段合理确定和有效控制建设工程造价，如：通过限额设计等手段实现设定的造价管理目标；在招投标工作中编制招标文件、最高投标限价或标底，参加评标、合同谈判等工作；在项目实施阶段，通过对设计变更、工期、索赔和结算等管理进行造价控制等。设计单位、工程造价咨询企业通过在全过程造价管理中的业绩，赢得自己的信誉，提高市场竞争力。

工程承包企业的造价管理是企业的重要内容。工程承包企业设有专门的职能机构参与企业的投标决策，并通过对市场的调查研究，利用过去积累的经验研究报价策略，提出报价，在施工过程中进行工程造价的动态管理，并注意各种调价因素的发生和工程价款的结算，避免收益的流失以促进企业盈利目标的实现。工程承包企业在加强工程造价管理的同时还要加强企业内部的各项管理，特别要加强成本控制，这样才能切实保证企业有较高的利润水平。

3) 行业协会管理系统

在全国各省、自治区、直辖市及一些大中城市，先后成立了工程造价管理协会，对工程造价咨询工作和造价工程师实行行业管理。

成立于1990年7月的中国建设工程造价管理协会是我国建设工程造价管理的行业协会，其前身是1985年成立的中国工程建设概预算委员会。协会的业务范围包括以下几方面。

(1) 研究工程造价管理体制的改革，行业发展、行业政策、市场准入制度及行为规范等理论与实践问题。

(2) 探讨提高政府和业主项目投资效益，科学预测和控制工程造价，促进现代化管理技术在工程造价咨询行业的运用，向国家相关行政部门提供建议。

(3) 接受国家行政主管部门的委托，承担工程造价咨询行业和造价工程师执业资格及职业教育等具体工作，研究并提出与工程造价有关的规章制度及工程造价咨询行业的资质标准、合同范本、职业道德规范等行业标准，并推动实施。

(4) 对外代表我国造价工程师组织和工程造价咨询行业，与国际组织及各国同行组织建立联系与交往，签订有关协议，为会员开展国际交流与合作等对外业务服务。

(5) 建立工程造价信息服务系统，编辑、出版有关工程造价方面的图书、刊物和参考资料，组织交流和推广先进工程造价咨询经验，举办有关职业培训和国际工程造价咨询业务研讨活动。

(6) 在国内外工程造价咨询活动中，维护和增进会员的合法权益，协调解决会员和行业间的有关问题；受理关于工程造价咨询执业违规的投诉，配合行政主管部门进行处理，并向政府部门和有关方面反映会员单位和工程造价咨询人员的建议和意见。

(7) 指导各专业委员会和地方造价协会的业务工作。

(8) 组织完成政府有关部门和社会各界委托的其他业务。

1.2 建设工程定额新视野

我国的定额是在几代人积累了大量翔实的基础资料和信息、总结实践经验的基础上经过辛勤劳动得到的成果。经过几十年的发展，定额体系已逐步完善，为确定建设工程的造价提供了重要的依据。

1.2.1 定额的概念

从广义上讲,定额是一种规定的额度,也是处理特定事物的数量界限。在现代社会经济生活中,定额几乎无处不在。就生产领域来说,工时定额、原材料消耗定额、原材料和成品半成品储备定额、流动资金定额等都是企业管理的重要基础。

在工程建设领域也存在多种定额。建设工程定额是指按照国家有关的产品标准、设计规范和施工验收规范、质量评定标准,并参考行业、地方标准,以及有代表性的工程设计和施工资料确定的工程建设过程中完成规定计量单位产品所消耗的人工、材料、施工机具等消耗量的标准。这种规定的额度所反映的是在一定的社会生产力发展水平下,完成某项工程建设产品与各种生产消耗之间特定的数量关系,考虑的是正常的施工条件,目前大多数施工企业的技术装备程度,合理的施工工期、施工工艺和劳动组织,反映的是一种社会平均消耗水平。例如:2017版《内蒙古自治区房屋建筑与装饰工程预算定额》中规定,采用M10混合砂浆、烧结煤矸石普通砖砌筑$10m^3$一砖厚混水砖墙,需消耗综合人工工日11.2515工日,烧结煤矸石普通砖5.337千块,M10混合砂浆$2.313m^3$,水$1.060m^3$。以上消耗的计价为人工费1264.05元,材料费2269.63元,机械费53.41元,管理费、利润455.06元,合计基价为4042.15元。这里砌$10m^3$产品(一砖厚混水砖墙)和所消耗的各种资源之间的关系是客观的,也是特定的,它们之间的数量关系反映了内蒙古地区砌一砖厚混水砖墙的社会平均消耗标准。

素养拓新

定额的使用在我国有着非常悠久的历史。最早可以追溯到公元1100年北宋著名的古代土木建筑家李诫修编的《营造法式》一书,它不仅是土木建筑工程技术的巨著,也是我国有记载的关于工料计算方面的第一部文献。《营造法式》共有三十六卷,其中第十六卷至第二十五卷是各工种计算用工量的规定;第二十六卷至二十八卷是各工种计算用料的规定。这些关于计算工料的规定,是我国古代官府颁布的工时定额和材料消耗定额。它汇集了北宋以前的工程技术精华,吸取了历代工匠的经验,对控制工料消耗,加强设计监督和施工管理起了很大作用,一直沿袭到明清。到了清朝,在清工部《工程做法则例》中,也有许多内容是说明工料计算方法的,它主要是一部算工算料的文献。直到今天,《仿古建筑及园林工程预算定额》的编制,仍将这些书籍及文献作为参考依据。

中华人民共和国成立以后,我国吸取了苏联定额工作的经验,参考了欧、美、日等国家有关定额方面的管理科学内容并结合我国在各个时期工程施工的实际情况,编制了适合我国工程建设的切实可行的建设工程定额。1995年,中华人民共和国建设部编制发布了《全国统一建筑工程基础定额》(土建)(GJD—101—1995);2002年,中华人民共和国建设部编制发布了《全国统一建筑装饰装修工程消耗量定额》(GYD—901—2002),全国各地也先后重新修订了各类建筑工程预算定额,使定额管理更加规范化和制度化。

党的二十大报告指出,万事万物是相互联系、相互依存的。只有用普遍联系的、全面系统的、发展变化的观点观察事物,才能把握事物发展规律。古代匠人以"筚路蓝缕、以启山林"的奋斗精神、"殚精竭虑、胼手胝足"的敬业精神,为中国工程概算、预算的精

1.2.2 定额的地位和作用

1. 定额在现代管理中的地位

（1）在传统计价模式下，工程建设定额在工程造价确定中占据主导地位，是编制概预算、最高投标限价等的主要依据。2024年发布的《建设工程工程量清单计价标准》（GB/T 50500—2024）新标准施行后，定额不再是编制最高投标限价、投标报价等的主要依据，转变为辅助参考资料，为企业提供大致标准和数据参考，帮助企业衡量自身成本与市场平均水平的差异。

（2）对于一些不适用工程量清单计价标准的项目，如采用定额计价的小型项目、非标准项目或在一些特定的合同约定场景下，工程建设定额仍将保持其规范性地位，作为确定工程造价的主要依据。在政府投资项目的前期投资估算、初步设计概算等阶段，定额也会发挥一定的规范和指导作用，帮助政府部门对项目投资进行宏观把控。

2. 工程建设定额的作用

（1）计价参考作用转变。以前定额是工程造价计算的直接依据，企业基本按定额规定标准计价。新标准实施后，定额成为参考资料，帮助企业衡量自身成本与市场平均水平的差异，企业可依据自身技术、管理、成本及市场价格等自主报价。

（2）引导企业成本管理转型。定额不再直接决定工程造价，其引导作用更多体现在促使企业建立自身成本数据库和价格体系上。企业可分析定额中的人、材、机消耗标准，结合自身情况制定企业定额，提升市场竞争力。

（3）基础支撑作用依旧。定额积累的大量工程数据和经验，是行业发展的重要基础资料。在市场价格信息不完善或缺乏时，能为确定工程价格提供基础数据支撑，也是新人学习工程造价基础知识的重要参考。

（4）对比基准作用强化。定额反映一定时期和范围内的社会平均消耗水平，在市场计价模式下，作为市场价格对比基准的作用得到强化。通过对比市场实际价格与定额价格，可分析价格波动情况和合理性，为发承包双方价格谈判、合同签订等提供参考，也有助于造价管理部门监测和调控市场价格。

✓ 技能在线 1-1

【背景资料】试看懂2017版《内蒙古自治区房屋建筑与装饰工程预算定额》混水多孔砖墙单位估价表，如表1-1所示。

表1-1 《内蒙古自治区房屋建筑与装饰工程预算定额》混水多孔砖墙单位估价表

定额编号	4-14	4-15	4-16
项　　目	混水多孔砖墙		
	1/2砖	1砖	1砖半

续表

基价/元			3471.95	3417.97	3340.44
人工费/元			1155.74	1078.11	1008.45
材料费/元			1865.24	1907.47	1921.63
机械费/元			34.90	44.27	47.32
管理费、利润/元			416.07	388.12	363.04
	名称	单位	单价/元	数量	
人工	综合工日	工日	112.35	10.287	9.596	8.976
材料	烧结多孔砖 240×115×90 砌筑用混合砂浆 M10 水 其他材料费	千块 m^3 m^3 元	411.84 264.07 5.27	3.548 1.496 1.210 2.608	3.397 1.892 1.170 2.667	3.354 2.013 1.150 2.687
机械	干混砂浆罐式搅拌机 20000L	台班	234.25	0.149	0.189	0.202
其他	管理费 利润	% %		20.000 16.000	20.000 16.000	20.000 16.000

【技能分析】单位估价表实质上是将"量"和"价"结合的一种定额,用货币形式来表示完成单位合格产品所需的人工费、材料费、机械费、管理费和利润,表1-1中的消耗量依据的就是现行的预算定额(消耗量定额)。

(1) 定额基价＝人工费＋材料费＋机械费＋管理费＋利润
(2) 人工费＝工日消耗量×人工单价
(3) 材料费＝Σ(材料消耗量×材料单价)
(4) 机械费＝Σ(机械台班消耗量×机械台班单价)
(5) 管理费＝人工费×管理费费率
(6) 利润＝人工费×利润率

1.2.3 工程定额体系

工程定额是指在正常施工条件下完成规定计量单位的合格建筑安装工程所消耗的人工、材料、施工机具台班、工期天数及相关费率等的数量标准。工程定额是一个综合概念,是建设工程造价计价和管理中各类定额的总称,包括许多种类的定额,可以按照不同的原则和方法对它进行分类。

1. 按定额反映的生产要素消耗内容分类

可以把工程定额划分为劳动消耗定额、材料消耗定额和施工机具消耗定额三种。

(1) 劳动消耗定额,简称劳动定额(也称为人工定额)。劳动定额是在正常的施工技术和组织条件下,完成规定计量单位合格的建筑安装产品所消耗的人工工日的数量标准。劳动定额的主要表现形式是时间定额,但同时也表现为产量定额。时间定额与产量定额互为倒数。

(2）材料消耗定额，简称材料定额。材料定额是指在正常的施工技术和组织条件下，完成规定计量单位合格的建筑安装产品所消耗的原材料、成品、半成品、构配件、燃料，以及水、电等动力资源的数量标准。

（3）施工机具消耗定额。施工机具消耗定额由机械消耗定额与仪器、仪表消耗定额组成，所以又称为施工机具台班定额。机械消耗定额是指在正常的施工技术和组织条件下，完成规定计量单位合格的建筑安装产品所消耗的施工机械台班的数量标准。机械消耗定额的主要表现形式是机械时间定额，同时也以产量定额表现。施工仪器、仪表消耗定额的表现形式与机械消耗定额类似。

> **特别提示**
>
> 劳动消耗定额、材料消耗定额和施工机具消耗定额的制定应从有利于提高企业的施工水平出发，以能反映平均先进的消耗量水平为原则，这三种定额是其他定额的基本组成部分。

2. 按定额的编制程序和用途分类

可以把工程定额分为施工定额、预算定额、概算定额、概算指标、投资估算指标五种。

（1）施工定额。施工定额是完成一定计量单位的某一施工过程或基本工序所需消耗的人工、材料和施工机具数量标准。施工定额是施工企业（建筑安装企业）组织生产和加强管理在企业内部使用的一种定额，属于企业定额的性质。施工定额是以某一施工过程或基本工序作为研究对象，表示生产产品数量与生产要素消耗综合关系编制的定额。为了适应组织生产和管理的需要，施工定额的项目划分很细，是工程定额中分项最细、定额子目最多的一种定额，也是工程定额中的基础性定额。

（2）预算定额。预算定额是在正常的施工条件下，完成一定计量单位合格分项工程和结构构件所需消耗的人工、材料、施工机具台班数量及其费用标准，是一种计价性定额。从编制程序上看，预算定额是以施工定额为基础综合扩大编制的，同时它也是编制概算定额的基础。

（3）概算定额。概算定额是完成单位合格扩大分项工程或扩大结构构件所需消耗的人工、材料、施工机具台班数量及其费用标准，是一种计价性定额。概算定额是编制扩大初步设计概算、确定建设项目投资额的依据。概算定额的项目划分粗细，与扩大初步设计的深度相适应，一般是在预算定额的基础上综合扩大而成的，每一综合分项概算定额都包含了数项预算定额。

（4）概算指标。概算指标是以单位工程为对象，反映完成一个规定计量单位建筑安装产品的经济指标。概算指标是概算定额的扩大与合并，以更为扩大的计量单位来编制的。概算指标的内容包括人工、材料、施工机具台班定额三个基本部分，同时还列出了各结构分部的工程量及单位建筑工程（以体积计或面积计）的造价，是一种计价定额。

（5）投资估算指标。投资估算指标是以建设项目、单项工程、单位工程为对象，反映建设总投资及其各项费用构成的经济指标。它是在项目建议书和可行性研究阶段编制投资估算、计算投资需要量时使用的一种定额。它的概略程度与可行性研究阶段相适应。投资估算指标往往根据历史的预、决算资料和价格变动等资料编制，但其编制基础仍然离不开预算定额、概算定额。

上述各种定额的相互联系可参见表1-2。

表1-2 各种计价定额间关系的比较

名称	施工定额	预算定额	概算定额	概算指标	投资估算指标
对象	施工过程或基本工序	分项工程和结构构件	扩大的分项工程或扩大的结构构件	单位工程	建设项目 单项工程 单位工程
用途	编制施工预算	编制施工图预算	编制扩大初步设计概算	编制初步设计概算	编制投资估算
项目划分	最细	细	较粗	粗	很粗
定额水平	平均先进	平均			
定额性质	生产性定额	计价性定额			

证书在线 1-2

下列定额中，子目最多、项目划分最细的定额是（　　）。（2023年真题）

A. 施工定额　　　　B. 预算定额　　　　C. 概算定额　　　　D. 概算指标

【解析】本题考核工程定额的分类。施工定额的项目划分很细，是工程定额中分项最细、定额子目最多的一种定额，也是工程定额中的基础性定额。而在计价性定额中，预算定额是子目最多、项目划分最细的定额。

【本题答案】A

证书在线 1-3

作为工程定额体系的重要组成部分，预算定额是（　　）。（2014年真题）

A. 完成一定计量单位的某一施工过程所需要消耗的人工、材料、施工机具台班数量标准

B. 完成一定计量单位合格分项工程或结构构件所需消耗的人工、材料、施工机具台班数量及其费用标准

C. 完成单位合格扩大分项工程所需消耗的人工、材料和施工机具台班数量及费用标准

D. 完成一个规定计量单位建筑安装产品的费用消耗标准

【解析】预算定额是在正常的施工条件下，完成一定计量单位合格分项工程或结构构件所需消耗的人工、材料、施工机具台班数量及其费用标准。因此正确答案为B。

【本题答案】B

3. 按专业划分

由于工程建设涉及众多专业，不同的专业所含的内容也不同，因此就确定人工、材料、施工机具台班消耗标准的工程定额来说，也需按不同的专业分别编制和执行。

(1) 建筑工程定额按专业对象分为建筑及装饰工程定额、房屋修缮工程定额、市政工

程定额、铁路工程定额、公路工程定额、矿山井巷工程定额等。

（2）安装工程定额按专业对象分为电气设备安装工程定额、机械设备安装工程定额、热力设备安装工程定额、通信设备安装工程定额、化学工业设备安装工程定额、工业管道安装工程定额、工艺金属结构安装工程定额等。

4. 按主编单位和管理权限分类

工程定额可以分为全国统一定额、行业统一定额、地区统一定额、企业定额和补充定额五种。

（1）全国统一定额是由国家建设行政主管部门综合全国工程建设中技术和施工组织管理的情况编制，并在全国范围内适用的定额。

（2）行业统一定额是考虑到各行业部门专业工程技术特点，以及施工生产和管理水平编制的。一般是只在本行业和相同专业性质的范围内使用。

（3）地区统一定额包括省、自治区、直辖市定额。地区统一定额主要是考虑地区性特点和全国统一定额水平做适当调整和补充编制的。

（4）企业定额是施工单位根据本企业的施工技术、机械装备和管理水平编制的人工、材料和施工机具的消耗标准。企业定额在企业内部使用，是企业综合素质的一个标志。企业定额水平一般应高于国家现行定额，才能满足生产技术发展、企业管理和市场竞争的需要。在工程量清单计价模式下，企业定额作为施工企业进行建设工程投标报价的计价依据，正发挥着越来越大的作用。

（5）补充定额是指随着设计、施工技术的发展，现行定额不能满足需要的情况下，为了补充缺陷所编制的定额。补充定额只能在指定的范围内使用，可以作为以后修订定额的基础。

上述各种定额虽然适用于不同的情况和用途，但是它们是一个互相联系的、有机的整体，在实际工作中配合使用。

> **特别提示**
>
> 在清单计价模式下，企业需要建立自己的企业定额，企业定额水平一般应高于国家现行定额，这样才能满足市场竞争的需要。

1.3　工程量清单实战解读

"定额计价"模式是我国传统的计价模式，在整个计价过程中，计价依据是固定的，法定的"定额"指令性过强，不利于竞争机制的发挥；而工程量清单计价是我国工程造价体制改革现行的工程造价计价方法和招标投标中报价方法，与国际通行惯例所采取的计价模式接轨，与定额计价模式截然不同。

素养拓新

工程量清单计价模式起源于19世纪30年代的英国，现已成为市场经济较为发达的国家和地区广为采用的国际惯例，也是大多数国家采取的工程计价模式。它经过上百年的发展，已成为较为成熟的一种计价模式，相关制度也比较完善，它的科学性、先进性、严谨

第1章 工程造价控制：开启工程财富密码

性已被大量工程实践充分证明。

随着《中华人民共和国招标投标法》在2000年实施、2017年修正，标准的《建设工程施工合同（示范文本）》被大力推广。同时由于我国加入WTO后加快了与国际市场接轨速度，为我国建立工程量清单计价模式提供了契机。

2003年2月17日，《建设工程工程量清单计价规范》（GB 50500—2003）发布实施，开创了工程造价管理工作的新格局，促使工程造价管理改革深入推进，对建立由政府宏观调控、市场有序竞争的新机制有着深远的影响。2008年7月9日，住房和城乡建设部颁发了《建设工程工程量清单计价规范》（GB 50500—2008）；2012年12月25日，住房和城乡建设部颁发了《建设工程工程量清单计价规范》（GB 50500—2013）和九部专业工程工程量计算规范。2024年11月13日中华人民共和国住房和城乡建设部发布《房屋建筑与装饰工程工程量计算标准》（GB/T 50854—2024）等9本计算标准，2024年11月26日住房城乡建设部以公告2024年第212号，发布了《建设工程工程量清单计价标准》（GB/T 50500—2024），于2025年9月1日起实施。

工程量清单计价模式真正贯彻了国家当前工程造价体制改革"政府宏观调控、企业自主报价、市场竞争形成价格"的原则，是一种适应市场经济体制的工程造价计价模式。

为了及时总结我国实施工程量清单计价以来的实践经验和最新理论研究成果，满足市场要求，结合建设工程行业特点，在新时期统一建设工程工程量清单的编制和计价行为，实现"政府宏观调控、部门动态监管、企业自主报价、市场形成价格"的宏伟目标，住房和城乡建设部及时对《建设工程工程量清单计价规范》（GB 50500—2008）进行全方位修改、补充和完善。修订后的《建设工程工程量清单计价规范》（GB 50500—2013）于2013年7月1日起实施。为了规范建设工程计价规则和方法，完善工程造价市场形成机制，推动工程造价管理高质量发展，中华人民共和国住房和城乡建设部发布《建设工程工程量清单计价标准》（GB/T 50500—2024），自2025年9月1日起实施

《建设工程工程量清单计价标准》

工程量清单计价与计量标准由《建设工程工程量清单计价标准》（GB/T 50500—2024）、《房屋建筑与装饰工程工程量计算标准》（GB/T 50854—2024）、《仿古建筑工程工程量计算标准》（GB/T 50855—2024）、《通用安装工程工程量计算标准》（GB/T 50856—2024）、《市政工程工程量计算标准》（GB/T 50857—2024）、《园林绿化工程工程量计算标准》（GB/T 50858—2024）、《矿山工程工程量计算标准》（GB/T 50859—2024）、《构筑物工程工程量计算标准》（GB/T 50860—2024）、《城市轨道交通工程工程量计算标准》（GB/T 50861—2024）、《爆破工程工程量计算标准》（GB/T 50862—2024）组成。

1.3.1　工程量清单计价的意义

1. 满足与国际通行惯例接轨的需要

实行工程量清单计价，是适应我国加入世界贸易组织（WTO），融入世界大市场的需要。随着我国改革开放的进一步加快，我国经济日益融入全球市场，特别是我国加入世界贸易组织后，建设市场进一步对外开放。国外的企业以及投资的项目越来越多地进入国内

市场，我国企业走出国门在国外投资和经营的项目也在增加。为了适应这种对外开放建设市场的形势，就必须与国际通行的计价方法相适应，为建设市场主体创造一个与国际惯例接轨的市场竞争环境。

> **特别提示**
> 工程量清单计价是国际社会通行的计价做法。

2. 提供一个平等的竞争条件

采用施工图预算来投标报价，由于设计图纸的缺陷，不同施工企业的人员理解不一，计算出的工程量也不同，报价就更相去甚远，也容易产生纠纷。而工程量清单报价就为投标者提供了一个平等竞争的基础，相同的工程量，由企业根据自身的实力来填不同的单价。投标人的这种自主报价，使得企业的优势体现到投标报价中，可在一定程度上规范建筑市场秩序，确保工程质量。

> **特别提示**
> 在招投标过程中，工程量清单是公开的，避免了工程招标中弄虚作假、暗箱操作等不规范行为的发生。

3. 满足市场经济条件下竞争的需要

招投标过程就是竞争的过程，招标人提供工程量清单，投标人根据自身情况确定综合单价，利用单价与工程量逐项计算每个项目的合价，再分别填入工程量清单表内，计算出投标总价。单价成了决定性的因素，定高了不能中标，定低了又要承担过大的风险。单价的高低直接取决于企业管理水平和技术水平的高低，这种局面促成了企业整体实力的竞争，有利于我国建设市场的快速发展。

4. 有利于提高工程计价效率，能真正实现快速报价

采用工程量清单计价模式，避免了传统计价模式下招标人与投标人在工程量计算上的重复工作，各投标人以招标人提供的工程量清单为统一平台，结合自身的管理水平和施工方案进行报价，促进了各投标人企业定额的完善和工程造价信息的积累和整理，体现了现代工程建设中快速报价的要求。

5. 有利于工程款的拨付和工程造价的最终结算

中标后，业主要与中标单位签订施工合同，中标价就是确定合同价的基础，投标清单上的单价就成了拨付工程款的依据。业主根据施工企业完成的工程量，可以很容易地确定进度款的拨付额。工程竣工后，根据设计变更、工程量增减等，业主也很容易确定工程的最终造价，可在某种程度上减少业主与施工单位之间的纠纷。

6. 有利于业主对投资的控制

采用现在的施工图预算形式，业主对因设计变更、工程量的增减所引起的工程造价变化不敏感，往往等到竣工结算时才知道这些变更对项目投资的影响有多大，但此时常常为时已晚。而采用工程量清单报价的方式则可对投资变化一目了然，在要进行设计变更时，

第1章 工程造价控制：开启工程财富密码

能立即知道它对工程造价的影响，业主就能根据投资情况来决定是否变更或进行方案比较，以决定最恰当的处理方法。

1.3.2 工程量清单的概念及内容

1. 工程量清单的概念

工程量清单是建设工程文件中载明项目编码、项目名称、项目特征、计量单位、工程数量等的明细清单。工程量清单应按分部分项工程项目清单、措施项目清单、其他项目清单、增值税分别编制及计价。

招标工程量清单应根据招标文件要求及工程交付范围，以及合同标的或以单项工程、单位工程为工程量清单编制对象进行列项编制，并作为招标文件的组成部分，由具有编制能力的招标人或受其委托，具有相应资质的工程造价咨询人编制。

工程量清单的清单项目应按设计图纸及技术标准规范，相关工程国家及行业工程量计算标准和《建设工程工程量清单计价标准》（GB/T 50500—2024）第4章的规定编制。工程量清单根据工程项目特点进行补充完善、另行约定计量方式或采用其他清单形式的，应在招标文件和合同文件中对其工程量计算规则、计量单位、适用范围、工作内容等予以说明。工程量清单应按相关工程国家及行业工程量计算标准的清单项目分类、计量单位和工程量计算规则，依据设计图纸及技术标准规范的要求，遵循清单项目列项明确、边界清晰、便于计价和支付的原则进行编制，可按正常施工程序编排清单项目、按工程量计算标准的规定进行清单列项，工程量清单编码宜从小到大排列。

✓ 证书在线 1-4

《建设工程工程量清单计价规范》GB 50500 中的清单综合单价是指（　　）。（2023年真题）

A. 工料单价　　　　　　B. 成本单价
C. 完全费用综合单价　　D. 不完全费用综合单价

【解析】本题考核分部组合计价原理中工程单价构成。我国现行的《建设工程工程量清单计价规范》GB 50500 中规定的清单综合单价属于不完全费用综合单价，当把规费和税金计入不完全综合单价后即形成完全费用综合单价。

【本题答案】D

2. 工程量清单的内容

工程量清单成果文件应包括封面、签署页、编制说明，工程量计算规则说明、工程量清单及计价表格等。编制说明应列明工程概况、招标（或合同）范围、编制依据等；工程量计算规则说明应明确工程量清单使用的国家及行业工程量计算标准，以及根据工程实际需要补充的工程量计算规则等。

（1）招标工程量清单编制说明宜按下列内容填写：工程概况、建设规模、工程特征、计划工期施工现场实际情况、自然地理条件、环境保护要求等；招标工程范围；工程量清单编制依据；工程质量、材料、施工等的特殊要求；其他需要说明的问题。

工程量清单计算规则说明应明确工程量清单项目的详细计算规则。采用国家及行业工程量计算标准的，应明确相应国家及行业标准的名称及编号；根据工程项目特点补充完善计算规则的，应列明工程量清单的详细计算规则。

（2）工程量清单表。工程量清单表作为清单项目和工程数量的载体，是工程量清单的重要组成部分。

知识链接

招标工程量清单编制使用表格应由封面、扉页、编制说明、工程项目清单汇总表、分部分项工程项目清单计价表、材料暂估单价及调整表、措施项目清单计价表、其他项目清单计价表、增值税计价表、发包人提供材料一览表、承包人提供可调价主要材料表。

3. 招标工程量清单封面

招标人自行编制招标工程量清单和招标人委托工程造价咨询人编制招标工程量清单封面，如图 1.3 所示。

_____工程

招标工程量清单

招 标 人：_____（盖章）

年　月　日

图 1.3　招标工程量清单封面

4. 招标工程量清单扉页

招标人自行编制招标工程量清单和招标人委托工程造价咨询人编制招标工程量清单扉页如图 1.4 所示。扉页应按规定的内容填写、签字、盖章。受委托编制的工程量清单应由造价专业人员编制并签字，由一级注册造价工程师审核并签字及盖章，法定代表人或其授权人签字或盖章、编（审）单位盖章。

第1章 工程造价控制：开启工程财富密码

工程名称：_____

标段名称：_____

招标工程量清单

编　制　人：　　　　　　（造价专业人员签字及盖章）
审　核　人：　　　　　　（签字及盖章）
编制单位：　　　　　　（盖章）
法定代表人：
或其授权人：　　　　　　（签字或盖章）

招　标　人：　　　　　　（盖章）
法定代表人
或其授权人：　　　　　　（盖字或盖章）
编制时间：

图 1.4　招标工程量清单扉页

5. 编制说明

（1）最高投标限价编制说明。

① 工程概况：建设地址、建设规模、工程特征、交通状况、环保要求等。

② 工程发包、分包范围。

③ 工程量清单编制依据：采用的标准、施工图纸、标准图集等。

④ 使用材料设备、施工的特殊要求等。

⑤ 其他需要说明的问题。

（2）工程量清单计算规则说明。

① 采用国家及行业工程量计算标准的，应明确相应国家及行业标准的名称及编号。

② 根据工程项目特点补充完善计算规则的，应列明工程量清单的详细计算规则。

特别提示

填表须知如下。

（1）工程量清单及其计价格式中所有要求签字、盖章的地方，必须由规定的单位和人员签字、盖章。

（2）工程量清单及其计价格式中的任何内容不得随意删除或涂改。

（3）工程量清单计价格式中列明的所有需要填报的单价和合价，投标人均应填报，未填报的单价和合价视为此项费用已包括在工程量清单的其他单价和合价中。

（4）明确金额的表示币种。

6. 工程项目清单汇总表

工程项目清单汇总表如表1-3所示。

表1-3 工程项目清单汇总表

工程名称：　　　　　　　　标段：　　　　　　　　第 页 共 页

序号	项目内容	金额/元
1	分部分项工程项目	
1.1	单项工程1（分部分项工程项目）	
1.1.1	单位工程1（分部分项工程项目）	
1.1.2	单位工程2（分部分项工程项目）	
1.2	单项工程2（分部分项工程项目）	
1.2.1	单位工程4（分部分项工程项目）	
1.2.2	单位不程2（分部分项工程项目）	
2	措施项目	
2.1	其中：安全生产措施项目	
3	其他项目	
3.1	其中：暂列金额	
3.2	其中：专业工程暂估价	
3.3	其中：计日工	
3.4	其中：总承包服务费	
3.5	其中：合同中约定的其他项目	
4	增值税	
	合　　计	

注：1. 专业工程暂估价为已含税价格，在计算增值税计算基础时不应包含专业工程暂估价金额；
　　2. 本表宜用于按合同标的为工程量清单编制对象的工程汇总计算，以单项工程、单位工程等为工程 量清单编制对象的工程可按本表汇总计算。

7. 分部分项工程量清单和材料暂估单价

分部分项工程量清单计价表如表1-4所示，材料暂估单价及调整表如表1-5所示。

第1章 工程造价控制：开启工程财富密码

表1-4 分部分项工程量清单计价表

工程名称：　　　　　　　　　　标段：　　　　　　　　　　第 页 共 页

序号	项目编码	项目名称	项目特征描述	计量单位	工程量	金额/元	
						综合单价	合价
本页小计							
合计							

表1-5 材料暂估单价及调整表

工程名称：　　　　　　　　　　标段：　　　　　　　　　　第 页 共 页

序号	材料名称	规格型号	计量单位	暂估			确认			调整金额/元	备注
				数量	单价/元	合价/元	数量	单价/元	合价/元		
				A_1	B_1	C_1	A_2	B_2	C_2	$D=C_2-C_1$	
本页小计								—	—	—	
合 计								—	—	—	

注：本表可由招标人填写"暂估单价"栏，并在备注栏说明拟用暂估价材料的清单项目，投标人应将上述材料暂估单价计入工程量清单综合单价。

8. 措施项目清单

措施项目清单应结合招标工程的实际情况和相关部门的有关规定，依据常规的施工工艺、顺序及生活、安全、环境保护、临时设施、文明施工等非工程实体方面的要求，按相关工程国家及行业工程量计算标准的措施项目分类规则，以及补充的工程量计算规则，结合招标文件及合同条款要求进行编制其中安全生产措施项目应按国家及省级，行业主管部门的管理要求和招标工程的实际情况列项。措施项目清单计价表如表1-6所示。

表1-6 措施项目清单计价表

工程名称：　　　　　　　　标段：　　　　　　　　第 页 共 页

序号	项目编码	项目名称	工作内容	价格/元	备注
1					详见明细表 E.3.2
		本负小计			—
		合　　计			—

注：措施项目清单费用构成详见《建设工程工程量清单计价标准》（GB/T 50500—2024）表 E.3.2，大型机械进出场及安拆费用组成见表 E.3.4。

9. 其他项目清单

其他项目清单与计价汇总表如表1-5所示。

表1-7 其他项目清单计价表

工程名称：　　　　　　　　标段：　　　　　　　　第 页 共 页

序号	项目名称	暂估（暂定）金额/元	结算(确定)金额/元	调整金额±/元	备注
1	暂列金额				详见本标准表 E.4.2
2	专业工程暂估价				详见本标准表 E.4.3
3	计日工				详见本标准表 E.4.4
4	总承包服务费				详见本标准表 E.4.5
5	合同中约定的其他项目				
	合　　计				—

注："本标准"为《建设工程工程量清单计价标准》（GB/T 50500—2024）。

10. 增值税项目清单

增值税应以分部分项工程项目清单、措施项目清单、其他项目清单（专业工程暂估价除外）的合计金额作为计算基础，乘以政府主管部门规定的增值税税率计算税金。增值税计价表如表1-8所示。

表1-8 增值税计价表

工程名称： 标段： 第 页 共 页

序号	项目名称	计算基础说明	计算基础	税率/(%)	金额/元
		合 计			

1.3.3 工程量清单计价的概念及内容

工程量清单计价是指建设工程招标投标中，招标人按照国家统一的《建设工程工程量清单计价标准》（GB/T 50500—2024）提供工程数量清单，由投标人依据工程量清单计算所需的全部费用，包括分部分项工程费、措施项目费、其他项目费、增值税，自主报价，并按照经评审合理低价中标的工程造价计价模式。简言之，工程量清单计价法是建设工程在招标投标中，招标人(或委托具有相应资质的工程造价咨询人)编制反映工程实体消耗和措施消耗的工程量清单，作为招标文件的一部分提供给投标人，由投标人依据工程量清单自主报价的计价方式。

工程量清单计价包括最高投标限价编制、投标报价编制、工程合同价款的约定、工程施工过程中工程计量与合同价款的支付、索赔与现场签证、合同价款的调整、竣工结算的办理和合同价款争议的解决等全部内容，是建设工程发承包以及施工阶段的全过程造价确定与控制的方法。

采用工程量清单计价，建设工程发承包及实施阶段的工程造价由分部分项工程费、措施项目费、其他项目费、增值税组成。

工程量清单应采用综合单价计价。

招标人可依据招标文件要求、工程实际情况、结合类似工程合理的施工方案及工期数据合理确定计划工期，最高投标限价应基于合理计划工期内完成招标工程所需的费用进行编制，招标人可依据招标工程量清单及同类工程的价格信息和造价资讯等，按相关主管部门规定确定招标工程可接受的最高价格。

投标报价应由投标人或受其委托的工程造价咨询人编制。投标人可依据《建设工程工程量清单计价标准》（GB/T 50500—2024）的规定自主确定投标报价，并应对已标价工程量清单填报价格的一致性及合理性负责，承担不合理报价及总价合同的工程量清单缺陷等风险。

知识链接

工程量清单计价应采用统一格式，格式中的各种表格应由投标人填写，主要由下列内容组成。

（1）投标总价封面。
（2）投标总价扉页。
（3）投标报价填报说明。
（4）工程量清单计算规则说明。
（5）工程项目清单汇总表。
（6）分部分项工程项目清单计价表。
（7）分部分项工程项目清单综合单价分析表。
（8）材料暂估单价及调整表。
（9）措施项目清单计价表。
（10）措施项目清单构成明细分析表。
（11）措施项目费用分析表。
（12）大型机械进出场及安拆费用组成明细表。
（13）其他项目清单计价表。
（14）暂列金额明细表。
（15）专业工程暂估价明细表。
（16）计日工表。
（17）总承包服务费计价表。
（18）直接发包的专业工程明细表。
（19）增值税计价表。
（20）发包人提供材料一览表。
（21）承包人提供可调价主要材料表。

工程量清单计价的基本过程可以描述为：在统一的工程量清单项目设置的基础上，制定统一的工程量计算规则，根据具体工程的施工图设计资料计算出各个清单项目的工程量，再根据各种渠道获得的工程造价信息和经验数据计算得到工程造价。其编制过程可以分为工程量清单的编制、最高投标限价的编制或利用工程量清单投标报价两个阶段，投标报价是在业主提供的清单项目工程量和清单项目所含施工过程的基础上,根据企业自身所掌握的各种信息、资料,结合企业定额编制的。

(1) 分部分项工程费=$\sum$分部分项工程量清单项目工程量×清单项目综合单价,其中综合单价要综合考虑技术标准规范、施工工期、施工顺序、施工条件、地理气候等影响因素以及约定范围与幅度内的风险。清单项目综合单价包括人工费、材料费、施工机具使用费、管理费、利润和一定范围内的风险费用,不包括增值税。

(2) 措施项目宜采用总价方式进行计价,以项为单位计算其清单项目价格。投标人应按自身的工程实施方案及投标工期、清单中的拟定的措施项目,对措施项目清单进行自主报价,其中安全生产措施费应符合国家及省级、行业主管部门的相关规定。

(3) 其他项目费=暂列金额+专业工程暂估价+计日工+总承包服务费。

证书在线 1-5

关于工程量清单计价,下列算式正确的是（　　）。（2020年真题）

A. 分部分项工程费=$\sum$分部分项工程量×分部分项工程工料单价

B. 措施项目费=$\sum$措施项目工程量×措施项目工料单价

C. 其他项目费=暂列金额+暂估价+计日工+总承包服务费

D. 单项工程造价=分部分项工程费+措施项目费+其他项目费+税金

【解析】此题主要考查工程量清单计价的基本程序。其中,分部分项工程费=$\sum$（分部分项工程量×相应分部分项工程综合单价）,措施项目费=$\sum$单价措施项目费+$\sum$总价措施项目费,其他项目费=暂列金额+暂估价+计日工+总承包服务费,单位工程造价=分部分项工程费+措施项目费+其他项目费+规费+税金,单项工程造价=$\sum$单位工程造价,因此正确答案为 C。

【本题答案】C

1.4　多元依据共支撑

1.4.1　工程技术文件

工程技术文件是反映建设工程项目的规模、内容、标准、功能等的文件。只有依据工程技术文件,才能对工程的分部分项即工程结构做出分解,得到计算的基本子项;只有依据工程技术文件及其反映的工程内容和尺寸,才能测算或计算出工程实物量,得到分部分项工程的实物数量。因此,工程技术文件是建设工程投资确定的重要依据。

在工程建设的不同阶段所产生的工程技术文件是不同的。

(1) 在项目决策阶段（包括项目意向、项目建议书、可行性研究等阶段）,工程技术文件表现为项目策划文件、功能描述书、项目建议书或可行性研究报告等。在此阶段的投资估算主要依据上述的工程技术文件进行编制。

（2）在初步设计阶段，工程技术文件主要表现为初步设计所产生的初步设计图纸及有关设计资料。设计概算的编制，主要以初步设计图纸及有关设计资料作为依据。

（3）在施工图设计阶段，随着工程设计的深入，进入详细设计阶段，工程技术文件表现为施工图设计资料，包括建筑施工图纸、结构施工图纸、设备施工图纸、其他施工图纸和设计资料。施工图预算的编制必须以施工图纸等有关工程技术文件为依据。

（4）在工程招标阶段，工程技术文件主要以招标文件、工程量清单、最高投标限价、建设单位的特殊要求、相应的工程设计文件等来体现。

工程建设各个阶段对应的建设工程投资的差异是由人们的认识不能超越客观条件而造成的。在建设前期工作中，特别是项目决策阶段，人们对拟建项目的策划难以详尽、具体，因而对建设工程投资的确定也不可能很精确；随着工程建设各个阶段工作的深化且愈接近后期，掌握的资料愈多，人们对工程建设的认识就愈接近实际，建设工程投资的确定也就愈接近实际投资。由此可见，建设工程投资确定的准确性，其影响因素之一就是人们掌握的工程技术文件的深度、完整性和可靠性。

1.4.2 要素市场价格信息

构成建设工程投资的要素包括人工、材料、施工机具等，要素价格是影响建设工程投资的关键因素，要素价格是由市场形成的。建设工程投资采用的基本子项所需资源的价格采自市场，随着市场的变化，要素价格也随之发生变化。因此，建设工程投资必须随时掌握市场价格信息，了解市场价格行情，熟悉市场建筑各类资源的供求变化及价格动态，这样得到的建设工程投资情况才能反映市场，反映工程建造所需的真实费用。

1.4.3 建设工程环境条件

环境条件的差异或变化会导致建设工程投资大小的变化。建设工程环境条件包括工程地质条件、气象条件、现场环境与周边条件，也包括工程建设的实施方案、组织方案、技术方案等。例如国际工程承包，承包商在进行投标报价时，需通过充分的现场环境、条件调查，来了解和掌握对工程价格产生影响的内容与方面。如建设工程所在国的政治情况、经济情况、法律情况、交通、运输、通信情况，生产要素市场情况，历史、文化、宗教情况，气象资料、水文资料、地质资料等自然条件，工程现场地形地貌、周围道路、邻近建筑物、市政设施等施工条件及其他条件，工程业主情况、设计单位情况、咨询单位情况、竞争对手情况等。只有在掌握了建设工程环境条件以后，才能做出准确的报价。

1.4.4 其他

按国家对建设工程费用计算的有关规定和国家税法规定须计取的相关税费等构成了建设工程造价确定的依据。

证书在线 1-6

我国工程造价管理体系可划分为若干子体系,具体包括（　　）。(2021年真题)

A. 相关法律法规体系　　　　B. 工程造价管理标准体系

C. 工程定额体系　　　　　　D. 工程计价依据体系

E. 工程计价信息体系

【解析】我国的工程造价管理体系可划分为工程造价管理的相关法律法规体系、工程造价管理标准体系、工程定额体系和工程计价信息体系四个主要部分。因此,正确答案为ABCE。其中工程造价管理体系中的工程造价管理的标准体系、工程定额体系和工程计价信息体系是工程计价的主要依据。

【本题答案】ABCE

本章小结

本章介绍建设工程造价控制的基本概念,内容包括工程造价的基本概念、工程造价管理的基本内容、建设工程定额、工程量清单计价、其他确定的依据等相关内容。本章的重点是工程量清单计价。要深刻理解工程量清单计价的概念、作用和内容；此外,工程技术文件、市场价格信息等也应该加以了解,这些资料给工程建设不同阶段的投资确定提供了重要的依据。

习题

习题测试

一、单选题

1. 从投资者（业主）角度分析,工程造价就是建设工程的（　　）。

A. 固定资产总投资

B. 固定资产和流动资产总投资

C. 建筑安装费用总投资

D. 动态总投资

2. 工程计价在不同的建设程序上,需要多次进行,在技术设计阶段应进行的工程计价工作是（　　）。

A. 工程概算　　B. 中间结算　　C. 修正概算　　D. 施工图预算

3. 工程造价管理的关键阶段是（　　）。

A. 前期决策和设计阶段　　　　　　B. 前期决策和工程招标阶段

C. 工程设计阶段和工程施工阶段　　D. 工程设计阶段和工程结算阶段

4. 根据现行工程量清单计价规范,将工程量乘以综合单价,汇总得出分部分项工程和单价措施项目费,再计算总价措施项目费和其他项目费,合计得出单位工程建筑安装工程费的方法称为（　　）。(2022年真题)

A. 实物量法　　　　　　　　　　　B. 定额基价法

C. 全费用综合单价法　　　　　　　D. 工程单价法

5. 定额是现代科学管理的重要内容，它在现代化管理中的重要地位的叙述错误的是（　　）。

A. 定额是节约社会劳动，提高劳动生产率的重要手段

B. 定额是组织和协调社会化大生产的工具

C. 定额是宏观调控的依据

D. 定额是投资控制的基础

6. （　　）是发包人与承包人之间从工程招投标开始至竣工结算为止，双方进行经济核算、处理经济关系、进行工程管理等活动不可缺少的工程内容及数量依据。

A. 工程量清单规范　　　　　　　　B. 工程量计算规则

C. 工程量清单　　　　　　　　　　D. 工程量清单附录

7. 关于工程量清单计价，下列表达式正确的是（　　）。（2019年真题）

A. 分部分项工程费＝∑（分部分项工程量×相应分部分项的工料单价）

B. 措施项目费＝∑（措施项目工程量×相应的工料单价）

C. 其他项目费＝暂列金额＋材料设备暂估价＋计日工＋总承包服务费

D. 单位工程造价＝分部分项工程费＋措施项目费＋其他项目费＋规费＋税金

8. 按照现行《建设工程工程量清单计价标准》（GB/T 50500—2024）的规定，工程建设风险因素所需费用在（　　）中考虑。

A. 分部分项工程费用所需费用　　　B. 措施项目费用所需费用

C. 其他项目费用　　　　　　　　　D. 规费

9. 关于工程量清单的表述，下列说法中正确的是（　　）。

A. 工程量清单是指建设工程的分部分项项目、措施项目、其他项目、规费项目和税金项目的名称和相应数量等的明细清单

B. 工程量清单必须作为招标文件的组成部分，其准确性和完整性由投标人负责

C. 工程量清单应由分部分项工程量清单、措施项目清单、其他项目清单组成

D. 工程量清单是工程量清单计价的基础，应作为编制概预算、标底、投标报价、计算工程量、支付工程款、调整合同价款、办理竣工结算以及工程索赔等的依据之一

10. 工程技术文件是（　　）。

A. 反映建设工程项目的规模、内容、标准、功能的文件

B. 反映建设工程项目的内容、标准、功能的文件

C. 反映建设工程项目的规模、标准、功能的文件

D. 反映建设工程项目的功能的文件

11. 下列工程定额中，以单位工程为对象，反映完成一个规定计量单位建筑安装产品经济指标的是（　　）。（2022年真题）

A. 预算定额　　　B. 概算定额　　　C. 概算指标　　　D. 投资估算指标

12. 《工程造价术语标准》（GB/T 50875—2013）属于工程造价管理标准中的（　　）。（2021年真题）

A. 基础标准　　　　　　　　　　　B. 管理规范

C. 操作规程   D. 质量管理标准

二、多选题

1. 按照定额的适用范围分为（　　）。
   A. 国家定额   B. 省市定额   C. 地区定额
   D. 行业定额   E. 企业定额

2. 在工程量清单编制中，施工组织设计、施工规范和验收规范可以用来确定（　　）。（2019年真题）
   A. 项目名称   B. 项目编码   C. 项目特征
   D. 计量单位   E. 工程数量

3. 有效地控制工程造价应体现（　　）原则。
   A. 以设计阶段为重点的建设全过程造价控制
   B. 主动控制，以取得令人满意的结果
   C. 技术与经济相结合是控制造价的最有效手段
   D. 造价的控制和确定之间存在相互制约的关系
   E. 技术与经济相分离是控制造价最有效的手段

4. 关于现阶段我国工程造价计价依据改革的相关任务，下列说法正确的有（　　）。（2022年真题）
   A. 优化政府对预算定额的编制和发布
   B. 采用政府发布的定额编制最高投标限价
   C. 加强政府对市场价格信息发布行为的监管
   D. 加强建设国有资金投资项目的工程造价数据库
   E. 运用造价指标指数和市场价格信息控制项目投资

5. 关于投资估算指标，下列说法中正确的有（　　）。（2015年真题）
   A. 应以单项工程为编制对象
   B. 是反映建设总投资的经济指标
   C. 概略程度与可行性研究工作深度相适应
   D. 编制基础包括概算定额，不包括预算定额
   E. 可根据历史预算资料和价格变动资料等编制

三、简答题

1. 简述工程造价的两种含义。
2. 什么是全面造价管理？
3. 工程量清单应该包括哪些基本内容？
4. 简述工程量清单的概念。

工作任务单一　探索工程造价控制的基石与依据

任务名称	探索工程造价控制的基石与依据
任务目标	1. 全面理解工程造价控制的概念、目标和重要性，构建系统性思维。 2. 深度掌握建设工程定额的原理、分类及应用方法，能准确运用定额进行造价分析。 3. 熟练运用工程量清单计价的规则和流程，学会编制与审核工程量清单及计价文件。 4. 清晰识别工程造价确定的其他依据，提升在复杂项目中确定造价依据的能力。
任务内容	**项目背景** 　　在建筑工程项目中，合理控制工程造价是确保项目经济效益、顺利推进的关键。准确把握工程造价控制的依据，能有效避免造价失控，实现资源的优化配置。学生作为未来的造价专业人才，需深入理解并掌握这些知识，为实际工作奠定坚实基础。 **任务** 　　1. 查阅资料，阐述工程造价控制的定义、目标和在项目不同阶段的工作重点。 　　2. 收集不同类型的建设工程定额，分析其组成内容，总结各类定额的特点和适用范围。 　　3. 学习工程量清单计价规范，梳理工程量清单编制的流程和要点，编制一份简单工程的工程量清单。 　　4. 研究工程合同、设计变更、现场签证等在工程造价确定中的作用，整理相关案例并分析其对造价的影响。 　　5. 关注建筑市场价格波动，分析其对工程造价确定的影响，提出应对价格波动的策略。
任务分配 （由学生填写）	<table><tr><td>小组</td><td>任务分工</td></tr><tr><td></td><td></td></tr><tr><td></td><td></td></tr></table>
任务解决过程 （由学生填写）	
任务小结 （由学生填写）	

续表

任务完成评价						
评分表						
组别：			姓名：			
评价内容	评价标准	自评	小组互评	教师评价		
				任课教师	企业导师	增值评价
职业素养	（1）学习态度积极，能主动思考，能有计划地组织小组成员完成工作任务，有良好的团队合作意识，遵章守纪，计20分； （2）学习态度较积极，能主动思考，能配合小组成员完成工作任务，遵章守纪，计15分； （3）学习态度端正，主动思考能力欠缺能配合小组成员完成工作任务，遵章守纪，计10分； （4）学习态度不端正，不参与团队任务，计0分。					
成果	计算或成果结论（校核、审核）无误，无返工，表格填写规范，设计方案计算准确，字迹工整，如有错误按以下标准扣分，扣完为止。 （1）计算列表按规范编写，正确得10分，每错一处扣2分； （2）方案计算过程中每处错误扣5分。					
综合得分	综合得分＝自评分＊30％＋小组互评分＊40％＋老师评价分＊30％					

注：根据各小组的职业素养、成果给出成绩（100分制），本次任务成绩将作为本课程总成绩评定时的依据之一。

日期： 年 月 日

工作任务单二 某项目工程量清单计价案例

任务名称	某项目工程量清单计价案例
任务目标	根据已知条件，进行综合单价分析、措施项目费计算，完成一份完整的工程量清单计价文件。
任务内容	**项目背景** 本案例为某小型住宅建筑项目，共 6 层，总建筑面积 3000 平方米。以下是部分分部分项工程量清单： **任务** 根据给定的工程量清单，进行综合单价分析、措施项目费计算，完成一份完整的工程量清单计价文件。 {见下表}

项目编码	项目名称	项目特征	计量单位	工程量
010501001001	垫层	1. 混凝土种类：C15 商品混凝土 2. 垫层厚度：100mm	m^3	150
010502001001	矩形柱	1. 混凝土种类：C30 商品混凝土 2. 柱截面尺寸：400mm×400mm	m^3	200
010503002001	异形梁	1. 混凝土种类：C30 商品混凝土 2. 梁截面尺寸：300mm×600mm	m^3	120

任务分配 （由学生填写）	小组	任务分工

任务解决过程 （由学生填写）	

任务小结 （由学生填写）	

续表

任务完成评价						
评分表						
组别： 姓名：						
评价内容	评价标准	自评	小组互评	教师评价		
				任课教师	企业导师	增值评价
职业素养	（1）学习态度积极，能主动思考，能有计划地组织小组成员完成工作任务，有良好的团队合作意识，遵章守纪，计 20 分； （2）学习态度较积极，能主动思考，能配合小组成员完成工作任务，遵章守纪，计 15 分； （3）学习态度端正，主动思考能力欠缺能配合小组成员完成工作任务，遵章守纪，计 10 分； （4）学习态度不端正，不参与团队任务，计 0 分。					
成果	计算或成果结论（校核、审核）无误，无返工，表格填写规范，设计方案计算准确，字迹工整，如有错误按以下标准扣分，扣完为止。 （1）计算列表按规范编写，正确得 10 分，每错一处扣 2 分； （2）方案计算过程中每处错误扣 5 分。					
综合得分	综合得分＝自评分 * 30％＋小组互评分 * 40％＋老师评价分 * 30％					

注：根据各小组的职业素养、成果给出成绩（100 分制），本次任务成绩将作为本课程总成绩评定时的依据之一。

日期： 年 月 日

第 2 章　工程造价构成：成本拼图大揭秘

思维导图

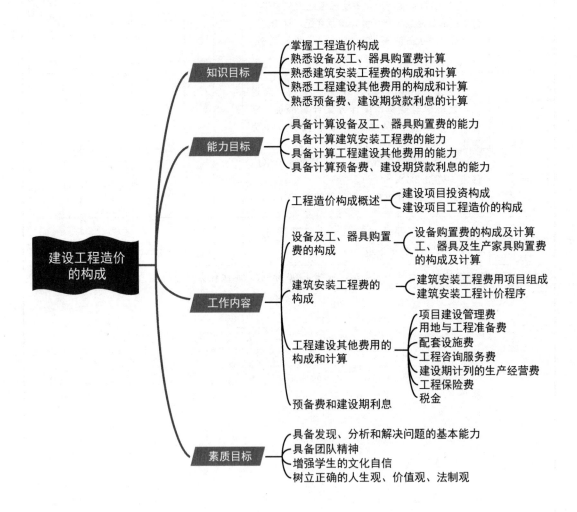

第 2 章 工程造价构成：成本拼图大揭秘

引例

在某大学，为了满足日益增长的教学需求，学校决定新建一栋现代化的教学楼。该教学楼规划为地上 5 层，地下 1 层，总建筑面积达 10000m²。

项目启动后，首先面临的就是土地获取问题。学校通过一系列合法流程，花费了 500 万元购买了合适的建设用地，然后办理各种手续。

进入工程建设阶段。在基础施工中，为了保证教学楼的稳固，采用了桩基础，光是基础工程的材料、人工以及设备租赁等费用，就花费了 1500 万元。主体结构施工时，使用了大量的钢筋、水泥、砖块等建筑材料，加上施工人员的工资、施工设备的购置与使用费等，主体结构造价达到了 5500 万元。外墙装饰采用了新型的保温装饰一体板，不仅美观还节能，这部分费用为 750 万元。室内装修方面，从地面的铺设、墙面的粉刷到天花板的吊顶，又投入了 600 万元。除了这些直接的工程费用，还有很多间接费用。例如，工程建设过程中需要专业的监理公司进行监督，以确保工程质量和进度符合要求，监理费用支出 120 万元。设计单位为教学楼进行设计，设计费也达到了 150 万元。同时，建设过程中还产生了水电费、临时设施搭建费等其他费用，共计 80 万元。

工程结束后，还有一些费用需要考虑。比如，为了确保教学楼能够顺利投入使用，进行了一系列的验收工作，包括消防验收、竣工验收等，这部分费用为 300 万元。

从该大学教学楼的建设过程中，我们可以看到，一项工程的造价包含了众多方面的费用。那这些费用具体是如何分类和构成的呢？接下来，就让我们深入学习建设工程造价的构成。

2.1 工程造价构成要素拆解

2.1.1 我国现行建设项目投资构成

建设项目总投资是为完成工程项目建设并达到使用要求或生产条件，在建设期内预计或实际投入的全部费用总和。生产性建设项目总投资包括建设投资、建设期利息和流动资金三部分；非生产性建设项目总投资包括建设投资和建设期利息两部分。其中建设投资和建设期利息之和对应于固定资产投资，固定资产投资与建设项目的工程造价在数量上相等。

工程造价基本构成包括用于购买工程项目所含各种设备的费用，用于建筑施工和安装施工所需支出的费用，用于委托工程勘察设计应支付的费用，用于购置土地所需的费用，也包括用于建设单位自身进行项目筹建和项目管理所花费的费用等。总之，工程造价是按照确定的建设内容、建设规模、建设标准、功能要求和使用要求等将工程项目全部建成，在建设期预计或实际支出的建设费用。

素养拓新

中华人民共和国成立以来，我国工程造价计价模式经历了以下几个阶段。

第一阶段（1949—1950 年）：无统一预算定额和单价情况下的工程造价计价模式。在这一时期，一般借助设计图计算工程量，以此确定工程造价。此时缺乏统一的工程量计算规则，估价人员只能基于个人工作经验及相关资料，根据市场情况进行工程报价，通过与业主协商，最终确定工程造价。

第二阶段（1950—1990年）：政府统一预算定额与单价情况下的工程造价计价模式，大多由政府主导定价。建设单位按照施工设计图及统一工程量计算规则计算出工程量，通过统一预算定额和单价计算出工程直接费用，再根据相关规定计算出间接费用及有关费用，确定工程整体造价。

第三阶段（1990—2003年）：此时期的造价管理延续了传统的造价管理方法。随着我国社会主义市场经济的不断发展，政府创新提出了"控制量，放开价，引入竞争"的工程造价改革思路。同时及时发布各月市场价格信息，并进行动态指导，科学调整，积极引入竞争机制。

第四阶段（2003年至今）：2003年开始推行工程量清单计价规范。工程量清单计价是在进行建筑施工招投标时，招标人根据工程设计图纸、招标规则，以统一工程量计算出施工总量，为投标人提供真实可靠的项目数量清单；投标人在政府定额要求和企业内部定额规定下，按照工程具体情况、企业综合竞争力和市场情况，对各种风险因素进行综合分析，自主填报清单综合单价，同时以所申报综合单价作为竣工结算时调整工程总造价的基础。

在工程造价管理方面，人类经历了几千年的不断学习、不断总结经验和不断探索与创新的过程，至今我们仍在不懈努力。工程造价的构成历来是工程造价计价模式改革的重要内容，无论是定额还是工程量清单计价规范，都会适时地对工程造价的构成进行调整，使工程造价的构成更加适应建筑市场的发展。

2.1.2 我国现行建设项目工程造价的构成

《建设项目经济评价方法与参数（第三版）》

工程造价中的主要构成部分是建设投资，建设投资是为完成工程项目建设，在建设期内投入且形成现金流出的全部费用。根据国家发展改革委和建设部发布的《建设项目经济评价方法与参数（第三版）》的规定，建设投资包括工程费用、工程建设其他费用和预备费三部分。工程费用是指建设期内直接用于工程建造、设备购置及其安装的建设投资，可以分为设备及工、器具购置费和建筑安装工程费；工程建设其他费用是指建设期发生为项目建设或运营必须发生的但不包括在工程费用中的费用；预备费是在建设期内为各种不可预见因素的变化而预留的可能增加的费用，包括基本预备费和价差预备费。我国现行建设项目总投资的构成如图2.1所示。

✓ 证书在线 2-1

某建筑工程项目建设投资为12000万元，工程建设其他费为2000万元，预备费为500万元，建设期利息为900万元，流动资金为300万元。该项目的固定资产投资额为（　　）万元。（2023年真题）

A. 12900　　　　B. 13400　　　　C. 15400　　　　D. 15700

【解析】本题考查的是我国建设项目总投资及工程造价的构成。固定资产投资＝工程造价＝建设投资＋建设期利息＝12000＋900＝12900（万元）。工程建设其他费、预备费、流动资金在本题均为干扰项。

【本题答案】A

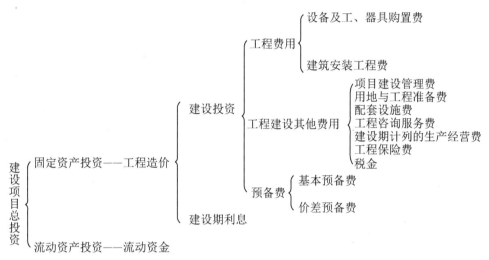

图2.1 我国现行建设项目总投资的构成

证书在线 2-2

根据我国现行建设工程总投资及工程造价的构成，下列资金在数额上和工程造价相等的是（　　）。（2019年真题）

A. 固定资产投资＋流动资金
B. 固定资产投资＋铺底流动资金
C. 固定资产投资
D. 建设投资

【解析】固定资产投资与建设项目的工程造价在量上相等，因此正确答案为C。

【本题答案】C

2.2 设备与工器具购置费成本探秘

设备及工、器具购置费是由设备购置费和工、器具及生产家具购置费组成的。

2.2.1 设备购置费的构成及计算

设备购置费是指购置或自制的达到固定资产标准的设备，工、器具及生产家具等所需的费用。

设备购置费包括设备原价和设备运杂费，即

$$设备购置费＝设备原价或进口设备抵岸价＋设备运杂费 \qquad (2.1)$$

式中：设备原价系指国产标准设备、非标准设备的原价；设备运杂费系指设备原价中未包括的包装和包装材料费、运输费、装卸费、采购费及仓库保管费、供销部门手续费等。

1. 国产标准设备原价的构成及计算

国产标准设备是指按照主管部门颁布的标准图纸和技术要求，由国内设备生产厂批量生产的符合国家质量检验标准的设备。国产标准设备一般有完善的设备交易市场，因此可通过查询相关交易市场价格或向设备生产厂家询价得到国产标准设备原价。

2. 国产非标准设备原价

国产非标准设备是指国家尚无定型标准，各设备生产厂不可能在工艺过程中采用批量生产，只能按订货要求，并根据具体的设备图纸制造的设备。非标准设备由于单件生产、无定型标准，所以无法获取市场交易价格，只能按其成本构成或相关技术参数估算其价格。非标准设备原价有多种不同的计算方法，如成本计算估价法、系列设备插入估价法、分部组合估价法、定额估价法等。但无论采用哪种方法都应该使非标准设备计价接近实际出厂价，并且计算方法要简便。成本计算估价法是一种比较常用的估算非标准设备原价的方法。

3. 进口设备原价的构成及计算

进口设备原价即进口设备抵岸价，是指抵达买方边境、港口或边境车站，交纳完各种手续费、税费后形成的价格。

1）进口设备的交货类别

进口设备的交货类别可分为内陆交货类、目的地交货类、装运港交货类。

（1）内陆交货类，即卖方在出口国内陆的某个地点交货。在交货地点，卖方及时提交合同规定的货物和有关凭证，并承担交货前的一切费用和风险；买方按时接受货物，交付货款，承担接货后的一切费用和风险，并自行办理出口手续和装运出口。货物的所有权也在交货后，由卖方转移给买方。

（2）目的地交货类，即卖方在进口国的港口或内地交货，包括目的港船上交货价、目的港船边交货价（FOS）、目的港码头交货价（关税已付）及完税后交货价（进口国目的地的指定地点）。它们的特点是：买卖双方承担的责任、费用和风险是以目的地约定交货点为分界线，只有当卖方在交货点将货物置于买方控制下方算交货，方能向买方收取货款。这类交货价对卖方来说承担的风险较大，在国际贸易中卖方一般不愿意采用这类交货方式。

（3）装运港交货类，即卖方在出口国装运港完成交货任务，主要有：装运港船上交货价（FOB），习惯称为离岸价；运费在内价（CFR），运费、保险费在内价（CIF），习惯称为到岸价。它们的特点主要是：卖方按照约定的时间在装运港交货，只要卖方把合同规定的货物装船后提供货运单便完成交货任务，并可凭单据收回货款。

> **特别提示**
>
> 装运港船上交货价（FOB）是我国进口设备采用最多的一种货价。
>
> 采用装运港船上交货价（FOB）时，卖方的责任是负责在合同规定的装运港口和规定

的期限内，将货物装上买方指定的船只，并及时通知买方，负责货物装船前的一切费用和风险，负责办理出口手续，提供出口国政府或有关方面签发的证件，负责提供有关装运单据。

买方的责任是负责租船或订舱，支付运费，并将船期、船名通知卖方，承担货物装船后的一切费用和风险，负责办理保险及支付保险费，办理在目的港的进口和收货手续，接受卖方提供的有关装运单据，并按合同规定支付货款。

 证书在线 2-3

关于设备原价的说法，正确的是（　　）。(2019 年真题)

A. 进口设备的原价是指其到岸价
B. 国产设备原价应通过查询相关交易价格或向生产厂家询价获得
C. 设备原价通常包含备品备件费在内
D. 设备原价占设备购置费比重增大，意味着资本有机构成的提高

【解析】进口设备的原价是指其抵岸价；国产设备原价要区分国产标准设备原价和国产非标准设备原价，只有国产标准设备原价应通过查询相关交易价格或向生产厂家询价获得；在生产性工程建设中，设备及工、器具购置费用占工程造价比重的增大，意味着生产技术的进步和资本有机构成的提高。因此选项 A、B、D 都是错误的，正确答案为 C。

【本题答案】C

 证书在线 2-4

国际贸易双方约定费用划分与风险转移均以货物在装运港被装上指定船时为分界点。这种交易价格被称为（　　）。(2018 年真题)

A. 离岸价　　　　B. 运费在内价　　　　C. 到岸价　　　　D. 抵岸价

【解析】在三种交易价格形式下，风险转移均以货物在指定的装运港被装上指定船时为分界点。只有在离岸价格（FOB）交易价格形式下，费用划分与风险转移的分界点相一致。因此正确答案为 A。

【本题答案】A

2）进口设备抵岸价的构成

进口设备如果采用装运港船上交货价(FOB)，其抵岸价构成可概括为

进口设备抵岸价＝货价（FOB）＋国际运费＋运输保险费＋银行财务费＋外贸手续费＋

　　　　　　进口关税＋增值税＋消费税＋车辆购置税　　　　　　　　　　　(2.2)

（1）货价。货价一般指装运港船上交货价(FOB)。设备货价分为原币货价和人民币货价，原币货价一律折算为美元表示，人民币货价按原币货价乘以外汇市场美元兑换人民币中间价确定，进口设备货价按有关生产厂商询价、报价、订货合同价计算。

（2）国际运费。国际运费即从装运港(站)到达我国抵达港(站)的运费。我国进口设备大部分采用海洋运输，小部分采用铁路运输，个别采用航空运输。进口设备国际运费计算公式为

　　　　　国际运费(海、陆、空)＝原币货价(FOB)×运费率　　　　　　　(2.3)

国际运费(海、陆、空) = 运量 × 单位运价　　　　　　　　　　　　(2.4)

式中：运费率或单位运价参照有关部门或进出口公司的规定执行。

(3) 运输保险费。对外贸易货物运输保险是由保险人(保险公司)与被保险人(出口人或进口人)订立保险契约，在被保险人交付议定的保险费后，保险人根据保险契约的规定对货物在运输过程中发生的承保责任范围内的损失给予经济上的补偿，这属于财产保险，计算公式为

运输保险费 = [原币货价(FOB) + 国际运费] ÷ (1 − 保险费率) × 保险费率　　(2.5)

式中：保险费率按保险公司规定的进口货物保险费率计算。

证书在线 2-5

某进口设备人民币货价 400 万元，国际运费折合人民币 30 万元，运输保险费率为 3‰，则该设备应计的运输保险费折合人民币（　　）万元。(2019 年真题)

　A. 1.200　　　　　B. 1.204　　　　　C. 1.290　　　　　D. 1.294

【解析】
运输保险费 = [原币货价(FOB) + 国际运费] ÷ (1 − 保险费率) × 保险费率 =
(400 + 30) ÷ (1 − 3‰) × 3‰ ≈ 1.294(万元)

【本题答案】D

(4) 进口从属费。进口从属费是指进口设备在办理进口手续过程中发生的应计入设备原价的银行财务费、外贸手续费、进口关税、消费税、进口环节增值税及进口车辆购置税等。

进口从属费 = 银行财务费 + 外贸手续费 + 进口关税 +
消费税 + 进口环节增值税 + 进口车辆购置税　　　　(2.6)

① 银行财务费。银行财务费一般是指中国银行手续费，计算公式为

银行财务费 = 人民币货价(FOB) × 银行财务费率(一般为 0.4% ~ 0.5%)　　(2.7)

② 外贸手续费。外贸手续费指按对外经济贸易部规定的外贸手续费率计取的费用，外贸手续费率一般取 1.5%，计算公式为

外贸手续费 = [装运港船上交货价(FOB) + 国际运费 + 运输保险费] × 外贸手续费率

(2.8)

证书在线 2-6

关于进口设备外贸手续费的计算，下列公式中正确的是（　　）。(2015 年真题)

A. 外贸手续费 = FOB × 人民币外汇汇率 × 外贸手续费率
B. 外贸手续费 = CIF × 人民币外汇汇率 × 外贸手续费率
C. 外贸手续费 = FOB × 人民币外汇汇率 ÷ (1 − 外贸手续费率) × 外贸手续费率
D. 外贸手续费 = GIF × 人民币外汇汇率 ÷ (1 − 外贸手续费率) × 外贸手续费率

【解析】外贸手续费的计算基数为 CIF × 人民币外汇汇率 × 外贸手续费率，因此正确答案为 B。

【本题答案】B

③ 进口关税。进口关税是由海关对进出国境或关境的货物和物品征收的一种税，计算公式为

$$进口关税 = 到岸价格(CIF) \times 进口关税税率 \quad (2.9)$$

式中：到岸价格(CIF)包括离岸价格(FOB)、国际运费、运输保险费等费用，它作为进口关税完税价格；进口关税税率分为优惠和普通两种，普通税率适用于与我国未订有关税互惠条款的贸易条约或协定的国家与地区的进口设备，当进口货物来自与我国签订有关税互惠条款的贸易条约或协定的国家与地区时，按优惠税率征税。进口关税税率按中华人民共和国海关总署发布的进口关税税率计算。

④ 进口环节增值税。进口环节增值税是我国政府对从事进口贸易的单位和个人，在进口商品报关进口后征收的税种。我国增值税征收条例规定，进口应纳税产品均按组成计税价格和增值税税率直接计算应纳税额，计算公式为

$$进口产品增值税额 = 组成计税价格 \times 增值税税率 \quad (2.10)$$
$$组成计税价格 = 关税完税价格 + 进口关税 + 消费税 \quad (2.11)$$

式中：增值税税率根据规定的税率计算。

证书在线 2-7

某应纳消费税的进口设备到岸价为 1800 万元，关税税率为 20%，消费税率为 10%，增值税率为 16%，则该台设备进口环节增值税额为（　　）万元。(2020 年真题)

A. 316.80　　　　　B. 345.60　　　　　C. 380.16　　　　　D. 384.00

【解析】增值税=(到岸价+关税+消费税)×增值税率=[(到岸价+关税)÷(1-消费税率)]×增值税率=[(到岸价+到岸价×关税税率)÷(1-消费税率)]×增值税率=[(1800+1800×20%)÷(1-10%)]×16%=384(万元)。

【本题答案】D

⑤ 消费税。消费税是对部分进口设备(如轿车、摩托车等)征收的税种，一般计算公式为

$$应纳消费税额 = (到岸价 + 进口关税) \div (1 - 消费税税率) \times 消费税税率 \quad (2.12)$$

式中：消费税税率根据规定的税率计算。

⑥ 进口车辆购置税。进口车辆需缴进口车辆购置税，计算公式为

$$进口车辆购置税 = (关税完税价格 + 进口关税 + 消费税) \times 进口车辆购置税率 \quad (2.13)$$

证书在线 2-8

某进口设备到岸价为 1500 万元，银行财务费、外贸手续费合计 36 万元，关税 300 万元，消费税率和增值税率分别为 10%、17%，则该进口设备原价为（　　）万元。(2017 年真题)

A. 2386.8　　　　　B. 2376.0　　　　　C. 2362.0　　　　　D. 2352.6

【解析】消费税=(1500+300)×10%÷(1-10%)=200(万元)；增值税=(1500+300+200)×17%=340(万元)；进口设备原价=1500+36+300+200+340=2376(万元)；或：消费税+增值税=(1500+300)×(10%+17%)÷(1-10%)=540(万元)；进口设备原价=1500+36+300+540=2376(万元)；因此正确答案为 B。

【本题答案】B

4. 设备运杂费

1) 设备运杂费的构成

设备运杂费是指国内采购设备自来源地、国外采购设备自到岸港运至工地仓库或指定堆放地点发生的采购、运输、运输保险、保管、装卸等费用。

设备运杂费通常由下列各项构成。

(1) 运费和装卸费。对于国产标准设备，是指由设备制造厂交货地点起至工地仓库止（或施工组织设计指定的需要安装设备的堆放地点）所发生的运费和装卸费。对于进口设备，则是指由我国到岸港口或边境车站起至工地仓库止（或施工组织设计指定的需要安装设备的堆放地点）所发生的运费和装卸费。

(2) 包装费。包装费是指在设备原价中没有包含的，为运输而进行的包装支出的各种费用。

(3) 设备供销部门的手续费。设备供销部门的手续费按有关部门规定的统一费率计算。

(4) 采购与仓库保管费。采购与仓库保管费是指采购、验收、保管和收发设备所发生的各种费用，包括设备采购、保管和管理人员的工资、工资附加费、办公费、差旅交通费，设备供应部门办公和仓库所占固定资产使用费、工具用具使用费、劳动保护费、检验试验费等。这些费用可按主管部门规定的采购与保管费率计算。

2) 设备运杂费的计算

设备运杂费按设备原价乘以设备运杂费率计算，计算公式为

$$设备运杂费 = 设备原价 \times 设备运杂费率 \qquad (2.14)$$

 证书在线 2-9

下列选项中，属于进口设备运杂费的是（　　）。（2023 年真题）

A. 国际运费 B. 国际运输保险费

C. 过境费 D. 采购及保管费

【解析】本题考查的是设备运杂费的构成。进口设备运杂费是指国外采购设备自到岸港运至工地仓库或指定堆放地点发生的采购、运输、运输保险、保管、装卸等费用，只有选项 D 在此范围内。选项 A、B、C 所涉及的费用，均属于进口设备原价的构成。

【本题答案】D

2.2.2　工、器具及生产家具购置费的构成及计算

工、器具及生产家具购置费是指新建项目或扩建项目初步设计规定的，保证初期正常生产所必须购置的不够固定资产标准的设备、仪器、工具、器具、生产家具和备品备件的购置费用，计算公式为

$$工、器具及生产家具购置费 = 设备购置费 \times 定额费率 \qquad (2.15)$$

 证书在线 2-10

下列费用项目中，属于工具、器具及生产家具购置费计算内容的是（　　）。（2013 年真题）

A. 未达到固定资产标准的设备购置费

B. 达到固定资产标准的设备购置费

C. 引进设备时备品备件的测绘费

D. 引进设备的专利使用费

【解析】工具、器具及生产家具购置费是指：新建或扩建项目初步设计规定的，保证初期正常生产必须购置的没有达到固定资产标准的设备、仪器、工卡模具、器具、生产家具和备品备件等购置费用。

【本题答案】A

2.3 建筑安装工程费费用解析

2.3.1 建筑安装费介绍

建筑安装费是指为完成工程项目建造、生产性设备及配套工程安装所需的费用。建筑安装费用包括建筑工程费用和安装工程费用。

1. **建筑工程费的内容**

建筑工程费的内容包括以下几方面。

（1）各类房屋建筑工程和列入房屋建筑工程预算的供水、供暖、卫生、通风、煤气等设备费用及其装饰和油饰工程的费用，列入建筑工程预算的各种管道、电力、电信和电缆导线敷设工程的费用。

（2）设备基础、支柱、工作台、烟囱、水塔、水池、灰塔等建筑工程，以及各种炉窑的砌筑工程和金属结构工程的费用。

（3）为施工而进行的场地平整工程和水文地质勘查，原有建筑物和障碍物的拆除，以及施工临时用水、电、气、路和完工后的场地清理，环境绿化、美化等工作的费用。

（4）矿井开凿、井巷延伸、露天矿剥离，石油、天然气钻井，修建铁路、公路、桥梁、水库、堤坝、灌渠及防洪等工程的费用。

2. **安装工程费的内容**

安装工程费的内容包括以下两方面。

（1）生产、动力、起重、运输、传动和医疗、实验等各种需要安装的机械设备的装配费用，与设备相连的工作台、梯子、栏杆等设施的工程费用，附属于被安装设备的管线敷设工程费用，以及被安装设备的绝缘、防腐、保温、油漆等工作的材料费和安装费。

（2）为测定安装工程质量，对单台设备进行单机试运转、对系统设备进行系统联动无负荷试运转工作的调试费。

2.3.2 建筑安装工程费内容及构成概述

根据《建筑安装工程费用项目组成》（以下简称《费用组成》）的规定，建筑安装工程费用项目按费用构成要素组成划分为人工费、材料费(包含工程设备，下同)、施工机具使用费、企业管理费、利润、规费和税金，其中人工费、材料费、施工机具使用费、企业管理费和利润，包含在分部分项工程费、措施项目费、其他项目费中。其具体构成如图 2.2 所示。建筑安装工程费用项目按造价形成顺序划分为分部分项工程费、措施项目费、其他项目费、规费、税金，其中分部分项工程费、措施项目费、其他项目费包含人工费、材料费、施工机具使用费、企业管理费和利润。其具体构成如图 2.3 所示。

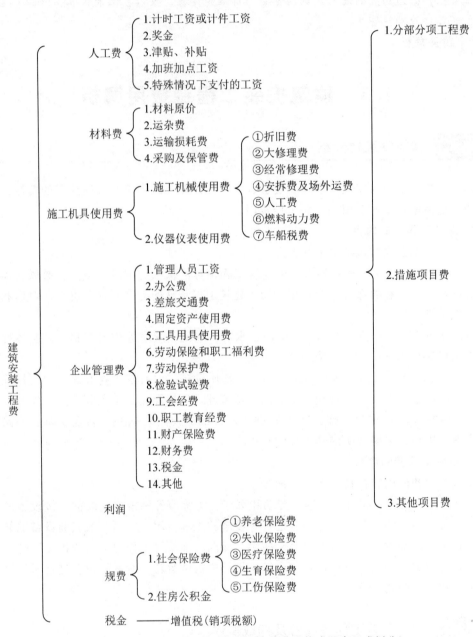

图 2.2　建筑安装工程费用项目组成（按费用构成要素组成划分）

第2章 工程造价构成：成本拼图大揭秘

建筑安装工程费
- 分部分项工程费
  - 1.房屋建筑与装饰工程
    - ①土石方工程
    - ②地基处理与桩基工程
    - ……
  - 2.仿古建筑工程
  - 3.通用安装工程
  - 4.市政工程
  - 5.园林绿化工程
  - 6.矿山工程
  - 7.构筑物工程
  - 8.城市轨道交通工程
  - 9.爆破工程
  - ……
- 措施项目费
  - 1.安全文明施工费
  - 2.夜间施工增加费
  - 3.二次搬运费
  - 4.冬雨季施工增加费
  - 5.已完工程及设备保护费
  - 6.工程定位复测费
  - 7.特殊地区施工增加费
  - 8.大型机械进出场及安拆费
  - 9.脚手架工程费
  - ……
- 其他项目费
  - 1.暂列金额
  - 2.暂估价
  - 3.计日工
  - 4.总承包服务费
  - ……
- 规费
  - 1.社会保险费
    - ①养老保险费
    - ②失业保险费
    - ③医疗保险费
    - ④生育保险费
    - ⑤工伤保险费
  - 2.住房公积金
- 税金——增值税(销项税额)

分部分项工程费、措施项目费包含：
1.人工费
2.材料费
3.施工机具使用费
4.企业管理费
5.利润

图 2.3　建筑安装工程费用项目组成(按造价形成顺序划分)

证书在线 2-11

根据现行建筑安装工程费用项目组成规定，下列费用项目属于造价形成划分的是（ ）。（2018年真题）

A. 人工费　　　　B. 企业管理费　　　　C. 利润　　　　D. 税金

【解析】按照费用构成要素划分，建筑安装工程费包括：人工费、材料费、施工机具使用费、企业管理费、利润、规费和税金。建筑安装工程费按照工程造价形成由分部分项工程费、措施项目费、其他项目费、规费和税金组成。因此，正确答案为D。

【本题答案】D

2.3.3　按费用构成要素组成来划分建筑安装工程费用

1. 人工费

人工费是指按工资总额构成规定，支付给从事建筑安装工程施工的生产工人和附属生产单位工人的各项费用。其内容包括以下几点。

（1）计时工资或计件工资。按计时工资标准和工作时间或对已做工作按计件单价支付给个人的劳动报酬。

（2）奖金。对超额劳动和增收节支支付给个人的劳动报酬，如节约奖、劳动竞赛奖等。

（3）津贴、补贴。为了补偿职工特殊或额外的劳动消耗和因其他特殊原因支付给个人的津贴，以及为了保证职工工资水平不受物价影响支付给个人的物价补贴，如流动施工津贴、特殊地区施工津贴、高温（寒）作业临时津贴、高空津贴等。

（4）加班加点工资。按规定支付的在法定节假日工作的加班工资和在法定日工作时间外延时工作的加点工资。

（5）特殊情况下支付的工资。根据国家法律、法规和政策规定，因病、工伤、产假、计划生育假、婚丧假、事假、探亲假、定期休假、停工学习、执行国家或社会义务等原因，按计时工资标准或计时工资标准的一定比例支付的工资。

人工费的计算公式为

$$人工费 = \sum(工日消耗量 \times 日工资单价) \qquad (2.16)$$

2. 材料费

材料费是指施工过程中耗费的原材料、辅助材料、构配件、零件、半成品或成品、工程设备的费用。

材料费与材料单价的计算公式为

$$材料费 = \sum(材料消耗量 \times 材料单价) \qquad (2.17)$$

$$材料单价 = \{(材料原价 + 运杂费) \times [1 + 运输损耗率(\%)]\} \times [1 + 采购保管费率(\%)] \qquad (2.18)$$

工程设备是指构成或计划构成永久工程一部分的机电设备、金属结构设备、仪器装置及其他类似的设备和装置。

第2章 工程造价构成：成本拼图大揭秘

工程设备费与工程设备单价的计算公式为

$$\text{工程设备费} = \sum(\text{工程设备量} \times \text{工程设备单价}) \qquad (2.19)$$

$$\text{工程设备单价} = (\text{设备原价} + \text{运杂费}) \times [1 + \text{采购保管费率}(\%)] \qquad (2.20)$$

材料费包括以下几项。

(1) 材料原价。材料、工程设备的出厂价格或商家供应价格。

(2) 运杂费。材料、工程设备自来源地运至工地仓库或指定堆放地点所发生的全部费用。

(3) 运输损耗费。材料在运输装卸过程中不可避免的损耗。

(4) 采购及保管费。为组织采购、供应和保管材料、工程设备的过程中所需要的各项费用，包括采购费、仓储费、工地保管费、仓储损耗。

3. 施工机具使用费

施工机具使用费是指施工作业所发生的施工机械、仪器仪表使用费或其租赁费。

1) 施工机械使用费

施工机械使用费以施工机械台班耗用量乘以施工机械台班单价表示，施工机械台班单价应由下列七项费用组成。

施工机械使用费及机械台班单价的计算公式为

$$\text{施工机械使用费} = \sum(\text{施工机械台班消耗量} \times \text{施工机械台班单价}) \qquad (2.21)$$

$$\begin{aligned}\text{施工机械台班单价} = &\text{台班折旧费} + \text{台班大修理费} + \text{台班经常修理费} + \text{台班安拆费及场外运费} + \\ &\text{台班人工费} + \text{台班燃料动力费} + \text{台班车船税费} \end{aligned} \qquad (2.22)$$

(1) 折旧费。施工机械在规定的使用年限内，陆续收回其原值的费用。

(2) 大修理费。施工机械按规定的大修理间隔台班进行必要的大修理，以恢复其正常功能所需的费用。

(3) 经常修理费。施工机械除大修理以外的各级保养和临时故障排除所需的费用，包括为保障机械正常运转所需替换设备与随机配备工具附具的摊销和维护费用，机械运转中日常保养所需润滑与擦拭的材料费用及机械停滞期间的维护和保养费用等。

(4) 安拆费及场外运费。安拆费指施工机械(大型机械除外)在现场进行安装与拆卸所需的人工、材料、机械和试运转费用，以及机械辅助设施的折旧、搭设、拆除等费用；场外运费指施工机械整体或分体自停放地点运至施工现场或由一施工地点运至另一施工地点的运输、装卸、辅助材料及架线等费用。

(5) 人工费。机上司机(司炉)和其他操作人员的人工费。

(6) 燃料动力费。施工机械在运转作业中所消耗的各种燃料及水、电费等。

(7) 车船税费。施工机械按照国家规定应缴纳的车船使用税、保险费及年检费等。

2) 仪器仪表使用费

仪器仪表使用费是指工程施工所需使用的仪器仪表的摊销及维修费用。仪器仪表使用费的计算公式为

$$\text{仪器仪表使用费} = \text{工程使用的仪器仪表摊销费} + \text{维修费} \qquad (2.23)$$

4. 企业管理费

企业管理费是指建筑安装企业组织施工生产和经营管理所需的费用。其内容包括以下

几点。

(1) 管理人员工资。按规定支付给管理人员的计时工资、奖金、津贴补贴、加班加点工资及特殊情况下支付的工资等。

(2) 办公费。企业管理办公用的文具、纸张、账表、印刷、邮电、书报、办公软件、现场监控、会议、水电、烧水和集体取暖降温(包括现场临时宿舍取暖降温)等费用。

(3) 差旅交通费。职工因公出差、调动工作的差旅费、住勤补助费,市内交通费和误餐补助费,职工探亲路费,劳动力招募费,职工退休、退职一次性路费,工伤人员就医路费,工地转移费以及管理部门使用的交通工具的油料、燃料等费用。

(4) 固定资产使用费。管理和试验部门及附属生产单位使用的属于固定资产的房屋、设备、仪器等的折旧、大修、维修或租赁费。

(5) 工具用具使用费。企业施工生产和管理使用的不属于固定资产的工具、器具、家具、交通工具,以及检验、试验、测绘、消防用具等的购置、维修和摊销费。

(6) 劳动保险和职工福利费。由企业支付的职工退职金、按规定支付给离休干部的经费,以及集体福利费、夏季防暑降温补贴、冬季取暖补贴、上下班交通补贴等。

(7) 劳动保护费。企业按规定发放的劳动保护用品的支出,如工作服、手套、防暑降温饮料以及在有碍身体健康的环境中施工的保健费用等。

(8) 检验试验费。施工企业按照有关标准规定,对建筑以及材料、构件和建筑安装物进行一般鉴定和检查所发生的费用,包括自设试验室进行试验所耗用的材料等费用,不包括新结构、新材料的试验费。对构件做破坏性试验及其他特殊要求检验试验的费用和建设单位委托检测机构进行检测的费用,对此类检测发生的费用,由建设单位在工程建设其他费用中列支。但对施工企业提供的具有合格证明的材料进行检测不合格的,该检测费用由施工企业支付。

(9) 工会经费。企业按《中华人民共和国工会法》规定的全部职工工资总额比例计提的工会经费。

(10) 职工教育经费。企业为职工进行专业技术和职业技能培训,专业技术人员继续教育、职工职业技能鉴定、职业资格认定以及根据需要对职工进行各类文化教育所发生的费用,按职工工资总额的规定比例计提。

(11) 财产保险费。施工管理用财产、车辆等的保险费用。

(12) 财务费。企业为施工生产筹集资金或提供预付款担保、履约担保、职工工资支付担保等所发生的各种费用。

(13) 税金。企业按规定缴纳的房产税、车船使用税、土地使用税、印花税等。

(14) 其他。其中包括技术转让费、技术开发费、投标费、业务招待费、绿化费、广告费、公证费、法律顾问费、审计费、咨询费、保险费等。

① 以直接费为计算基础,企业管理费费率的计算公式为

$$企业管理费费率(\%) = \frac{生产工人年平均管理费}{年有效施工天数 \times 人工单价} \times 人工费占直接费比例(\%)$$

(2.24)

第2章 工程造价构成：成本拼图大揭秘

② 以人工费和机械费合计为计算基础，企业管理费费率的计算公式为

$$企业管理费费率(\%) = \frac{生产工人年平均管理费}{年有效施工天数 \times (人工单价 + 每一工日机械使用费)} \times 100\% \tag{2.25}$$

③ 以人工费为计算基础，企业管理费费率的计算公式为

$$企业管理费费率(\%) = \frac{生产工人年平均管理费}{年有效施工天数 \times 人工单价} \times 100\% \tag{2.26}$$

✓ 证书在线 2-12

下列保险、担保费用中，属于建筑安装工程费中企业管理费的有（　　）。（2022年真题）

A. 工伤保险费
B. 施工管理用车辆保险
C. 劳动保险费
D. 履约担保费
E. 设备运输保险费

【解析】企业管理费是指施工企业组织施工生产和经营管理所发生的费用。内容包括：①管理人员工资；②办公费；③差旅交通费；④固定资产使用费；⑤工具用具使用费；⑥劳动保险和职工福利费；⑦劳动保护费；⑧检验试验费；⑨工会经费；⑩职工教育经费；⑪财产保险费；⑫财务费；⑬税金；⑭其他。因此，选项B、C、D为正确答案。工伤保险费属于规费中的社会保险费，故选项A错误。比如设备的国内运输保险费，属于设备运杂费，不属于企业管理费，因此选项E错误。

【本题答案】BCD

5. 利润

利润是指施工企业完成所承包工程获得的盈利，由施工企业根据企业自身需求，并结合建筑市场实际，自主确定。

6. 规费

规费是指按国家法律、法规规定，由省级政府和省级有关权力部门规定必须缴纳或计取的费用，包括以下内容。

1) 社会保险费

(1) 养老保险费。企业按照规定标准为职工缴纳的基本养老保险费。
(2) 失业保险费。企业按照规定标准为职工缴纳的失业保险费。
(3) 医疗保险费。企业按照规定标准为职工缴纳的基本医疗保险费。
(4) 生育保险费。企业按照规定标准为职工缴纳的生育保险费。
(5) 工伤保险费。企业按照规定标准为职工缴纳的工伤保险费。

2) 住房公积金

住房公积金是指企业按规定标准为职工缴纳的住房公积金。社会保险费和住房公积金应以定额人工费为计算基础，根据工程所在地省、自治区、直辖市或行业建设主管部门规定费率计算。社会保险费和住房公积金计算公式为

$$社会保险费和住房公积金 = \sum (工程定额人工费 \times 社会保险费和住房公积金费率) \tag{2.27}$$

3）环境保护税

环境保护税等其他应列而未列入的规费，应按工程所在地环境保护等部门规定的标准缴纳，按实计取列入。

7. 税金

建筑安装工程费用中的税金是指按照国家税法规定的应计入建筑安装工程造价内的增值税，按税前造价乘以增值税税率确定。计算公式为

$$增值税 = 税前造价 \times 增值税税率(\%) \qquad (2.28)$$

1）采用一般计税方法时增值税的计算

当采用一般计税方法时，建筑业增值税税率为9%。计算公式为

$$增值税 = 税前造价 \times 9\% \qquad (2.29)$$

税前造价为人工费、材料费、施工机具使用费、企业管理费、利润和规费之和，各费用项目均以不包含增值税可抵扣进项税额的价格计算。

2）采用简易计税方法时增值税的计算

（1）简易计税的适用范围。根据《营业税改征增值税试点实施办法》《营业税改征增值税试点有关事项的规定》，以及《关于建筑服务等营改增试点政策的通知》的规定，简易计税方法主要适用于以下几种情况：

① 小规模纳税人发生应税行为适用简易计税方法计税。小规模纳税人通常是指纳税人提供建筑服务的年应征增值税销售额未超过500万元，并且会计核算不健全，不能按规定报送有关税务资料的增值税纳税人。年应税销售额超过500万元，但不经常发生应税行为的单位也可选择按照小规模纳税人计税。

② 一般纳税人以清包工方式提供的建筑服务，可以选择适用简易计税方法计税。以清包工方式提供建筑服务，是指施工方不采购建筑工程所需的材料或只采购辅助材料，并收取人工费、管理费或者其他费用的建筑服务。

③ 一般纳税人为甲供工程提供的建筑服务，可以选择适用简易计税方法计税。甲供工程，是指全部或部分设备、材料、动力由工程发包方自行采购的建筑工程。

④ 一般纳税人为建筑工程老项目提供的建筑服务，可以选择适用简易计税方法计税。

建筑工程老项目有以下两种情况：第一种情况为已取得《建筑工程施工许可证》，其中注明开工日期在2016年4月30日前的建筑工程项目；第二种情况为未取得《建筑工程施工许可证》的，建筑工程承包合同注明的开工日期在2016年4月30日前的建筑工程项目。

（2）简易计税的计算方法。当采用简易计税方法时，建筑业增值税税率为3%。计算公式为

$$增值税 = 税前造价 \times 3\% \qquad (2.30)$$

税前造价为人工费、材料费、施工机具使用费、企业管理费、利润和规费之和，各费用项目均以包含增值税进项税额的含税价格计算。

素养拓新

2009年1月1日，我国在全国范围内实施增值税转型改革，将购进固定资产纳入增值税抵扣范围，从而完成了生产型增值税向消费型增值税的转变。

2012年1月1日，我国在上海交通运输业和研发等部分现代服务业开展营业税改征增

值税试点。营改增由此拉开序幕。

2016年5月1日,营改增全面推开。在中国实行了60多年的营业税退出历史舞台,增值税完成对国民经济三次产业的全面覆盖。

2017年7月1日,增值税税率由四档减至17%、11%和6%三档。

2018年5月1日,深化增值税改革三项措施实施。其中,17%和11%两档税率各下调1个点,将小规模纳税人的年应税销售额标准统一到500万元及以下,并试行留抵退税。

2019年政府工作报告提出,深化增值税改革,进一步降低增值税税率,16%的税率降至13%,10%的税率降至9%,并将增值税税率三档并为两档、简化税率列为未来改革方向。

增值税每一次改革步伐,都踏着时代的节拍,在不同经济发展阶段发挥着"税收力量":生产型向消费型转变,与我国从农业大国向制造业大国、出口大国转变的背景密不可分;营改增、税率简并,则与进入21世纪以来我国向制造业强国、服务业强国转变密切相关。

中国自营改增以来已累计减税2万多亿元,不仅打通了抵扣链条,而且扩大了税基、拉长了产业链,深层助推供给侧结构性改革。

✅ 证书在线 2-13

关于一般计税方法和简易计税方法的选择,下列说法正确的是(   )。(2023年真题)

A. 允许采用简易计税方法时,选择何种方法主要取决于可抵扣的进项税额
B. 计税方法一经选择,48个月内不得变更
C. 同一时期承包人的不同项目只能选择相同的计税方法
D. 不允许发包人在招标合同条款中要求选择特定的计税方法

【解析】本题考查建筑安装工程费用中增值税税务筹划问题。根据有关规定,计税方法的选择权归属于纳税人,具体到建筑行业,计税方法的选择权应归属于承包人,除规定只能使用简易计税方法的情况外,承包人可以选择采用一般计税方法或简易计税方法,选择何种计税方法实际上取决于可抵扣的进项税额,但一经选择,36个月内不得变更,故选项A正确,选项B错误。一般纳税人可就不同应税行为即不同项目选择不同的计税方法,因此同一时期承包人的不同项目有可能出现一般计税方法和简易计税方法同时存在的情形。与此同时,发包人虽然法理上并不具备计税方法的选择权,但其可以通过先拟定的合同条款要求选择特定的计税方法,故此发包人事实上享有了增值税计税方的选择权,故选项C、D错误。

【本题答案】A

2.3.4 按造价形成来划分建筑安装工程费

1. 分部分项工程费

分部分项工程费是指各专业工程的分部分项工程应予列支的各项费用。

(1) 专业工程。按现行国家计量规范划分的房屋建筑与装饰工程、仿古建筑工程、通用安装工程、市政工程、园林绿化工程、矿山工程、构筑物工程、城市轨道交通工程、爆破工程等各类工程。

(2) 分部分项工程。按现行国家计量规范对各专业工程划分的项目，如房屋建筑与装饰工程划分的土石方工程、地基处理与桩基工程、砌筑工程、钢筋及钢筋混凝土工程等。

分部分项工程费的计算公式为

$$\text{分部分项工程费} = \sum (\text{分部分项工程量} \times \text{综合单价}) \qquad (2.31)$$

式中：综合单价包括人工费、材料费、施工机具使用费、企业管理费和利润，以及一定范围的风险费用。

2. 措施项目费

措施项目费是指为完成建设工程施工，发生于该工程施工前和施工过程中的技术、生活、安全、环境保护等方面的费用，内容包括以下几项。

(1) 脚手架。

完成工程项目需要搭设脚手架、斜道、上料平台，铺设安全网，铺（翻）脚手板，转运、改制、维修维护，拆除、堆放、整理、外运、归库等工作内容所需要的费用。

(2) 垂直运输。

垂直运输机械进出场及安拆，固定装置、基础制作、安装，行走式机械轨道的铺设、拆除，设备运转、使用等相关费用。

(3) 其他大型机械进出场及安拆。

除垂直运输机械以外的大型机械安装、检测、试运转和拆卸，运进、运出施工现场的装卸和运输，轨道、固定装置的安装和拆除等费用。

(4) 施工排水。

提供满足施工排水所需的排水系统，包括设备安拆、调试及配套设施的设置等，设备运转、使用等费用。

(5) 施工降水。

提供满足施工降水所需的降水系统，包括设备安拆、调试及配套设施的设置等，设备运转、使用等费用。

(6) 临时设施。

为进行建设工程施工所需的生活和生产用的临时建（构）筑物和其他临时设施。包括临时设施的搭设、移拆、维修、清理拆除后恢复等，以及因修建临时设施应由承包人所负责的有关内容的费用。

(7) 文明施工。

施工现场文明施工、绿色施工所需的各项措施的费用。

(8) 环境保护。

施工现场为达到环保要求所需的各项措施的费用。

(9) 安全生产。

完成工程项目施工现场安全施工所需的各项措施的费用。

(10) 冬雨季施工增加。

在冬季或雨季施工，引起防寒、保温、防滑、防潮和排除雨雪等措施的增加，人工、施工机械效率的降低等费用。

（11）夜间施工增加。

因夜间或在地下室等特殊施工部位施工时，所采用照明设备的安拆、维护、照明用电及施工人员夜班补助、夜间施工劳动效率降低等费用。

（12）特殊地区施工增加。

在特殊地区（高温、高寒、高原、沙、戈壁、沿海、海洋等）及特殊施工环境（邻公路、邻铁路等）下施工时，弥补施工降效所需增加的费用。

（13）二次搬运。

因施工场地条件及施工程序限制而发生的材料、构配件、半成品等一次运输不能到达堆放地点，必须进行二次或多次搬运所发生的费用。

（14）已完工程及设备保护。

建设项目施工过程中直至竣工验收前，对已完工程及设备采取的必要保护措施所发生的费用。

（15）既有建（构）筑物设施保护。

在工程施工过程中，对既有建（构）筑物及地上、地下设施进行的遮盖、封闭、隔离等必要临时保护措施所发生的费用。

 应用案例 2-14

关于措施项目工程量的计算单位，下列说法正确的是（　　）。（2023年真题）

A. 脚手架费按建筑面积或垂直投影面积以"m^2"为单位计算

B. 超高施工增加费按建筑物超高高度以"m"为单位计算

C. 垂直运输费按运输距离以"m"为单位计算

D. 降水费用按降水深度以"m"为单位计算

【解析】本题考查建筑安装工程费用中措施费的构成和计算。脚手架费通常按建筑面积或垂直投影面积以"m^2"为单位计算；超高施工增加费通常按照建筑物超高部分的建筑面积以"m^2"为单位计算；垂直运输费可根据不同情况按照建筑面积以"m^2"为单位计算或按照施工工期日历天数以"天"为单位计算；施工排水、降水费中成井费用通常按照设计图示尺寸以钻孔深度按"m"计算，排水、降水费用通常按照排、降水日历天数以"昼夜"计算。因此，只有选项 A 正确。

【本题答案】A

3. 其他项目费

（1）暂列金额。发包人在工程量清单中暂定并包括在合同总价中，用于招标时尚未能确定或详细说明的工程、服务和工程实施中可能发生的合同价款调整等所预留的费用。

（2）暂估价。暂估价包括材料暂估价和专业工程暂估价。材料暂估价是指发包人在工程量清单中提供的，用于支付设计图纸要求必需使用的材料，但在招标时暂不能确定其标准、规格、价格而在工程量清单中预估到达施工现场的不含增值税的材料价格。专业工程暂估价是指发包人在工程量清单中提供的，在招标时暂不能确定工程具体要求及价格而预估的含增值税的专业工程费用。

(3) 计日工。承包人完成发包人提出的零星项目或工作，但不宜按合同约定的计量与计价规则进行计价，而应依据经发包人确认的实际消耗人工工日、材料数量、施工机具台班等，按合同约定的单价计价的一种方式。

(4) 总承包服务费。按合同约定，承包人对发包人提供材料履行保管及其配套服务所需的费用，和（或）承包人对合同范围的专业分包工程（承包人实施的除外）提供配合、协调、施工现场管理、已有临时设施使用、竣工资料汇总整理等服务所需的费用，以及（或）承包人对非合同范围的发包人直接发包的专业工程履行协调及配合责任所需的费用。总承包服务的相关管理、协调及配合责任等应在招标文件及合同中详细说明。

4. 规费和税金

规费和税金与按费用构成要素划分建筑安装工程费用项目组成是相同的。税金应由增值税以分部分项工程项目清单、措施项目清单、其他项目清单（专业工程暂估价除外）的合计金额作为计算基础，乘以政府主管部门规定的增值税税率来计算。

2.3.5 建筑安装工程计价程序

建筑安装工程计价程序示例如表 2-1 和表 2-2 所示。

表 2-1 工程项目清单汇总表

工程名称：　　　　　　　　　标段：　　　　　　　　　第　页　共　页

序号	项目内容	金额/元
1	分部分项工程项目	
1.1	单项工程 1（分部分项工程项目）	
1.1.1	单位工程 1（分部分项工程项目）	
1.1.2	单位工程 2（分部分项工程项目）	
1.2	单项工程 2（分部分项工程项目）	
1.2.1	单位工程 1（分部分项工程项目）	
1.2.2	单位工程 2（分部分项工程项目）	
2	措施项目	
2.1	其中：安全生产措施项目	
3	其他项目	
3.1	其中：暂列金额	
3.2	其中：专业工程暂估价	
3.3	其中：计日工	

续表

序号	项目内容	金额/元
3.4	其中：总承包服务费	
3.5	其中：合同中约定的其他项目	
4	增值税	
	合　计	

注：1. 专业工程暂估价为已含税价格，在计算增值税计算基础时不应包含专业工程暂估价金额；
　　2. 本表宜用于按合同标的为工程量清单编制对象的工程汇总计算，以单项工程、单位工程等为工程量清单编制对象的工程可按本表汇总计算。

表 2-2　竣工（过程）结算汇总表

工程名称：　　　　　　　　　标段：　　　　　　　　　第　页共　页

序号	汇总内容	合同金额/元 A	合同价格调整金额±/元 B	结算金额/元 C=A+B	备注
1	分部分项工程项目				详见本标准表 E.7.1
1.1	单项工程1（分部分项工程项目）				
1.1.1	单位工程1（分部分项工程项目）				
2	措施项目				详见本标准表 E.7.2
2.1	其中：安全生产措施项目				
3	其他项目				详见本标准表 E.4.1
3.1	其中：暂列金额				详见本标准表 E.4.2
3.2	其中：专业工程暂估价				详见本标准表 E.4.3
3.3	其中：计日工				详见本标准表 E.4.4
3.4	其中：总承包服务费				详见本标准表 E.4.5
3.5	其中：合同中约定的其他项目				
4	材料暂估价调整	—			详见本标准表 E.2.3
5	物价变化调差	—			详见本标准表 G.2.1—1/G.2.1—2
6	法律法规及政策性变化	—			详见本标准表 E.9.1
7	工程变更	—			详见本标准表 E.10.1
8	新增工程	—			

续表

序号	汇总内容	合同金额/元 A	合同价格调整金额±/元 B	结算金额/元 C=A+B	备注
9	工程索赔		—		详见本标准表 E.11.1
10	发承包双方约定的其他项目调整		—		
11	增值税				详见本标准表 E.5.1
	合 计				—

注：1. 专业工程暂估价为已含税价格，在计算增值税计算基础时不应包含专业工程暂估价金额；
2. 工程量清单缺陷事项引起的调整金额分别列入对应分部分项工程项目和措施项目的"合同价格调整金额"；
3. 本表适用于按合同标的为工程量清单编制对象的工程汇总计算，以单项工程、单位工程等为工程量清单编制对象的工程可参照本表汇总计算。
4. "本标准"为《建设工程工程量清单计价标准》(GB/T 50500—2024)。

2.4 隐藏成本之幕后的费用力量

工程建设其他费用，是指从工程筹建起到工程竣工验收交付使用止的整个建设期间，除建筑安装工程费用和设备及工、器具购置费用以外的，为保证工程建设顺利完成和交付使用后能够正常发挥效用而发生的各项费用。

工程建设其他费用，按其内容可分为项目建设管理费、用地与工程准备费、配套设施费、工程咨询服务费、建设期计列的生产经营费、工程保险费、税金。

2.4.1 项目建设管理费

1. 项目建设管理费的内容

项目建设管理费是指项目建设单位从项目筹建之日起至办理竣工财务决算之日止发生的管理性质的支出，包括工作人员薪酬及相关费用、办公费、办公场地租用费、差旅交通费、劳动保护费、工具用具使用费、固定资产使用费、招募生产工人费、技术图书资料费（含软件）、业务招待费、竣工验收费和其他管理性质开支。

2. 项目建设管理费的计算

项目建设管理费按照工程费用之和（包括设备工器具购置费和建筑安装工程费）乘以项目建设管理费费率计算。

$$项目建设管理费 = 工程费用 \times 项目建设管理费费率（\%） \qquad (2.38)$$

实行代建制管理的项目，计列代建管理费等同项目建设管理费，不得同时计列管理费。委托第三方行使部分管理职能的，支付的管理费或咨询费列入工程咨询服务费项目。

证书在线 2-16

下列关于项目建设管理费的说法中，正确的是（　　）。(2023年真题)
A. 是指建设单位从项目筹建之日起至通过竣工验收之日止发生的管理性支出
B. 按照工程费用和用地与工程准备费之和乘以项目建设管理费率计算
C. 代建管理费和项目建设管理费之和不得高于项目建设管理费限额
D. 不得用于委托咨询机构因施工项目管理发生的施工项目管理费支出

【解析】本题考核工程建设其他费中项目建设管理费的内容。

项目建设管理费是指项目建设单位从项目筹建之日起至办理竣工财务决算之日止发生的管理性质的支出。项目建设管理费按照工程费用之和（包括设备及工器具购置费和建筑安装工程费用）乘以项目建设管理费率计算。建设项目一般不得同时列支代建管理费和项目建设管理费，确需同时发生的，两项费用之和不得高于项目建设管理费限额，因此选项C正确。建设单位委托咨询机构进行施工项目管理服务发生的施工项目管理费，从项目建设管理费中列支；委托咨询机构行使部分管理职能的相应费用，列入工程咨询服务费。

【本题答案】C

2.4.2 用地与工程准备费

用地与工程准备费是指取得土地与工程建设施工准备所发生的费用，包括土地使用费和补偿费、场地准备费、临时设施费等。

1. 土地使用费和补偿费

建设用地的取得，实质是依法获取国有土地的使用权。根据《中华人民共和国城市房地产管理法》的规定，获取国有土地使用权的基本方式有两种：一是出让方式，二是划拨方式。建设土地取得的其他方式还包括租赁和转让方式。

1）土地使用权出让金

以出让等有偿使用方式取得国有土地使用权的建设单位，按照国务院规定的标准和办法缴纳土地使用权出让金等土地有偿使用费和其他费用后，方可使用土地。土地使用权出让金为用地单位向国家支付的土地所有权收益，出让金标准一般参考城市基准地价并结合其他因素制定。基准地价是指在城镇规划区范围内，对不同级别的土地或者土地条件相当的均质地域，按照商业、居住、工业等用途分别评估的，并由市、县以上人民政府公布的，国有土地使用权的平均价格。

在有偿出让和转让土地时，政府对地价不做统一规定，但坚持以下原则：地价对目前的投资环境不产生大的影响；地价与当地的社会经济承受能力相适应；地价要考虑已投入的土地开发费用、土地市场供求关系、土地用途、所在区类、容积率和使用年限等。有偿出让和转让使用权，要向土地受让者征收契税；转让土地如有增值，要向转让者征收土地增值税；土地使用者每年应按规定的标准缴纳土地使用费。土地使用权出让或转让，应先由地价评估机构进行价格评估后，再签订土地使用权出让和转让合同。

土地使用权出让合同约定的使用年限届满，土地使用者需要继续使用土地的，应当至迟于届满前一年申请续期，除根据社会公共利益需要收回该幅土地的，应当予以批准。经批准准予续期的,应当重新签订土地使用权出让合同,并依照规定支付土地使用权出让金。

2) 征地补偿费用

建设征用土地费用由以下几个部分构成。

(1) 土地补偿费。土地补偿费是对农村集体经济组织因土地被征用而造成的经济损失的一种补偿。土地补偿费归农村集体经济组织所有。征用农用土地的补偿费标准,由省、自治区、直辖市通过制定公布区片综合地价确定,并每年调整或者重新公布一次。

(2) 青苗补偿费和地上附着物补偿费。青苗补偿费是因征地时对其正在生长的农作物受到损害而做出的一种赔偿。在农村实行承包责任制后,农民自行承包土地的青苗补偿费应付给本人,属于集体种植的青苗补偿费可纳入当年集体收益。凡在协商征地方案后抢种的农作物、树木等,一律不予补偿。地上附着物是指房屋、水井、树木、涵洞、桥梁、公路、水利设施、林木等地面建筑物、构筑物、附着物等。如附着物产权属个人,则该项补偿费付给个人。地上附着物的补偿标准由省、自治区、直辖市制定。地上附着物和青苗等的补偿标准由省、自治区、直辖市制定。对其中的农村村民住宅,应当按照先补偿后搬迁、居住条件有改善的原则,尊重农村村民意愿,采取重新安排宅基地建房、提供安置房或者货币补偿等方式给予公平、合理的补偿,并对因征收造成的搬迁、临时安置等费用予以补偿,保障农村村民居住的权利和合法的住房财产权益。

(3) 安置补助费。安置补助费应支付给被征地单位和安置劳动力的单位,作为劳动力安置与培训的支出,以及作为不能就业人员的生活补助。征收农用地的安置补助费标准由省、自治区、直辖市通过制定公布区片综合地价确定,并至少每年调整或者重新公布一次。县级以上地方人民政府应当将被征地农民纳入相应的养老等社会保障体系。被征地农民的社会保障费用主要用于符合条件的被征地农民的养老保险等社会保险缴费补贴,依据省、自治区、直辖市规定的标准单独列支。

(4) 耕地开垦费和森林植被恢复费。国家实行占用耕地补偿制度。非农业建设经批准占用耕地的,按照"占多少,垦多少"的原则,由占用耕地的单位负责开垦与所占用耕地的数量和质量相当的耕地;没有条件开垦或者开垦的耕地不符合要求的,应当按照省、自治区、直辖市的规定缴纳耕地开垦费,专款用于开垦新的耕地。涉及占用森林、草原的还应列支森林植被恢复费用。

(5) 生态补偿费与压覆矿产资源补偿费。生态补偿费是指建设项目对水土保持等生态造成影响所发生的除工程费用之外的补救或者补偿费用;压覆矿产资源补偿费是指项目工程对被其压覆的矿产资源利用造成影响所发生的补偿费用。

(6) 其他补偿费。其他补偿费是指建设项目涉及的对房屋、市政、铁路、公路、管道、通信、电力、河道、水利、厂区、林区、保护区、矿区等不附属于建设用地但与建设项目相关的建筑物、构筑物或设施的拆除、迁建补偿、搬迁运输补偿等费用。

3) 拆迁补偿费用

在城市规划区内国有土地上实施房屋拆迁,拆迁人应当对被拆迁人给予补偿、安置。

(1) 拆迁补偿的方式。拆迁补偿的方式可以实行货币补偿,也可以实行房屋产权调换。

货币补偿的金额,根据被拆迁房屋的区位、用途、建筑面积等因素,以房地产市场评估价格确定。具体办法由省、自治区、直辖市人民政府制定。

实行房屋产权调换的,拆迁人与被拆迁人按照计算得到的被拆迁房屋的补偿金额和所

第2章 工程造价构成：成本拼图大揭秘

调换房屋的价格，结清产权调换的差价。

（2）迁移补偿费。迁移补偿费包括征用土地上的房屋及附属构筑物、城市公共设施等拆除、迁建补偿费、搬迁运输费，企业单位因搬迁造成的减产、停工损失补贴费，拆迁管理费等。拆迁人应当对被拆迁人或者房屋承租人支付搬迁补助费，对于在规定的搬迁期限届满前搬迁的，拆迁人可以付给提前搬家奖励费；在过渡期限内，被拆迁人或者房屋承租人自行安排住处的，拆迁人应当支付临时安置补助费；被拆迁人或者房屋承租人使用拆迁人提供的周转房的，拆迁人不支付临时安置补助费。

搬迁补助费和临时安置补助费的标准，由省、自治区、直辖市人民政府规定。

✅ 证书在线 2-17

关于建设单位以出让或转让方式取得国有土地使用权涉及的相关税费，下列说法正确的是（　　）。（2022年真题）

A. 应向农村集体经济组织支付地上附着物补偿费
B. 应向土地受让者征收契税
C. 应向土地受让者征收土地增值税
D. 应向土地使用者一次性收取土地使用费

【解析】地上附着物补偿费应支付给产权所有者，如附着物产权属个人，则该项补助费付给个人。有偿出让和转让使用权，要向土地受让者征收契税；转让土地如有增值，要向转让者征收土地增值税；土地使用者每年应按规定的标准缴纳土地使用费。土地使用权出让或转让，应先由地价评估机构进行价格评估后，再签订土地使用权出让和转让合同。因此正确答案为B。

【本题答案】B

素养拓新

回顾中国土地政策法规的发展历程，中国共产党一成立就提出"肃清军阀，没收军阀官僚的财产，将他们的田地分给贫苦农民"。党的二大后，陈独秀在《中国共产党对于目前实际问题之计划》一文中，明确提出："无产阶级在东方诸经济落后国的运动，若不得贫农群众的协助，很难成就革命的工作。"1927年7月，中共最早提出中国革命已进入"土地革命的阶段"，党的任务是"没收豪绅大地主反革命及一切祠堂、庙宇的土地，以开展土地革命"。井冈山革命根据地时期，在毛泽东领导下，中共相继制定和通过了《井冈山土地法》《兴国县土地法》《土地问题决议案》等，对土地革命的一些具体政策做出规定。中华人民共和国成立后，土地政策经历了从私有的农民土地所有制到土地农民私有、集体统一经营使用，再到完全的土地集体统一所有、统一经营，集体土地、家庭承包经营的土地制度。1986年通过的《民法通则》，对农村土地承包经营制度在立法层面予以明确确认。2019年8月26日，十三届全国人大常委会第十二次会议审议通过《中华人民共和国土地管理法》修正案（下称新《土地管理法》），自2020年1月1日起施行。新《土地管理法》是在充分总结中国共产党长期以来有关土地政策法律实践、根据党的事业需要和在人民群众所思所盼基础上形成的，具有重大内容创新。

党的二十大报告指出，我们要坚持走中国特色社会主义法治道路，建设中国特色社会主义法治体系、建设社会主义法治国家，围绕保障和促进社会公平正义，坚持依法治国、依法执政、依法行政共同推进，坚持法治国家、法治政府、法治社会一体建设，全面推进科学立法、严格执法、公正司法、全民守法，全面推进国家各方面工作法治化。而新《土地管理法》进一步贯彻了坚持以人民为中心的发展思想，体现了中国共产党始终不忘的初心使命，是一部关系亿万农民切身利益、关系国家经济社会安全的重要法律。

2. 场地准备及临时设施费

1）场地准备及临时设施费的内容

（1）建设项目场地准备费是指为使工程项目的建设场地达到开工条件，由建设单位组织进行的场地平整等准备工作而发生的费用。

（2）建设单位临时设施费是指建设单位为满足施工建设需要而提供的未列入工程费用的临时水、电、路、信、气、热等工程和临时仓库等建（构）筑物的建设、维修、拆除、摊销费用或租赁费用，以及货场、码头租赁等费用。

2）场地准备及临时设施费的计算

（1）场地准备及临时设施应尽量与永久性工程统一考虑。建设场地的大型土石方工程应进入工程费用中的总图运输费用中。

（2）新建项目的场地准备和临时设施费应根据实际工程量估算，或按工程费用的比例计算。改扩建项目一般只计拆除清理费。

（3）发生拆除清理费时可按新建同类工程造价或主材费、设备费的比例计算。凡可回收材料的拆除工程采用以料抵工方式冲抵拆除清理费。

（4）此项费用不包括已列入建筑安装工程费用中的施工单位临时设施费用。

场地准备和临时设施费的计算公式为

$$\text{场地准备和临时设施费} = \text{工程费用} \times \text{费率}(\%) + \text{拆除清理费} \tag{2.39}$$

2.4.3 配套设施费

1. 城市基础设施配套费

城市基础设施配套费是指建设单位向政府有关部门缴纳的，用于城市基础设施和城市公用设施建设的专项费用。

2. 人防易地建设费

人防易地建设费是指建设单位因地质、地形、施工等客观条件限制，无法修建防空地下室的，按照规定标准向人民防空主管部门缴纳的人民防空工程易地建设费。

2.4.4 工程咨询服务费

工程咨询服务费是指建设单位在项目建设全过程中委托咨询机构提供经济、技术、法律等服务所需的费用。工程咨询服务费包括可行性研究费、专项评价费、勘察设计费、监理费、研究试验费、特殊设备安全监督检验费、招标代理费、设计评审费、技术经济标准使用费、工程造价咨询费、竣工图编制费、BIM 技术服务费及其他咨询费。按照国家发展改革委《关于进一步放开建设项目专业服务价格的通知》(发改价格〔2015〕299号)的规定,工程咨询服务费应实行市场调节价。

1. 可行性研究费

可行性研究费是指在工程项目投资决策阶段,对有关建设方案、技术方案或生产经营方案进行的技术经济论证,以及编制、评审可行性研究报告所需的费用。

2. 专项评价费

专项评价费是指建设单位按照国家规定委托相关单位开展专项评价及有关验收工作发生的费用。

专项评价费包括环境影响评价费、安全预评价费、职业病危害预评价费、地质灾害危险性评价费、水土保持评价费、压覆矿产资源评价费、节能评估费、危险与可操作性分析及安全完整性评价费以及其他专项评价费。

1) 环境影响评价费

环境影响评价费是指在工程项目投资决策过程中,对其进行环境污染或影响评价所需的费用。其中包括编制环境影响报告书(含大纲)、环境影响报告表和评估等所需的费用,以及建设项目竣工验收阶段环境保护验收调查和环境监测、编制环境保护验收报告的费用。

2) 安全预评价费

安全预评价费指为预测和分析建设项目存在的危害因素种类和危险危害程度,提出先进、科学、合理、可行的安全技术和管理对策,而编制评价大纲、编写安全评价报告书和评估等所需的费用。

3) 职业病危害预评价费

职业病危害预评价费指建设项目因可能产生职业病危害,而编制职业病危害预评价书、职业病危害控制效果评价书和评估所需的费用。

4) 地质灾害危险性评价费

地质灾害危险性评价费是指在灾害易发区对建设项目可能诱发的地质灾害和建设项目本身可能遭受的地质灾害危险程度的预测评价,编制评价报告书和评估所需的费用。

5) 水土保持评价费

水土保持评价费是指对建设项目在生产建设过程中可能造成水土流失进行预测,编制水土保持方案和评估所需的费用。

6) 压覆矿产资源评价费

压覆矿产资源评价费是指对需要压覆重要矿产资源的建设项目,编制压覆重要矿床评价和评估所需的费用。

7) 节能评估费

节能评估费是指对建设项目的能源利用是否科学合理进行分析评估,并编制节能评估报告以及评估所发生的费用。

8) 危险与可操作性分析及安全完整性评价费

危险与可操作性分析及安全完整性评价费是指对应用于生产具有流程性工艺特征的新建、改建、扩建项目进行工艺危害分析和对安全仪表系统的设置水平及可靠性进行定量评估所发生的费用。

9）其他专项评价费

其他专项评价费是指根据国家法律法规，建设项目所在省、自治区、直辖市人民政府有关规定，以及行业规定需进行的其他专项评价、评估、咨询所需的费用，如重大投资项目社会稳定风险评估费、防洪评价费、交通影响评价费等。

3. 勘察设计费

1）勘察费

勘察费是指勘察人根据发包人的委托，收集已有资料、现场踏勘、制定勘察纲要，进行勘察作业，以及编制工程勘察文件和岩土工程设计文件等收取的费用。

2）设计费

设计费是指设计人根据发包人的委托，提供编制建设项目初步设计文件、施工图设计文件、非标准设备设计文件、竣工图文件等服务所收取的费用。

勘察设计费按照国家发展改革委关于《进一步放开建设项目专业服务价格的通知》（发改价格〔2015〕299号）的规定，此项费用实行市场调节价。

国家发展改革委关于进一步放开建设项目

4. 监理费

监理费是指建设单位委托监理机构开展工程建设监理工作或设备监造服务所需的费用。

5. 研究试验费

研究试验费是指为建设项目提供或验证设计参数、数据、资料等进行必要的研究试验以及设计规定在建设过程中必须进行试验、验证所需的费用。其中包括自行或委托其他部门研究、试验所需人工费、材料费、试验设备及仪器使用费等。这项费用按照设计单位根据本工程项目的需要提出的研究试验内容和要求计算。在计算时要注意不应包括以下项目。

（1）应由科技三项费用（即新产品试制费、中间试验费和重要科学研究补助费）开支的项目。

（2）应在建筑安装费用中列支的施工企业对建筑材料、构件和建筑物进行一般鉴定、检查所发生的费用及技术革新的研究试验费。

（3）应由勘察设计费或工程费用中开支的项目。

6. 特殊设备安全监督检验费

特殊设备安全监督检验费是指对在施工现场安装的列入国家特种设备范围内的设备（设施）检验检测和监督检查所发生的应列入项目开支的费用。

7. 招标代理费

招标代理费是指建设单位委托招标代理机构进行招标服务所发生的费用。

8. 设计评审费

设计评审费是指建设单位委托有资质的机构对设计文件进行评审的费用。设计文件包括初步设计文件和施工图设计文件等。

9. 技术经济标准使用费

技术经济标准使用费是指建设项目投资确定与计价、费用控制过程中使用相关技术经济标准所发生的费用。

10. 工程造价咨询费

工程造价咨询费是指建设单位委托造价咨询机构进行各阶段相关造价业务工作所发生的费用。

11. 竣工图编制费

竣工图编制费是指建设单位委托相关机构编制竣工图所需的费用。

 证书在线 2-18

下列建设工程的实施过程中发生的技术服务费，属于专项评价费的是（　　）。（2022年真题）

A. 可行性研究费　　　　B. 节能评估费
C. 设计评审费　　　　　D. 技术经济标准使用费

【解析】专项评价费属于技术服务费中的一类，具体包括环境影响评价费、安全预评价费、职业病危害预评价费、地震安全性评价费、地质灾害危险性评价费、水土保持评价费、压覆矿产资源评价费、节能评估费、危险与可操作性分析及安全完整性评价费以及其他专项评价费。选项 ACD 中内容均属于技术服务费，不属于专项评价费，因此正确答案为 B。

【本题答案】B

 证书在线 2-19

下列费用中，应在研究试验费中列出的是（　　）。（2022年真题）

A. 对进场材料、构件进行一般性鉴定检查的费用
B. 设计规定在项目建设过程中必须进行试验、验证所需的费用
C. 由科技三项费用开支的试验费
D. 特殊设备安全监督检验费
E. 为验证设计数据而进行必要的研究试验费用

【解析】研究试验费是指为建设项目提供或验证设计参数、数据、资料等进行必要的研究试验，以及设计规定在建设过程中必须进行试验、验证所需的费用。在计算时要注意不应包括以下项目：

（1）应由科技三项费用（即新产品试制费、中间试验费和重要科学研究补助费）开支的项目。

（2）应在建筑安装费用中列支的施工企业对建筑材料、构件和建筑物进行一般鉴定、检查所发生的费用及技术革新的研究试验费。

（3）应由勘察设计费或工程费用中开支的项目。故正确答案为 BE。

【本题答案】BE

2.4.5　建设期计列的生产经营费

建设期计列的生产经营费是指为达到生产经营条件在建设期发生或将要发生的费用，包括专利及专有技术使用费、联合试运转费、生产准备费等。

1. 专利及专有技术使用费

专利及专有技术使用费是指在建设期内为取得专利、专有技术、商标权、商誉、特许经营权等发生的费用。

1) 专利及专有技术使用费的主要内容

(1) 工艺包费、设计及技术资料费、有效专利及专有技术使用费、技术保密费和技术服务费等。

(2) 商标权、商誉和特许经营权费。

(3) 软件费等。

2) 专利及专有技术使用费的计算

在专利及专有技术使用费计算时应注意以下问题。

(1) 按专利使用许可协议和专有技术使用合同的规定计列。

(2) 专有技术的界定应以省、部级鉴定批准为依据。

(3) 项目投资中只计算需在建设期支付的专利及专有技术使用费。协议或合同规定在生产期支付的使用费应在生产成本中核算。

(4) 一次性支付的商标权、商誉及特许经营权费按协议或合同规定计列。协议或合同规定在生产期支付的商标权或特许经营权费应在生产成本中核算。

2. 联合试运转费

联合试运转费是指新建或新增加生产能力的工程项目,在交付生产前按照设计文件规定的工程质量标准和技术要求,对整个生产线或装置进行负荷联合试运转所发生的费用净支出(试运转支出大于收入的差额部分费用)。试运转支出包括试运转所需原材料、燃料及动力消耗、低值易耗品、其他物料消耗、工具用具使用费、机械使用费、联合试运转人员工资、施工单位参加试运转人员工资以及专家指导费等;试运转收入包括试运转期间的产品销售收入和其他收入。联合试运转费不包括应由设备安装工程费用开支的调试及试车费用,以及在试运转中暴露出来的因施工原因或设备缺陷等发生的处理费用。

3. 生产准备费

1) 生产准备费的内容

在建设期内,建设单位为保证项目正常生产而发生的人员培训费、提前进厂费,以及投产使用必备的办公、生活家具用具及工器具等的购置费用,包括以下内容。

(1) 人员培训费及提前进厂费。其中包括自行组织培训或委托其他单位培训的人员工资、工资性补贴、职工福利费、差旅交通费、劳动保护费、学习资料费等。

(2) 为保证初期正常生产(或营业、使用)所必需的生产办公、生活家具用具购置费。

2) 生产准备费的计算

(1) 新建项目按设计定员为基数计算,改扩建项目按新增设计定员为基数计算

$$生产准备费 = 设计定员 \times 生产准备费指标(元/人) \tag{2.40}$$

(2) 可采用综合的生产准备费指标进行计算,也可以按费用内容的分类指标计算。

> **特别提示**
>
> 应该指出,生产准备费在实际执行中是一笔在时间上、人数上、培训深度上,很难划分的、活口很大的支出,尤其要严格掌握。

第2章 工程造价构成：成本拼图大揭秘

> **证书在线 2-20**

根据我国现行建设项目总投资及工程造价的构成，联合试运转费应包括（　　）。（2019年真题）

A. 施工单位参加联合试运转人员的工资
B. 设备安装中的试车费用
C. 试运转中暴露的设备缺陷的处理费
D. 生产人员的提前进厂费

【解析】试运转支出包括试运转所需原材料、燃料及动力消耗、低值易耗品、其他物料消耗、工具用具使用费、机械使用费、联合试运转人员工资、施工单位参加试运转人员工资、专家指导费，以及必要的工业炉烘炉费等；试运转收入包括试运转期间的产品销售收入和其他收入。联合试运转费不包括应由设备安装工程费用开支的调试及试车费用，以及在试运转中暴露出来的因施工原因或设备缺陷等发生的处理费用。因此正确答案为A。

【本题答案】A

2.4.6 工程保险费

工程保险费是指为转移工程项目建设的意外风险，在建设期内对建筑工程、安装工程、机械设备和人身安全进行投保而发生的费用。其中包括建筑安装工程一切险、引进设备财产保险和人身意外伤害险等。不同的建设项目可根据工程特点选择投保险种。

根据不同的工程类别，分别以其建筑、安装工程费乘以建筑、安装工程保险费率计算。民用建筑（住宅楼、综合性大楼、商场、旅馆、医院、学校）占建筑工程费的0.2%～0.4%；其他建筑（工业厂房、仓库、道路、码头、水坝、隧道、桥梁、管道等）占建筑工程费的0.3%～0.6%；安装工程（农业、工业、机械、电子、电器、纺织、矿山、石油、化学及钢铁工业、钢结构桥梁）占建筑工程费的0.3%～0.6%。

2.4.7 税金

税金是指按财政部《基本建设项目建设成本管理规定》（财建〔2016〕504号），统一归纳计列的城镇土地使用税、耕地占用税、契税、车船税、印花税等除增值税外的税金。

2.5 未知防线之预备费与建设期利息的应对

2.5.1 预备费

按我国现行规定，预备费包括基本预备费和价差预备费。

1. 基本预备费

1) 基本预备费的内容

基本预备费是指投资估算或工程概算阶段预留的，由于工程实施中不可预见的工程变更及洽商、一般自然灾害处理、地下障碍物处理、超规超限设备运输等而可能增加的费用，亦可称为工程建设不可预见费。基本预备费一般由以下四部分构成。

（1）工程变更及洽商在批准的初步设计范围内，技术设计、施工图设计及施工过程中所增加的工程费用；设计变更、工程变更、材料代用、局部地基处理等增加的费用。

（2）一般自然灾害处理指因一般自然灾害造成的损失和预防自然灾害所采取的措施费用。实行工程保险的工程项目，该费用应适当降低。

（3）不可预见的地下障碍物处理的费用。

（4）超规超限设备运输增加的费用。

2) 基本预备费的计算

基本预备费是按工程费用和工程建设其他费用二者之和为计取基础，乘以基本预备费费率进行计算。

$$基本预备费 = (工程费用 + 工程建设其他费用) \times 基本预备费费率（\%） \quad (2.41)$$

式中：基本预备费费率的取值应执行国家及部门的有关规定。

2. 价差预备费

1) 价差预备费的内容

价差预备费是指为在建设期内利率、汇率或价格等因素的变化而预留的可能增加的费用，也称为价格变动不可预见费。价差预备费的内容包括：人工、设备、材料、施工机具的价差费，建筑安装工程费及工程建设其他费用调整，利率、汇率调整等增加的费用。

2) 价差预备费的测算方法

价差预备费一般根据国家规定的投资综合价格指数，以估算年份价格水平的投资额为基数，采用复利方法计算。价差预备费的计算公式为

$$PF = \sum_{t=1}^{n} I_t \left[(1+f)^m (1+f)^{0.5} (1+f)^{t-1} - 1 \right] \quad (2.42)$$

式中：PF——价差预备费；

n——建设期年份数；

I_t——建设期中第 t 年的投资计划额，包括工程费用、工程建设其他费用及基本预备费，即第 t 年的静态投资计划额；

f——年涨价率；

m——建设前期年限（从编制估算到开工建设，单位：年）。

年涨价率，政府部门有规定的按规定执行，没有规定的由可行性研究人员预测。

✅ 证书在线 2-21

某建设项目投资估算中的建安工程费、设备及工器具购置费、工程建设其他费用分别为 30000 万元、20000 万元、10000 万元。若基本预备费率为 5%，则该项目的基本预备费为（   ）万元。（2021 年真题）

A. 1500　　　　B. 2000　　　　C. 2500　　　　D. 3000

【解析】基本预备费＝(30000＋20000＋10000)×5%＝3000(万元)。

【本题答案】D

证书在线 2-22

某建设项目静态投资计划额为10000万元，建设前期年限为1年，建设期为2年，分别完成投资的40%、60%。若年均投资价格上涨率为4%，则该项目建设期间价差预备费为(　　)万元。(2023年真题)

A. 442.79　　　B. 649.60　　　C. 860.50　　　D. 1075.58

【解析】本题考核价差预备费的计算。

第一年价差预备费＝10000×40%×[(1+4%)×(1+4%)0.5−1]≈242.384(万元)；

第二年价差预备费＝10000×60%×[(1+4%)×(1+4%)^0.5×(1+4%)−1]≈618.119(万元)；

建设期价差预备费合计＝242.384＋618.119≈860.50(万元)。

【本题答案】C

2.5.2 建设期利息

建设期利息主要是指在建设期内发生的为工程项目筹措资金的融资费用及债务资金利息。

当贷款在年初一次性贷出且利率固定时，建设期贷款利息按下式计算。

$$I = P(1+i)^n - P \tag{2.43}$$

式中：P——一次性贷款数额；

i——年利率；

n——计息期；

I——贷款利息。

当总贷款是分年均衡发放时，建设期利息的计算可按当年借款在年中支用考虑，即当年贷款按半年计息，上年贷款按全年计息。建设期利息的计算公式为

$$q_j = \left(P_{j-1} + \frac{1}{2}A_j\right) \cdot i \tag{2.44}$$

式中：q_j——建设期第j年应计利息；

P_{j-1}——建设期第$(j-1)$年年末贷款累计金额与利息累计金额之和；

A_j——建设期第j年贷款金额；

i——年利率。

> **特别提示**
>
> 国外贷款利息的计算中，还应包括国外贷款银行根据贷款协议向贷款方以年利率的方式收取的手续费、管理费、承诺费，以及国内代理机构经国家主管部门批准的以年利率的方式向贷款单位收取的转贷费、担保费、管理费等。

证书在线 2-23

某建设项目贷款总额为 3000 万元，贷款年利率为 10%。项目建设前期年限为 1 年，建设期为 2 年，其中第一、二年的贷款比例分别为 60% 和 40%。贷款在年内均衡发放，建设期内只计息不付息，则该项目建设期利息为（　　）万元。（2022 年真题）

A. 498.00　　　　　　　　B. 339.00
C. 249.00　　　　　　　　D. 438.00

【解析】$q_j = \left(P_{j-1} + \dfrac{1}{2}A_j\right) \cdot i$，其中本题建设前期年限为干扰项。

第一年建设期利息 = 3000×60%×1/2×10% = 90.00（万元）；

第二年建设期利息 = (3000×60%+90+3000×40%×1/2)×10% = 249.00（万元）；

建设期利息 = 90.00+249.00 = 339.00（万元）。

【本题答案】B

本章小结

本章参考了全国造价工程师职业资格考试培训教材《建设工程计价》，结合《住房和城乡建设部、财政部关于印发〈建筑安装工程费用项目组成〉的通知》（建标〔2013〕44号）文件的具体内容，全面叙述了建设工程造价构成的主要内容。

本章主要内容有：我国现行建设项目投资构成，我国现行建设项目工程造价的构成，设备购置费的构成及计算，工、器具及生产家具购置费的构成及计算，我国现行的建筑安装工程费用的构成，工程建设其他费用的构成和计算，预备费、建设期利息的含义及计算方法。

本章的教学目标是使学生通过本章的学习，初步认识建筑工程造价管理，了解我国现行建筑安装工程费用的构成、我国现行的工程造价构成。

习　题

一、单选题

1. 生产性建设项目工程费用为 15000 万元，设备费用为 5000 万元，工程建设其他费为 3000 万元，预备费为 1000 万元，建设期利息为 1000 万元，铺底流动资金为 500 万元，则该项目的工程造价为（　　）万元。（2021 年真题）

A. 19000　　　　B. 20000　　　　C. 20500　　　　D. 25500

2. 根据我国现行建设项目总投资构成规定，固定资产投资的计算公式为（　　）。（2020 年真题）

A. 工程费用+工程建设其他费用+建设期利息

B. 建设投资+预备费+建设期利息

C. 工程费用+工程建设其他费用+预备费

第2章 工程造价构成：成本拼图大揭秘

　　D. 工程费用＋工程建设其他费用＋预备费＋建设期利息

3. 根据现行建设项目工程造价构成的相关规定，工程造价是指（　　）。（2017年真题）

　　A. 为完成工程项目建造，生产性设备及配合工程安装设备的费用
　　B. 建设期内直接用于工程建造、设备购置及其安装的建设投资
　　C. 为完成工程项目建设，在建设期内投入且形成现金流出的全部费用
　　D. 在建设期内预计或实际支出的建设费用

4. 关于进口设备原价消费税的计算，下列计算方式正确的是（　　）。（2022年真题）

　　A. 到岸价×消费税率
　　B. （到岸价＋关税）×消费税率
　　C. 到岸价＋关税＋消费税
　　D. （到岸价＋关税＋增值税）×消费税率

5. 关于进口设备到岸价的构成及计算，下列公式中正确的是（　　）。（2017年真题）

　　A. 到岸价＝离岸价＋运输保险费
　　B. 到岸价＝离岸价＋进口从属费
　　C. 到岸价＝运费在内价＋运输保险费
　　D. 到岸价＝运费在内价＋进口从属费

6. 某批进口设备离岸价格为1000万元人民币，国际运费为100万元人民币，运输保险费率为1%。则该批设备关税完税价格应为（　　）万元人民币。（2015年真题）

　　A. 1100.00　　　　　　　　　　B. 1110.00
　　C. 1111.00　　　　　　　　　　D. 1111.11

7. 下列费用中，属于施工企业管理费中财务费的是（　　）。（2022年真题）

　　A. 财务专用工具购置费　　　　　B. 预付款担保
　　C. 审计费　　　　　　　　　　　D. 财产保险费

8. 根据现行建筑安装工程费用项目组成的规定，下列费用项目中，属于施工机具使用费的是（　　）。（2017年真题）

　　A. 仪器仪表使用费　　　　　　　B. 施工机械财产保险费
　　C. 大型机械进出场费　　　　　　D. 大型机械安拆费

9. 关于建筑安装工程费用中建筑业增值税的计算，下列说法中正确的是（　　）。（2017年真题）

　　A. 当事人可以自主选择一般计税法或简易计税法计税
　　B. 一般计税法、简易计税法中的建筑业增值税率均为11%
　　C. 采用简易计税法时，税前造价不包含增值税的进项税额
　　D. 采用一般计税法时，税前造价不包含增值税的进项税额

10. 根据我国现行建筑安装工程费用项目组成的规定，下列费用应列入暂列金额的是（　　）。（2015年真题）

　　A. 施工过程中可能发生的工程变更及索赔、现场签证等费用
　　B. 应建设单位要求，完成建设项目之外的零星项目费用
　　C. 对建设单位自行采购的材料进行保管所发生的费用

D. 施工用电、用水的开办费

二、多选题

1. 关于进口设备原价的构成内容，下列说法正确的有（　　）。(2022年真题)

　　A. 设备在出口国内发生的运杂费

　　B. 设备的国际运输费用

　　C. 设备供销部门手续费

　　D. 设备验收、保管和收发发生的费用

　　E. 未达到固定资产标准的设备购置费

2. 构成进口设备原价的费用项目中，应以到岸价为计算基数的有（　　）。(2018年真题)

　　A. 国际运费　　　　　　　B. 进口环节增值税

　　C. 银行财务费　　　　　　D. 外贸手续费

　　E. 进口关税

3. 关于设备及工器具购置费的构成，下列说法正确的有（　　）。(2023年真题)

　　A. 国产设备原价中包含未达到固定资产标准的备品备件费

　　B. 国产设备运杂费包括从设备出厂到运至工地仓库发生的所有合理费用

　　C. 进口设备抵岸价是指设备抵达买方边境、港口或车站时的价格

　　D. 工器具及生产家具购置费包含生产、办公、生活家具购置费

　　E. 设备运杂费中包括设备供销部门的手续费

4. 在不增加施工成本的前提下，下列关于承包人增加增值税可抵扣进项税额的方法，正确的有（　　）。(2023年真题)

　　A. 可采用劳务分包方式获取抵扣进项税额

　　B. 材料的采购应在价格低廉和能取得增值税专用发票之间选择后者

　　C. 自购施工机具取得的可抵扣进项税额需一次性抵扣

　　D. 检验试验费中的增值税进项税额按6%的适用税率扣减

　　E. 办公费中的增值税进项税额按9%的适用税率扣减

5. 按照费用构成要素划分的建筑安装工程费用项目组成规定，下列费用项目应列入材料费的有（　　）。(2018年真题)

　　A. 周转材料的摊销、租赁费用

　　B. 材料运输损耗费用

　　C. 施工企业对材料进行一般鉴定、检查发生的费用

　　D. 材料运杂费中的增值税进项税额

　　E. 材料采购及保管费用

第2章 工程造价构成：成本拼图大揭秘

工作任务单 解密建设工程造价的构成密码

任务名称	解密建设工程造价的构成密码
任务目标	1. 深入理解建设工程造价的构成体系，能清晰阐述各组成部分的概念和内涵。 2. 精准掌握设备及工器具购置费、建筑安装工程费、工程建设其他费用的构成要素及计算方法。 3. 学会分析预备费和建设期利息对工程造价的影响，并能准确计算。 4. 能够运用所学知识，对实际工程项目的造价构成进行分析和评估。
任务内容	**项目背景** 在建设工程领域，准确把握工程造价的构成是进行项目投资决策、成本控制和合同管理的基础。对于即将投身造价行业来说，深入了解建设工程造价的构成，有助于在未来的工作中，合理确定和有效控制工程造价，确保项目的经济效益和顺利实施。 **任务** 1. 制作一个思维导图，展示建设工程造价构成的整体框架，并在课堂上进行讲解。结合实际项目，将各项费用占比标注在思维导图对应位置，方便理解。 2. 调研本地的建筑设备和工器具市场，收集至少5种常见设备和工器具的价格、运输费用、采购保管费用等信息，分析其费用构成。 3. 根据某基础工程工程量和《全国统一建筑工程基础定额》消耗指标，进行工料分析计算得出各项资源消耗及该地区相应的市场价格见表2-4。按照（建标〔2013〕44号）文件关于建安工程费用的组成和规定取费，各项费用的费率为：企业管理费费率20%、利润率16%。（企业管理费和利润的计算基数为定额人工费） 表2-4 资源消耗量及预算价格表 | 资源名称	单位	消耗量	单价/元	资源名称	单位	消耗量	单价/元
---	---	---	---	---	---	---	---
325#水泥	kg	1740.84	0.32	钢筋 ϕ10以内	t	2.307	3100.00
425#水泥	kg	18101.65	0.34	钢筋 ϕ10以上	t	5.526	3200.00
525#水泥	kg	20349.76	0.36				
净砂	m³	70.76	30.00	砂浆搅拌机	台班	16.24	42.84
碎石	m³	40.23	41.20	5t载重汽车	台班	14.00	310.59
钢模	m³	152.96	9.95	木工圆锯	台班	0.36	171.28
工程用木材	m³	5.00	2480.00	翻斗车	台班	16.26	101.59
模板用木材	m³	1.232	2200.00	挖土机	台班	1.00	1060.00
镀锌铁丝	kg	146.58	10.48	混凝土搅拌机	台班	4.35	152.15
灰土	m³	54.74	50.48	卷扬机	台班	20.59	72.57
水	m³	42.90	2.00	钢筋切断机	台班	2.79	161.47
电焊条	kg	12.98	6.67	钢筋弯曲机	台班	6.67	152.22
草袋子	m³	24.30	0.94	插入式振捣器	台班	32.37	11.82
黏土砖	千块	109.07	150.00	平板式振捣器	台班	4.18	13.57
隔离剂	kg	20.22	2.00	电动打夯机	台班	85.03	23.12
铁钉	kg	61.57	5.70	综合工日	工日	1207.00	20.31	

续表

任务内容	（1）根据表2-4中的各种资源的消耗量和市场价格，列表计算该基础工程的人工费、材料费和机械费。 （2）根据背景材料给定的费率，按照建标〔2013〕44号文件关于建安工程费用的组成，计算该基础工程的分部分项工程费。
任务分配 （由学生填写）	<table><tr><td>小组</td><td>任务分工</td></tr><tr><td></td><td></td></tr><tr><td></td><td></td></tr></table>
任务解决过程 （由学生填写）	
任务小结 （由学生填写）	

续表

任务完成评价						
评分表						
组别： 姓名：						
评价内容	评价标准	自评	小组互评	教师评价		
				任课教师	企业导师	增值评价
职业素养	（1）学习态度积极，能主动思考，能有计划地组织小组成员完成工作任务，有良好的团队合作意识，遵章守纪，计20分； （2）学习态度较积极，能主动思考，能配合小组成员完成工作任务，遵章守纪，计15分； （3）学习态度端正，主动思考能力欠缺能配合小组成员完成工作任务，遵章守纪，计10分； （4）学习态度不端正，不参与团队任务，计0分。					
成果	计算或成果结论（校核、审核）无误，无返工，表格填写规范，设计方案计算准确，字迹工整，如有错误按以下标准扣分，扣完为止。 （1）计算列表按规范编写，正确得10分，每错一处扣2分； （2）方案计算过程中每处错误扣5分。					
综合得分	综合得分＝自评分*30%＋小组互评分*40%＋老师评价分*30%					

注：根据各小组的职业素养、成果给出成绩（100分制），本次任务成绩将作为本课程总成绩评定时的依据之一。

日期： 年 月 日

第3章 决策阶段控制：项目成败的分水岭

思维导图

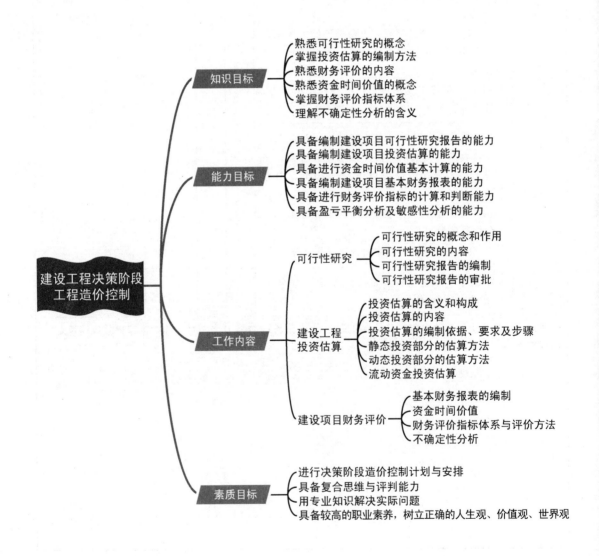

第 3 章 决策阶段控制：项目成败的分水岭

引例

某建设项目的宏观目标是推动我国建筑产业国际化，促进建筑信息产业发展，采用新材料、新能源、新设计以减少国家外汇支出。其具体目标有3个：效益目标是项目投资所得税后财务内部收益率达到15％，6年回收全部投资；功能目标是降低生产成本，提高企业的财务效益，减少企业的经营风险；市场目标是达到优质高效，使用国产设备、材料、能源，减少原材料进口。

建设项目在正式施工建设之前都必须经过决策阶段。决策是指人们为了实现特定的目标，在掌握大量有关信息的基础上，运用科学的理论和方法，系统地分析主客观条件，进行最终选择的过程。建设工程决策阶段的工程造价控制是造价管理的第一个环节，也是首要环节。

建设工程决策阶段的工程造价控制需进行哪些具体的工作？

3.1 可行性研究深度洞察

3.1.1 可行性研究的概念和作用

1. 可行性研究的概念

建设项目的可行性研究是在投资决策前对拟建项目有关的社会、经济、技术等各方面进行深入细致的调查研究和全面的技术经济论证，对项目建成后的经济效益进行科学的预测和评价，为项目决策提供科学依据的一种科学分析方法。

2. 可行性研究的作用

可行性研究是保证项目建设以最小的投资耗费取得最佳的经济效益，是实现项目技术在技术上先进、经济上合理和建设上可行的科学方法。可行性研究的主要作用有以下几点。

（1）可行性研究作为建设项目投资决策和编制可行性研究报告的依据，是项目投资建设的首要环节。一项投资活动能否成功、效率如何，受到社会多方面因素的影响，包括经济的、技术的、政治的、法律的、管理的及自然的因素。如何对这些因素进行科学的调查与预测、分析与计算、比较与评价，是一项非常重要而又十分复杂的系统性工作，应该说是一种跨专业和资源的活动，其难度显然非常大。可行性研究对建设项目的各方面都进行了深入细致的调查研究，系统地论证了项目的可行性。项目投资与否，主要依据项目可行性研究所做出的定性和定量的技术经济分析。因此，可行性研究是投资决策的主要依据。

（2）可行性研究是作为筹集资金，向银行等金融组织、风险投资机构申请贷款的依据。对于需要申请银行贷款的项目，可行性研究提供了可参考的经济效益水平及偿还能力等评估结论。银行等金融机构在确认项目是否可以获得贷款前，要对可行性研究报告进行全面分析、评估，最终进行贷款决策。目前，我国的银行及其他境内外的各类金融机构在接受项目建设贷款时，都会对贷款项目进行全面、细致的分析评估，银行等金融机构只有在确认项目具有偿还贷款的能力、不承担过大风险的情况下，才会同意贷款。

（3）可行性研究是作为项目主管部门商谈合同、签订协议的依据。根据可行性研究报告，建设项目主管部门可同国内有关部门签订项目所需原材料、能源资源和基础设施等方面的协议和合同，以便与国外厂商就引进技术和设备签约。

（4）可行性研究是作为项目进行工程设计、设备订货、施工准备等基本建设前期工作的依据。可行性研究报告是编制设计文件、进行建设准备工作的主要根据。

（5）可行性研究是作为项目拟采用的新技术、新设备的研制，进行地形、地质及工业性工作的依据。项目拟采用的新技术、新设备必须是经过技术经济论证认为是可行的，方能拟订研制计划。

（6）可行性研究是作为环保部门审查项目对环境影响的依据，也作为向项目建设所在地政府和规划部门申请施工许可证的依据。

> **特别提示**
>
> 可行性研究一般包括投资机会研究、初步可行性研究、详细可行性研究及评价和决策4个阶段。每一个阶段的研究深度不同，但都是由浅入深对项目进行分析研究。

3.1.2　可行性研究的内容与报告的编制

1. 可行性研究的内容

建设项目的可行性研究的内容是论证项目可行性所包含的各个方面，具体有建设项目在技术、财务、经济、商业、管理、环境保护等方面的可行性。可行性研究的最后成果是编制成一份可行性研究报告作为正式文件，这份文件既是报审决策的依据，又是向银行贷款的依据，同时，也是向政府主管部门申请经营执照以及同有关部门或单位合作谈判、签订协议的依据。可行性研究的主要内容要以一定的格式反映在报告中，其主要内容包括以下几个方面。

1）总论

总论主要说明建设项目提出的背景，项目投资的必要性和可能性，项目投资后的经济效益，以及开展此项目研究工作的依据和研究范围。

2）项目产品的市场需求预测和建设规模

项目产品的市场需求预测是建设项目可行性研究的重要环节，它关系到项目是否具备市场需求、是否能够实现产品的有效供给。通过市场调查和市场预测了解市场对项目的需求程度和市场前景，有效地做出决策。市场调查和市场预测需要了解的情况有以下几个方面。

（1）项目产品在国内外市场的供需情况。

（2）项目产品的竞争状况和价格变化趋势。

（3）影响市场的因素变化情况。

（4）项目产品的发展前景。

进行市场需求预测之后，根据预测的结果可以合理地安排建设规模，该建设规模一定是适应市场需求并能够实现较大的经济效益的规模。

3）资源、原材料、燃料及公用设施情况

在报告中应详尽说明资源储量、资源利用效率、资源有效水平和开采利用条件；原材料，辅助材料，燃料，电力等其他能源输入品的种类、数量、质量、价格、来源和供应条件；所需公共配套设施的数量、质量、取得方式及现有的供应条件。

4）建厂条件和厂址选择

对建厂的地理位置和交通运输、原材料、能源、动力等基础资料，以及工程地质、水文地质条件、废弃物处理、劳动力供应等社会经济自然条件的现状和发展趋势进行分析，同时深入细致地分析经济布局政策和财政法律等现状，进行多方案的比较，提出选择意见。

5）项目设计方案

项目设计方案包括主要单项工程的组成、主要技术工艺和设备选型方案的比较、引进技术、设备的来源（国内或国外制造）、公共辅助设施和场内外交通运输方式的比较与初选、项目总平面图和交通运输的设计、项目土建部分工程量估算等。

6）环境保护与建设过程安全生产

环境保护是采用行政的、法律的、经济的、科学技术的等多方面措施，合理利用自然资源，防止污染和破坏，以求保持生态平衡、扩大有用自然资源的再生产，保障人类社会的发展。因此在可行性研究中要全面分析项目对环境的影响，提出治理对策，分析评价环保工程的资金投入数量、有无保证、是否落实，在建设过程中有无特殊安全要求，如何保证安全生产，安全生产的措施和资金投入情况等。

7）企业组织、劳动定员和人员培训

确定企业的生产组织形式和人员管理系统，根据产品生产工艺流程和质量要求来组织相适应的生产程序和生产管理职能机构，保证合理地完成产品的加工制造、储存、运输、销售等各项工作，并根据对生产技术和管理水平的需要来确定所需的各类人员和进行人员培训。

8）项目施工计划和进度要求

建设项目实施中的每一个阶段都必须与时间表相关联。简单的项目实施可采用甘特图，复杂的项目实施则应采用网络进度图。

9）投资估算和资金筹措

投资估算包括建设项目从施工建设起到项目报废为止所需的全部投资费用，即项目在整个建设期内投入的全部资金；资金筹措应说明资金来源渠道、筹措方式、资金清偿方式等。

10）项目的经济评价

项目的经济评价包括财务效益评价和国民经济评价，对财务基础数据进行估算，采用静态分析和动态分析的方法，从而得出评价结论。

11）综合评价与结论、建议

综合分析以上全部内容，对各种数据、资料进行审核，得出结论性意见及合理化建议。

综上可以看出，建设项目可行性研究的内容可概括为三大部分。第一部分是市场研究，包括产品的市场调查和预测研究，这是项目可行性研究的前提和基础，其主要任务是要解决项目的"必要性"问题；第二部分是技术研究，即技术方案和建设条件研究，这是项目可行性研究的技术基础，它主要解决项目在技术上的"可行性"问题；第三部分是效益研究，即经济效益的分析和评价，这是项目可行性研究的核心部分，主要解决项目在经济上的"合理性"问题。市场研究、技术研究和效益研究共同构成项目可行性研究的三大支柱。

2. 可行性研究报告的编制

1) 可行性研究报告的编制依据

对建设项目进行可行性研究、编制可行性研究报告的主要依据有以下几点。

(1) 项目建议书(初步可行性研究报告)及其批复文件。

(2) 国家和地方的经济和社会发展规划、行业部门发展规划、国家经济建设的方针等。

(3) 国家有关法律、法规和政策。

(4) 对于大中型骨干项目，必须具有国家批准的资源报告、国土开发整治规划、区域规划、江河流域规划、工业基地规划等有关文件。

(5) 有关机构发布的工程建设方面的标准、规范和定额。

(6) 合资、合作项目各方签订的协议书或意向书。

(7) 委托单位的委托合同。

(8) 经国家统一颁布的有关项目评价的基本参数和指标。

(9) 有关的基础数据，包括地理、气象、地质、环境等自然和社会经济等基础资料和数据。

2) 可行性研究报告的编制要求

编制可行性研究报告的主要要求如下。

(1) 编制单位必须具备承担可行性研究的条件。建设项目可行性研究报告的编写是一项专门性工作，技术要求很高。因此，编制可行性研究报告时，需要由具备一定的技术实力、技术装备、技术手段和丰富实践经验的工程咨询公司，工程技术顾问公司，建筑设计院等专门从事可行性研究的单位来承担，这些单位同时还要具备一定的社会信誉。

建设项目可行性研究报告案例及分析

(2) 确保可行性研究报告的真实性和科学性。可行性研究的技术难度大，编制单位必须保持独立性和公正性，遵循事物发展的客观经济规律和科学研究工作的客观规律，在充分调查研究的基础上，依照实事求是的原则进行技术经济论证，科学地遴选方案，保证可行性研究的严肃性、客观性、真实性、科学性和可靠性。

(3) 可行性研究的深度要规范化和标准化。不同行业、不同性质、不同特点的建设项目，其可行性研究的内容和深度要求标准是不同的，因此研究深度及计算指标必须满足作为项目投资决策和进行设计的要求，具备一定的针对性和适用性。

(4) 可行性研究报告必须经签证。可行性研究报告编制完成之后，应由编制单位的行政、技术、经济方面的负责人签字，并对研究报告的质量负责。

3.1.3 可行性研究报告的审批

根据《国务院关于投资体制改革的决定》(国发〔2004〕20号)规定,建设项目可行性研究报告的审批与项目建议书的审批相同,即对于政府投资项目或使用政府性资金、国际金融组织和外国政府贷款投资建设的项目,继续实行审批制并需报批项目可行性研究报告。凡不使用政府性投资资金(国际金融组织和外国政府贷款属于国家主权外债,按照政府投资资金进行管理)的项目,一律不再实行审批制,并区别不同情况实行核准制和备案制,无须报批项目可行性研究报告。2014年发布的《政府核准投资项目管理办法》(国家发展和改革委员会令第11号)中规定,企业投资建设实行核准制的项目,应当按照国家有关要求编制项目申请报告,取得依法应当附具的有关文件后,按照规定报送项目核准机关。

项目申请报告与可行性研究报告的区别

✅ 证书在线 3-1

根据《国务院关于投资体制改革的决定》,对于采用直接投资和资本金注入方式的政府投资项目,除特殊情况外,政府主管部门不再审批( )。(2013年真题)

A. 项目建议书 B. 项目初步设计 C. 项目开工报告 D. 项目可行性研究报告

【解析】对于采用直接投资和资本金注入方式的政府投资项目,政府需要从投资决策的角度审批项目建议书和可行性研究报告,除特殊情况外,不再审批开工报告,同时还要严格审批其初步设计和概算。

【本题答案】C

《中共中央 国务院关于深化投融资体制改革的意见》(中发〔2016〕18号)规定,要健全监管约束机制。按照谁审批谁监管、谁主管谁监管的原则,明确监管责任,注重发挥投资主管部门综合监管职能、地方政府就近就便监管作用和行业管理部门专业优势,整合监管力量,共享监管信息,实现协同监管。依托投资项目在线审批监管平台,加强项目建设全过程监管,确保项目合法开工、建设过程合规有序。各有关部门要完善规章制度,制定监管工作指南和操作规程,促进监管工作标准具体化、公开化。要严格执法,依法纠正和查处违法违规投资建设行为。实施投融资领域相关主体信用承诺制度,建立异常信用记录和严重违法失信"黑名单",纳入全国信用信息共享平台,强化并提升政府和投资者的契约意识和诚信意识,形成守信激励、失信惩戒的约束机制,促使相关主体切实强化责任,履行法定义务,确保投资建设市场安全高效运行。

3.2 投资估算精准锚定

3.2.1 投资估算的含义和构成

1. 投资估算的含义

建设项目投资估算是在对项目的建设规模、产品方案、工艺技术、设备方案、工程方案及项目实施进度等进行研究并基本确定的基础上,估算项目所需资金总额(包括建设投资和流动资金)并测算建设期分年资金使用计划。投资估算是拟建项目编制项目建议书、可行性研究报告的重要组成部分,是项目决策的重要依据之一。

2. 投资估算的构成

根据《国家发展改革委、建设部关于印发建设项目经济评价方法与参数的通知》(发改投资〔2006〕1325号)精神,投资估算的内容从费用构成来讲应包括该项目从筹建、设计、施工直至竣工投产所需的全部费用,分为建设投资、建设期利息和流动资金三部分。建设投资估算内容按照费用的性质可划分为建筑安装工程费(也称工程费)、设备及工、器具购置费,工程建设其他费用和预备费。建设期利息是指筹措债务资金时在建设期内发生并按照规定允许在投产后计入固定资产原值的利息,即资本化利息。流动资金是指生产经营性项目投产后,用于购买原材料、燃料、支付工资及其他经营费用等所需的周转资金。流动资金是伴随着建设投资而发生的长期占用的流动资产投资,即财务中的营运资金。

> **特别提示**
>
> 从体现资金时间价值的角度,可将投资估算分为静态投资部分和动态投资部分。静态投资部分一般包括建筑安装工程费,设备及工、器具购置费,工程建设其他费用中的静态部分(不涉及时间变化因素的部分),以及预备费里的基本预备费。动态投资包括价差预备费、建设期利息等。

3.2.2 投资估算的内容

根据中国建设工程造价管理协会标准《建设项目投资估算编审规程》(CECA/GC 1—2015)规定,投资估算按照编制估算的工程对象划分,包括建设项目投资估算、单项工程投资估算和单位工程投资估算等。投资估算文件一般由封面、签署页、编制说明、投资估算分析、总投资估算表、单项工程估算表、主要技术经济指标等内容组成。

1. 投资估算编制说明

投资估算编制说明一般包括以下内容。

(1) 工程概况。

(2) 编制范围。说明建设项目总投资估算中所包括的和不包括的工程项目和费用;如由几个单位共同编制时,应说明分工编制的情况。

(3) 编制方法。

(4) 编制依据。

(5) 主要技术经济指标,包括投资、用地和主要材料用量指标。当设计规模有远、近期不同的考虑时,或者土建与安装的规模不同时,应分别计算后再综合。

(6) 有关参数、率值选定的说明,如土地拆迁、供电供水、考察咨询等费用的费率标准选用情况。

(7) 特殊问题的说明,包括采用新技术、新材料、新设备、新工艺时必须说明的价格的确定，进口材料、设备、技术费用的构成与计算参数，采用矩形结构、异形结构的费用估算方法，环保（不限于）投资占总投资的比重，未包括项目或费用的必要说明等。

（8）采用限额设计的工程还应对投资限额和投资分解做进一步说明。

（9）采用方案比选的工程还应对方案比选的估算和经济指标做进一步说明。

（10）资金筹措方式。

2. 投资估算分析

（1）工程投资比例分析。一般民用项目要分析土建及装修、给排水、消防、采暖、通风、空调、电气等主体工程，以及道路、广场、围墙、大门、室外管线、绿化等室外附属/总体工程占建设项目总投资的比例；一般工业项目要分析主要生产系统（列出各生产装置）、辅助生产系统、公用工程（给排水、供电和通信、供气、总图运输等）、服务性工程、生活福利设施、厂外工程占建设项目总投资的比例。

（2）各类费用构成占比分析。分析设备及工、器具购置费、建筑安装工程费、工程建设其他费用、预备费占建设总投资的比例，分析引进设备费占全部设备费的比例等。

（3）分析影响投资的主要因素。

（4）与国内类似工程项目的比较，对投资总额进行分析。

3. 总投资估算

总投资估算包括汇总单项工程估算、工程建设其他费用，估算基本预备费、价差预备费，计算建设期贷款利息等。

4. 单项工程投资估算

单项工程投资估算应按建设项目划分的各个单项工程分别计算组成工程费用的建筑工程费，设备及工、器具购置费，安装工程费。

5. 工程建设其他费用估算

工程建设其他费用估算应按预期将要发生的工程建设其他费用种类逐项详细估算其费用金额。

6. 主要技术经济指标

工程造价人员应根据项目特点，计算并分析整个建设项目、各单项工程和主要单位工程的主要技术经济指标。

3.2.3 投资估算的编制依据、要求及步骤

1. 投资估算的编制依据

（1）国家、行业和地方政府的有关法律、法规或规定；政府有关部门、金融机构等发布的价格指数、利率、汇率、税率等有关参数。

（2）行业部门、项目所在地工程造价管理机构或行业协会等编制的投资估算指标、概算指标（定额）、工程建设其他费用定额（规定）、综合单价、价格指数和有关造价文件等。

（3）类似工程的各种技术经济指标和参数。

（4）工程所在地的同期的人工、材料、施工机具市场价格，建筑、工艺及附属设备的

市场价格和有关费用。

（5）与建设项目有关的工程地质资料、设计文件、图纸或有关设计专业提供的主要工程量和主要设备清单等。

（6）委托单位提供的其他技术经济资料。

 证书在线 3-2

投资估算的编制依据主要包括以下（　　）。（2018年真题）

A. 国家、行业和地方政府的有关规定

B. 类似工程的各种技术经济指标和参数

C. 工程所在地的同期的工、料、机市场价格

D. 项目的施工组织设计

E. 政府有关部门、金融机构等部门发布的价格指数、利率、汇率、税率等有关参数

【解析】投资估算的编制依据主要有：国家、行业和地方政府的有关规定；工程勘察与设计文件；行业部门等编制的投资估算指标等造价文件；类似工程的各种技术经济指标和参数；工程所在地的同期的工、料、机市场价格；政府有关部门、金融机构等部门发布的价格指数、利率等有关参数；与建设项目相关的工程地质资料等。不包括项目的施工组织设计。

【本题答案】ABCE

2. 我国建设工程项目投资估算的阶段划分与精度要求

投资估算是进行建设项目技术经济评价和投资决策的基础。在项目建议书、预可行性研究、可行性研究、方案设计阶段（包括概念方案设计和报批方案设计）以及项目申请报告中应编制投资估算。投资估算的准确性不仅影响可行性研究工作的质量和经济评价的结果，还直接关系到下一阶段设计概算和施工图预算的编制。

我国建设工程项目的投资估算分为以下几个阶段。

（1）项目建议书阶段的投资估算。

在项目建议书阶段，按项目建议书中的产品方案、项目建设规模、产品主要生产工艺、企业车间组成、初选建厂地点等估算项目所需要的投资额。其对投资估算精度的要求为误差控制在±30%以内。此阶段项目投资估算是为了判断一个项目是否需要进行下一阶段的工作。

（2）预可行性研究阶段的投资估算。

预可行性研究阶段，是在掌握了更详细、更深入的资料的条件下，估算项目所需的投资额，其对投资估算精度的要求为误差控制在±20%以内。此阶段项目投资估算是初步明确项目方案，为项目进行技术经济论证提供依据，同时是判断是否进行可行性研究的依据。

（3）可行性研究阶段的投资估算。

可行性研究阶段的投资估算至关重要，是对项目进行较详细的技术经济分析，以决定项目是否可行，并比选出最佳投资方案的依据。其对投资估算精度的要求为误差控制在±10%以内。

上述内容的总结见表3-1。

第3章 决策阶段控制：项目成败的分水岭

表 3-1 投资估算阶段划分及其对比表

	工作阶段	工作性质	投资估算方法	投资估算误差率	投资估算作用
项目决策阶段	项目建议书阶段	项目设想	生产能力指数法、资金周转率法	±30%	鉴别投资方向；寻找投资机会提出项目投资建议
	预可行性研究阶段	项目初选	比例系数法、指标估算法	±20%	广泛分析，筛选方案；确定项目初步可行；确定专题研究课题
	可行性研究阶段	项目拟定	模拟概算法	±10%	多方案比较，提出结论性建议，确定项目投资的可行性

✅ 证书在线 3-3

关于我国项目前期各阶段投资估算的精度要求，下列说法中正确的是（　　）。（2022年真题）

A. 项目建议书阶段，允许误差大于±30%
B. 投资设想阶段，要求误差控制在±30%以内
C. 预可行性研究阶段，要求误差控制在±20%以内
D. 可行性研究阶段，要求误差控制在±10%以内

【解析】项目建议书阶段，要求误差控制在±30%以内；预可行性研究阶段，要求误差控制在±20%以内；可行性研究阶段，要求误差控制在±10%以内。

【本题答案】D

素养拓新

西汉时期，赵充国奉汉宣帝之命去平定西北地区叛乱。到了西北地区，赵充国发现叛军的力量比较强大，形势非常严峻。经过细心观察，赵充国很快发现叛军的一个弱点——军心不齐，他决定采取招抚的办法，这样可以避免大量伤亡。他以充满感情的语言，给叛军陈述利弊，并列出了优厚的招抚条件。经过一番努力，一万多名叛军前来投诚。可是他还没有把叛军投诚的情况上报宣帝，宣帝已经下达了限时全面攻击叛军的命令。强行出兵的结果是出师不利。

金城、涅中粮食大丰收，谷子的价钱很便宜。赵充国向皇帝建议收购三百万石谷子存起来，边境上的人见军队粮食充裕，人心归顺，他们想叛变也不敢行动。可是后来耿中丞只向皇帝申请购买一百万石，皇帝又只批了四十万石，而义渠安国又轻易地耗费了二十万石。正由于这两件事，才导致了叛乱的发生。

《礼记·经解》："《易》曰：'君子慎始，差若毫厘，谬以千里。'"指开始时虽然相差很微小，最终却会造成很大的错误。比喻做任何事情，开始一定要认真地做好，如果做差了一丝一毫，结果可能会相差很远。

国外项目投资估算阶段划分与精度要求

投资估算在建设工程项目中极为关键，一丝疏忽都可能导致巨大损失。造价人员作为把控投资估算的关键角色，需秉持工匠精神，以高度负责的职业素养，审慎对待每一个数据，精准计算每一项成本，确保投资估算精准无误，为项目顺利推进筑牢根基。

3. 投资估算的编制步骤

根据投资估算的不同阶段，主要包括项目建议书阶段及可行性研究阶段的投资估算。可行性研究阶段的投资估算编制一般包含静态投资部分、动态投资部分与流动资金估算三部分，其编制步骤如图3.1所示。

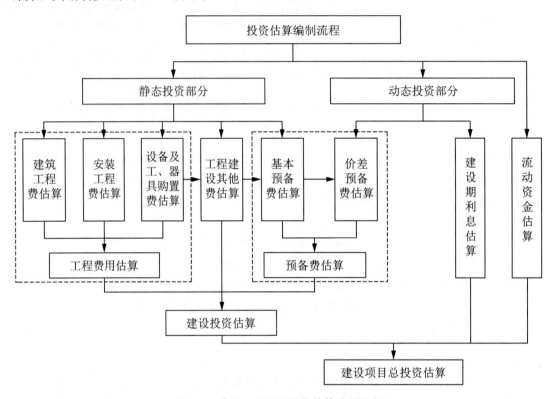

图 3.1 建设工程项目投资估算编制流程

（1）分别估算各单项工程所需建筑工程费，设备及工、器具购置费，安装工程费，在汇总各单项工程费用的基础上，估算工程建设其他费用和基本预备费，完成工程项目静态投资部分的估算。

（2）在静态投资部分的基础上，估算价差预备费和建设期利息，完成工程项目动态投资部分的估算。

（3）估算流动资金。

（4）估算建设项目总投资。

3.2.4 静态投资部分的估算方法

1. 生产能力指数法

该方法是利用已知建成项目的投资额或其设备的投资额，估算同类型但生产能力不同

的两个项目的投资额或其设备投资额的方法，其计算公式为

$$C_2 = C_1 \times \left(\frac{Q_2}{Q_1}\right)^x \times f \tag{3.1}$$

式中：C_1——已建类似项目的静态投资额；

C_2——拟建项目静态投资额；

Q_1——已建类似项目的生产能力；

Q_2——拟建项目的生产能力；

x——生产能力指数；

f——不同时期、不同地点的定额、单价、费用和其他差异的综合调整系数。

式(3.1)表明，造价与规模(或容量)呈非线性关系，且单位造价随工程规模(或容量)的增大而减小。在通常情况下，$0<x\leqslant1$，在不同生产率水平的国家和不同性质的项目中，x 的取值是不相同的。

若已建类似项目的生产规模与拟建项目生产规模相差不大，Q_1 与 Q_2 的比值为 0.5～2，则指数 x 的取值近似为 1。

当已建类似项目的生产规模与拟建项目生产规模相差不大于 50 倍，且拟建项目生产规模的扩大仅靠增大设备规模来达到时，则 x 的取值为 0.6～0.7；当靠增加相同规格设备的数量达到时，x 的取值为 0.8～0.9。

✓ 技能在线 3-1

某地 2018 年拟建一年产 50 万吨化工产品的项目。根据调查，该地区 2016 年建设的年产 40 万吨相同产品的已建项目的投资额为 8000 万元。生产能力指数为 0.6，2016—2018 年工程造价平均每年递增 8%。估算该项目的建设投资。

解：拟建项目的建设投资 $=8000\times(50/40)^{0.6}\times(1+8\%)^2=10668.01$(万元)

2. 系数估算法

系数估算法也称为因子估算法，它是以拟建项目的主体工程费或主要设备费为基数，以其他工程费与主体工程费或设备费的百分比为系数估算拟建项目静态投资的方法。在我国常用的方法有设备系数法和主体专业系数法，世界银行项目投资估算常用的方法是朗格系数法。

(1) 设备系数法。设备系数法是指以拟建项目的设备费为基数，根据已建成的同类项目的建筑安装费和其他工程费等与设备价值的百分比，求出拟建项目建筑安装工程费和其他工程费，进而求出建设项目的静态投资，其计算公式为

$$C = E(1 + f_1 P_1 + f_2 P_2 + \cdots) + I \tag{3.2}$$

式中：　C——拟建项目的静态投资；

E——拟建项目根据当时当地价格计算的设备费；

P_1、$P_2\cdots$——已建项目中建筑安装工程费及其他工程费等与设备费的比例；

f_1、$f_2\cdots$——由于时间地点因素引起的定额、价格、费用标准等变化的综合调整系数；

I——拟建项目的其他费用。

(2) 主体专业系数法。主体专业系数法是指以拟建项目中投资比重较大，并与生产能

力直接相关的工艺设备投资为基数,根据已建同类项目的有关统计资料,计算出拟建项目各专业工程(总图、土建、采暖、给排水、管道、电气、自控等)与工艺设备投资的百分比,据此求出拟建项目各专业投资,然后加总即为拟建项目的静态投资,其计算公式为

$$C = E(1 + f_1 P_1' + f_2 P_2' + \cdots) + I \tag{3.3}$$

式中:P_1'、$P_2'\cdots$——已建项目中各专业工程费用与工艺设备投资的比重。

(3) 朗格系数法。这种方法以设备费为基数,乘以适当系数来推算项目的静态投资。这种方法在国内不常见,是世界银行项目投资估算常采用的方法。该方法的基本原理是将项目总成本费用中的直接成本和间接成本分别计算,再合计为项目的静态投资,其计算公式为

$$C = E(1 + \sum K_i) K_c \tag{3.4}$$

式中:K_i——管线、仪表、建筑物等项费用的估算系数;

K_c——管理费、合同费、应急费等间接费项目费用的总估算系数。

静态投资与设备费之比为朗格系数 K_L,即

$$K_L = (1 + \sum K_i) K_c \tag{3.5}$$

朗格系数包含的内容见表 3-2。

表 3-2 朗格系数包含的内容

项 目		固体流程	固流流程	流体流程
朗格系数 K_L		3.1	3.63	4.74
内容	(a)包括基础、设备、绝热、油漆及设备安装费	$E \times 1.43$		
	(b)包括上述在内和配管工程费	(a)×1.1	(a)×1.25	(a)×1.6
	(c)装置直接费	(b)×1.5		
	(d)包括上述在内和间接费	(c)×1.31	(c)×1.35	(c)×1.38

✓ 技能在线 3-2

某投资者在某地投资兴建电子计算机生产企业,已知该企业设备到达工地的费用为 230000 万元,试估算:

(1) 基础、绝热、油漆及设备安装费;

(2) 配管工程费;

(3) 装置直接费;

(4) 间接费;

(5) 该企业的静态投资。

解:电子计算机企业生产流程为固体流程。

(1) 基础、绝热、油漆及设备安装费:230000×1.43−230000=98900(万元)

(2) 配管工程费:230000×1.43×1.1−230000−98900=32890(万元)

(3) 装置直接费:230000×1.43×1.1×1.5=542685(万元)

(4) 间接费:230000×1.43×1.1×1.5×1.31−542685=168232.35(万元)

(5) 该企业的静态投资：230000×1.43×1.1×1.5×1.31＝710917.35(万元)

3. 比例估算法

比例估算法是根据已知的同类建设项目主要生产工艺设备占整个建设项目的投资比例，先逐项估算出拟建项目主要生产工艺设备投资，再按比例估算拟建项目的静态投资的方法，其计算公式为

$$I = \frac{1}{K}\sum_{i=1}^{n}Q_i P_i \tag{3.6}$$

式中：I——拟建项目的静态投资；

K——已建项目主要设备投资占已建项目投资的比例；

n——设备种类数；

Q_i——第 i 种主要设备的数量；

P_i——第 i 种主要设备的购置单价(到厂价格)。

比例估算法主要应用于设计深度不足，拟建建设项目与类似建设项目的主要生产工艺设备投资比重较大，行业内相关系数等基础资料完备的情况。

 技能在线 3-3

已建项目 A 主要设备投资占项目静态投资比例 65%，拟建项目 B 需甲设备 1000 台，乙设备 800 套，价格分别为 15 万元和 16 万元，用比例估算法估算 B 项目静态投资。

解：$I = \frac{1}{K}\sum_{i=1}^{n}Q_i P_i = (1000 \times 15 + 800 \times 16) \div 65\% \approx 42769.23(万元)$

4. 混合法

混合法是根据主体专业设计的阶段和深度，投资估算编制者所掌握的国家及地区、行业或部门相关投资估算基础资料和数据，以及其他统计和积累的、可靠的相关造价基础资料，对一个拟建建设项目采用生产能力指数法与比例估算法或系数估算法与比例估算法混合估算其相关投资额的方法。

 技能在线 3-4

A 企业于 2014 年投资生产某产品，该产品设计生产能力为年产 200 万吨，现获得 B 企业 2012 年生产同类产品的相关资料，年产量为 160 万吨。B 企业设备费为 120000 万元，建筑工程费 40000 万元，安装工程费 20000 万元，工程建设其他费 12000 万元。若拟建项目的其他费为 15000 万元，考虑因 2012—2014 年时间因素导致对设备费、建筑工程费、安装工程费、工程建设其他费的综合调整系数分别为 1.1、1.2、1.2、1.1，生产能力指数为 0.6，试估算拟建项目的静态投资。

解：(1) 求拟建项目建筑工程费、安装工程费、工程建设其他费占设备费的百分比。

建筑工程费：40000/120000×100%≈33%，安装工程费：20000/120000×100%≈17%

工程建设其他费：12000/120000×100%＝10%

(2) 估算拟建项目的静态投资为

$C = E(1 + f_1 P_1 + f_2 P_2 + \cdots) + I$

$$= 120000 \times \left(\frac{200}{160}\right)^{0.6} \times 1.1(1+1.2\times 0.33+1.2\times 0.17+1.1\times 0.1)+15000$$
$$\approx 273057.24(万元)$$

3.2.5 动态投资部分的估算方法

动态投资部分包括价差预备费和建设期利息两部分。动态部分的估算应以基准年静态投资的资金使用计划为基础来计算，而不是以编制的年静态投资为基础计算。

1. 价差预备费

价差预备费计算详见第 2 章相关内容。除此之外，如果是涉外项目，还应该计算汇率的影响。汇率是两种不同货币之间的兑换比率，汇率的变化意味着一种货币相对于另一种货币的升值或贬值。在我国，人民币与外币之间的汇率采取以人民币表示外币价格的形式给出，如 1 美元＝6.9 元人民币。由于涉外项目的投资中包含人民币以外的币种，需要按照相应的汇率把外币投资额换算为人民币投资额，所以汇率变化就会对涉外项目的投资额产生影响。

（1）外币对人民币升值。项目从国外市场购买设备材料所支付的外币金额不变，但换算成人民币的金额增加；从国外借款，本息所支付的外币金额不变，但换算成人民币的金额增加。

（2）外币对人民币贬值。项目从国外市场购买设备材料所支付的外币金额不变，但换算成人民币的金额减少；从国外借款，本息所支付的外币金额不变，但换算成人民币的金额减少。

估计汇率变化对建设项目投资的影响，是通过预测汇率在项目建设期内的变动程度，以估算年份的投资额为基数，相乘计算求得的。

2. 建设期利息

建设期利息包括银行借款和其他债务资金的利息及其他融资费用。其他融资费用是指某些债务融资中发生的手续费、承诺费、管理费、信贷保险费等融资费用，一般情况下应将其单独计算并计入建设期利息；在项目前期研究的初期阶段，也可做粗略估算并计入建设投资；对于不涉及国外贷款的项目，在可行性研究阶段，也可做粗略估算并计入建设投资。

建设期利息的计算详见第 2 章相关内容。

3.2.6 流动资金投资估算

流动资金是项目投产之后，为进行正常生产运营而用于支付工资、购买原材料等的周转性资金。流动资金估算一般是参照现有同类企业的状况采用分项详细估算法，个别情况或者小型项目可采用扩大指标估算法。

1. 分项详细估算法

流动资金的显著特点是在生产过程中不断周转，其周转额的大小与生产规模及周转速度直接相关。分项详细估算法是根据项目的流动资产和流动负债,估算项目所占用流动资金的方法。其中,流动资产的构成要素一般包括存货、库存现金、应收账款和预付账款;流动负债的构成要素一般包括应付账款和预收账款。流动资金等于流动资产和流动负债的差额,计算公式为

$$流动资金 = 流动资产 - 流动负债 \tag{3.7}$$

$$流动资产 = 存货 + 库存现金 + 应收账款 + 预付账款 \tag{3.8}$$

$$流动负债 = 应付账款 + 预收账款 \tag{3.9}$$

$$流动资金本年增加额 = 本年流动资金 - 上年流动资金 \tag{3.10}$$

进行流动资金估算时,首先计算各类流动资产和流动负债的年周转次数,然后再分项估算占用资金额。

(1) 周转次数。周转次数是指流动资金的各个构成项目在一年内完成多少个生产过程,可用1年的天数(通常按360天计算)除以流动资金的最低周转天数计算,则各项流动资金年平均占用额度为流动资金的年周转额度除以流动资金的年周转次数,即

$$周转次数 = 360/流动资金最低周转天数 \tag{3.11}$$

各类流动资产和流动负债的最低周转天数,可参照同类企业的平均周转天数并结合项目特点确定,或按部门(行业)的规定。另外,在确定最低周转天数时应考虑储存天数、在途天数,并考虑适当的保险系数。

(2) 应收账款。应收账款是指企业对外赊销商品、提供劳务尚未收回的资金,其计算公式为

$$应收账款 = 年经营成本/应收账款周转次数 \tag{3.12}$$

(3) 预付账款。预付账款是指企业为购买各类材料、半成品或服务所预先支付的款项,其计算公式为

$$预付账款 = 外购商品或服务年费用金额/预付账款周转次数 \tag{3.13}$$

(4) 存货。存货是指企业为销售或者生产耗用而储备的各种物资,主要有原材料、辅助材料、燃料、低值易耗品、维修备件、包装物、商品、在产品、自制半成品和产成品等。为简化计算,仅考虑外购原材料、燃料、动力,其他材料,在产品和产成品,并分项进行计算,其计算公式为

$$存货 = 外购原材料、燃料、动力 + 其他材料 + 在产品 + 产成品 \tag{3.14}$$

$$外购原材料、燃料、动力 = 年外购原材料、燃料、动力费/分项周转次数 \tag{3.15}$$

$$其他材料 = 年其他材料费用/其他材料周转次数 \tag{3.16}$$

$$在产品 = \frac{年外购原材料、燃料、动力 + 年工资及福利费 + 年修理费 + 年其他制造费用}{在产品周转次数} \tag{3.17}$$

$$产成品 = (年经营成本 - 年其他营业费用)/产成品周转次数 \tag{3.18}$$

(5) 现金。项目流动资金中的现金是指货币资金,即企业生产运营活动中停留于货币形态的那部分资金,包括企业库存现金和银行存款,计算公式为

$$现金 = (年工资及福利费 + 年其他费用)/现金周转次数 \tag{3.19}$$

$$年其他费用 = 制造费用 + 管理费用 + 营业费用 - 以上三项费用中所含的工资及福利费、折旧费、摊销费、修理费 \tag{3.20}$$

（6）流动负债估算。流动负债是指在一年或者超过一年的一个营业周期内，需要偿还的各种债务，包括短期借款、应付票据、应付账款、预收账款、应付工资、应付福利费、应付股利、应交税金、其他暂收应付款、预提费用和一年内到期的长期借款等。在可行性研究中，流动负债的估算可以只考虑应付账款和预收账款两项，计算公式为

$$应付账款=外购原材料、燃料、动力费及其他材料年费用/应付账款周转次数 \quad (3.21)$$

$$预收账款=预收的营业收入年金额/预收账款周转次数 \quad (3.22)$$

技能在线 3-5

某建设项目设计定员1200人，工资及福利费按照每人每年7.5万元估算；每年其他费用为960万元（其中：其他制造费用720万元）；年外购原材料、燃料、动力费估算为19200万元；年经营成本为21000万元，年销售收入为35000万元，年修理费占年经营成本的10%；年预付账款为900万元；年预收账款为1200万元。各类流动资产与流动负债最低周转天数分别为：应收账款30天，现金40天，应收账款30天，存货40天，预付账款30天，预收账款30天。试计算该项目的流动资金。

解： 流动资金估算表见表3-3。

表3-3 流动资金估算表

序号	项目	最低周转天数/天	周转次数/次	计算式	金额/万元
1	流动资产				10845.00
1.1	应收账款	30	12	21000（年经营成本）÷12	1750.00
1.2	存货				7913.33
1.2.1	外购原材料、燃料、动力费	40	9	19200（燃料、动力费）÷9	2133.33
1.2.2	在产品	40	9	(1200×7.5+720+19200+21000×10%)÷9	3446.67
1.2.3	产成品	40	9	21000（年经营成本）÷9	2333.33
1.3	现金	40	9	(1200×7.5+960)÷9	1106.67
1.4	预付账款	30	12	900（预付账款）÷12	75.00
2	流动负债				1700.00
2.1	应付账款	30	12	19200（燃料、动力费）÷12	1600.00
2.2	预收账款	30	12	1200（预收账款）÷12	100.00
3	流动资金(1-2)			10845-1700	9145.00

2. 扩大指标估算法

扩大指标估算法是根据现有同类企业的实际资料，求得各种流动资金率指标，也可以根据行业或部门给定的参考值或经验确定比率。将各类流动资金率乘以相对应的费用基数来估算流动资金。一般常用的基数有营业收入、经营成本、总成本费用和建设投资等，究竟采用何种技术依行业习惯而定，其计算公式为

年流动资金额＝年费用基数×各类流动资金率　　　　　　　　(3.23)

在采用分项详细估算法时，应根据项目实际情况分别确定现金、应收账款、预付账款、存货、应付账款和预收账款的最低周转天数，并考虑一定的保险系数。用扩大指标估算法计算流动资金时，需以经营成本及其中的某些科目为基数，因此实际上流动资金估算应在经营成本估算之后进行。在不同生产负荷下的流动资金，应按不同生产负荷所需的各项费用金额，根据上述公式分别估算，而不能直接按照100%生产负荷下的流动资金乘以生产负荷百分比求得。

 技能在线 3-6

投资估算文件的编制表格

拟建年产10万吨炼钢厂，根据可行性研究报告提供的主厂房工艺设备清单和询价资料估算出该项目主厂房设备投资约3600万元。已建类似项目资料：与设备有关的各专业工程投资系数见表3-4，与主厂房投资有关的辅助工程及附属设施投资系数见表3-5。

表3-4　与设备投资有关的各专业工程投资系数

专业工程	加热炉	气化冷却	余热锅炉	自动化仪表	起重设备	供电与传动	建安工程
投资系数	0.12	0.01	0.04	0.02	0.09	0.18	0.40

表3-5　与主厂房投资有关的辅助及附属设施投资系数

辅助及附属设施	动力系统	机修系统	总图运输系统	行政及生活福利设施	工程建设其他费
投资系数	0.30	0.12	0.20	0.30	0.20

本项目资金来源为自有资金和贷款，贷款总额8000万元，贷款利率8%（按年计息）。建设前期1年，建设期3年，第1年投入30%，第2年投入50%，第3年投入20%。预计建设期物价平均上涨率3%，基本预备费率5%，投资方向调节税率0%。

问：(1) 估算该项目主要厂房投资和项目建设的工程费用与其他费用投资额。

(2) 估算该项目的固定资产投资额，并编制拟建项目固定资产投资估算表。

(3) 若固定资产投资流动资金率为6%，试确定拟建项目的总投资。

解：主厂房投资＝3600×(1+12%+1%+4%+2%+9%+18%+40%)＝6696(万元)

工程费与工程建设其他费＝6696×(1+30%+12%+20%+30%+20%)＝14195.52(万元)

基本预备费＝14195.52×5%≈709.78(万元)

静态投资＝14195.52+709.78＝14905.30(万元)

建设期各年静态投资：第1年　14905.30×30%＝4471.59(万元)

第2年　14905.30×50%＝7452.65(万元)

第3年　14905.30×20%＝2981.06(万元)

价差预备费＝4471.59×[(1+3%)(1+3%)×0.5-1]+7452.65×[(1+3%)(1+3%)×0.5×(1+3%)-1]+2981.06×[(1+3%)(1+3%)×0.5×(1+3%)×2-1]≈1099.24(万元)

投资方向调节税＝0(万元)

建设期利息计算

第 1 年贷款利息 = (0 + 8000 × 30% ÷ 2) × 8% = 96(万元)
第 2 年贷款利息 = [(8000 × 30% + 96) + 0 + 8000 × 50% ÷ 2] × 8% = 359.68(万元)
第 3 年贷款利息 = [(8000 × 80% + 96 + 359.68) + 0 + 8000 × 20% ÷ 2] × 8%
= 612.45(万元)
建设期贷款利息 = 96 + 359.68 + 612.45 = 1068.13(万元)
根据以上数据编制拟建项目固定资产投资估算表如下(表 3-6)。

表 3-6 拟建项目固定资产投资估算表

序号	工程费用名称	系数	建安工程费/万元	设备购置费/万元	工程建设其他费/万元	合计/万元	占总投资比例
1	工程费用		7600.32	5256.00		12856.32	75.30%
1.1	主厂房		1440.00	5256.00		6696.00	
1.2	动力系统	0.30	2008.80			2008.80	
1.3	机修系统	0.12	803.52			803.52	
1.4	总图运输系统	0.20	1339.20			1339.20	
1.5	行政及生活福利设施	0.30	2008.80			2008.80	
2	工程建设其他费	0.20			1339.20	1339.20	7.84%
	(1) + (2)					14195.52	
3	预备费				1809.02	1809.02	10.60%
3.1	基本预备费				709.78	709.78	
3.2	价差预备费				1099.24	1099.24	
4	投资方向调节税				0	0	0
5	建设期利息				1068.13	1068.13	6.26%
	固定资产投资 (1) + (2) + (3) + (4) + (5)					17072.67	100%

流动资金 = 17072.67 × 6% ≈ 1024.36(万元)
拟建项目总投资 = 17072.67 + 1024.36 = 18097.03(万元)

3.3 财务评价多维解析

3.3.1 财务评价概述

1. 财务评价的概念及基本内容

所谓财务评价就是根据国民经济与社会发展以及行业、地区发展规划的要求,在拟定的工程建设方案、财务效益与费用估算的基础上,采用科学的分析方法对工程建设方案的财务可行性和经济合理性进行分析论证,为项目科学决策提供依据。

财务评价又称财务分析,应在项目财务效益与费用估算的基础上进行。对于经营性项目,财务分析是从建设项目的角度出发,根据国家现行财政、税收和现行市场价格,计算项目的投资费用、产品成本与产品销售收入、税金等财务数据,通过编制财务分析报表,计算财务指标,分析项目的盈利能力、偿债能力和财务生存能力,据此考察建设项目的财务可行性和财务可接受性,明确项目对财务主体及投资者的价值贡献,并得出财务评价的结论。投资者可根据项目财务评价结论、项目投资的财务状况和投资者所承担的风险程度决定是否应该投资建设。对于非经营性项目,财务分析应主要分析项目的财务生存能力。

(1) 财务盈利能力分析。财务盈利能力是指分析和测算建设项目计算期的盈利能力和盈利水平。其主要分析指标包括项目投资财务内部收益率和财务净现值、项目资金财务内部收益率、投资回收期、总投资收益率和项目资本金净利润率等,可根据项目的特点及财务分析的目的和要求等选用。

(2) 偿债能力分析。投资项目的资金构成一般可分为借入资金和自有资金,自有资金可长期使用,而借入资金必须按期偿还。项目的投资者主要关心项目的偿债能力,借入资金的所有者——债权人则主要关心贷出资金能否按期收回本息。项目偿债能力分析可在编制项目借款还本付息计算表的基础上进行。在计算中,通常采用"有钱就还"的方式,贷款利息一般做如下约定:长期借款的,当年贷款按半年计息,当年还款按全年计息。

(3) 财务生存能力分析。财务生存能力分析是根据项目财务计划现金流量表,通过考察项目计算期内的投资、融资和经营活动所产生的各项现金流入和流出,计算净现金流量和累计盈余资金,分析项目是否有足够的净现金流量维持正常运营,以实现财务可持续性。

> **特别提示**
>
> 财务评价的基本方法包括确定性评价方法与不确定性评价方法两类,对同一个项目必须同时进行确定性评价和不确定性评价。

2. 财务评价的程序

1) 熟悉建设项目的基本情况

熟悉建设项目的基本情况,包括投资目的、意义、要求、建设条件和投资环境,做好市场调研和预测以及项目技术水平研究和设计方案。

2) 收集、整理和计算有关技术经济数据资料与参数

技术经济数据资料与参数是进行项目财务评价的基本依据,所以在进行财务评价之前,必须先预测和选定有关的技术经济数据与参数。所谓预测和选定技术经济数据与参数就是收集、估计、预测和选定一系列技术经济数据与参数,主要包括以下几点。

(1) 项目投入物和产出物的价格、费率、税率、汇率、计算期、生产负荷及准收益率等。

(2) 项目建设期间分年度投资支出额和项目投资总额。项目投资包括建设投资和流动资金需要量。

(3) 项目资金来源方式、数额、利率、偿还时间,以及分年还本付息数额。

(4) 项目生产期间的分年产品成本。

(5) 项目生产期间的分年产品销售数量、营业收入、营业税金及附加和营业利润及其分配数额。

3) 编制基本财务报表

财务评价所需财务报表包括各类现金流量表(包括项目投资现金流量表、项目资本金现金流量表、投资各方现金流量表)、利润与利润分配表、财务计划现金流量表、资产负债表等。

4) 计算与分析财务效益指标

财务效益指标包括反映项目盈利能力和项目偿债能力的指标。

5) 提出财务评价结论

将计算出的有关指标值与国家有关基准值进行比较,或与经验标准、历史标准、目标标准等加以比较,然后从财务的角度提出项目是否可行的结论。

6) 进行不确定性分析

不确定性分析包括盈亏平衡分析和敏感性分析两种方法,主要分析项目适应市场变化的能力和抗风险的能力。

 证书在线 3-4

财务评价的步骤中,在选取财务评价基础数据与参数后,下一步应该(　　)。(2015年真题)

A. 编制财务评价报表
B. 计算财务评价指标
C. 计算销售(营业)收入,估算成本费用
D. 进行不确定性分析

【解析】财务评价的步骤为选取财务评价基础数据与参数,计算销售(营业)收入,估算成本费用,编制财务评价报表,计算财务评价指标,进行不确定性分析,编写财务评价报告。

【本题答案】C

3.3.2 基本财务报表的编制

1. 资产负债表

资产负债表是指综合反映项目计算期各年年末资产、负债和所有者权益的增减变化以及对应关系的一种报表。通过计算资产负债率、流动比率、速动比率等指标来分析项目的偿债能力。资产负债表如表 3-7 所示。

表 3-7 资产负债表　　　　　　　　　　　　　　　　　　单位:万元

序号	项目	计算期					
		1	2	3	4	…	n
1	资产						
1.1	流动资产总额						
1.1.1	货币资金						

续表

序号	项 目	计 算 期					
		1	2	3	4	…	n
1.1.2	应收账款						
1.1.3	预付账款						
1.1.4	存货						
1.1.5	其他						
1.2	在建工程						
1.3	固定资产净值						
1.4	无形及其他资产净值						
2	负债及所有者权益						
2.1	流动负债总额						
2.1.1	短期借款						
2.1.2	应付账款						
2.1.3	预收账款						
2.1.4	其他						
2.2	建设投资借款						
2.3	流动资金借款						
2.4	负债小计(2.1+2.2+2.3)						
2.5	所有者权益						
2.5.1	资本金						
2.5.2	资本公积						
2.5.3	累积盈余公积						
2.5.4	累积未分配利润						
计算指标：资产负债率/(%)							

在资产负债表中，负债包括流动负债总额、建设投资借款、流动资金借款。其中，应付账款指项目建设和运营中购进商品或接受外界提供劳务、服务而未付的欠款；建设投资借款指项目建设期用于固定资产方面的期限在一年以上的银行借款、抵押贷款和向其他单位的借款；流动资金借款指从银行或其他金融机构借入的短期贷款。

资产负债表分析可以提供四个方面的财务信息：项目所拥有的经济资源、项目所负担的债务、项目的债务清偿能力及项目所有者所享有的权益。

2. 利润与利润分配表

利润与利润分配表反映项目计算期内各年的利润总额、所得税及净利润的分配情况，是用以计算投资利润率、投资利税率、资本金利润率等指标的

资产负债表、利润与利润分配表填写实例

一种报表。利润与利润分配表如表3-8所示。

在表3-8中,利润总额是项目在一定时期内实现的盈亏总额,即营业收入扣除营业税金及附加、总成本费用和补贴收入之后的数额。

所得税后利润的分配按照下列顺序进行:①提取法定盈余公积金;②向投资者分配优先股股利;③提取任意盈余公积金;④向各投资方分配利润,即应付普通股股利;⑤未分配利润即为可供分配利润减去以上各项应付利润后的余额。

表3-8 利润与利润分配表　　　　　　　　　　单位:万元

序号	项目	合计	计算期					
			1	2	3	4	…	n
1	营业收入(不含销项税)							
2	增值税附加税							
3	总成本费用(不含进项税)							
4	补贴收入							
5	利润总额(1－2－3＋4)							
6	弥补以前年度亏损							
7	应纳税所得额(5－6)							
8	所得税							
9	净利润(5－8)							
10	期初未分配利润							
11	可供分配利润(9＋10)							
12	提取法定盈余公积金							
13	可供投资者分配利润(11－12)							
14	应付优先股股利							
15	提取任意盈余公积金							
16	应付普通股股利(13－14－15)							
17	各投资方利润分配							
18	未分配利润(13－14－15－17)							
19	息税前利润(利润总额＋利息支出)							
20	息税折旧摊销前利润(息税前利润＋折旧＋摊销)							

3. 现金流量及现金流量表

1) 现金流量

现金流量是现金流入量与现金流出量的统称,又叫现金流动。它是将一个项目作为一个独立系统,反映项目在计算期内实际发生的现金流入和现金流出活动情况及其流动数量。现金流入量是指能够导致现金存储量增加的现金流动,简称现金流入;现金流出量是指在某一时间内发生的能够导致现金存储量减少的现金流动,简称现金流出。

2) 现金流量表

(1) 项目投资现金流量表。用于计算项目投资内部收益率及净现值等财务分析指标。其中,调整所得税为以息税前利润为基数计算的所得税,区别于"利润与利润分配表""项目资本金现金流量表"和"财务计划现金流量表"中的所得税。项目投资现金流量表如表3-9所示。

表3-9 项目投资现金流量表　　　　　　　　　单位:万元

序号	项　目	合计	计算期					
			1	2	3	4	…	n
1	现金流入							
1.1	营业收入							
1.2	补贴收入							
1.3	销项税额							
1.4	回收固定资产余值							
1.5	回收流动资金							
2	现金流出							
2.1	建设投资							
2.2	流动资金							
2.3	经营成本							
2.4	进项税额							
2.5	应纳增值税							
2.6	营业中税金及附加							
2.7	维持运营投资							
3	所得税前净现金流量(1-2)							
4	累积所得税前净现金流量							
5	调整所得税							
6	所得税后净现金流量(3-5)							
7	累积所得税后净现金流量							

续表

序号	项 目	合计	计 算 期					
			1	2	3	4	…	n

计算指标:
项目投资财务内部收益率/(%)(所得税前)
项目投资财务内部收益率/(%)(所得税后)
项目投资财务净现值(所得税前)(i_c=%)
项目投资财务净现值(所得税后)(i_c=%)
项目投资回收期/年(所得税前)
项目投资回收期/年(所得税后)

 技能在线 3-7

【背景资料】某企业拟投资建设一个重点民生项目。该项目建设期1年,运营期6年。项目投产第一年(第二年)可获得当地政府扶持该项目的补贴收入200万元。项目建设的其他基本数据如下。

1. 项目建设投资估算1000万元,预计全部形成固定资产(包含可抵扣固定资产进项税额80万元),固定资产使用年限10年,按直线法折旧,期末净残值率4%,固定资产余值在项目运营期末收回。投产当年需要投入运营期流动资金220万元。

2. 正常年份年营业收入为690万元(其中销项税额为90万),经营成本为355万元(其中进项税额为30万);税金附加按应纳增值税的10%计算,所得税税率为25%;行业所得税后基准收益率为10%,基准投资回收期为6年,企业投资者可接受的最低所得税后收益率为15%。

3. 投产第一年仅达到设计生产能力的80%,预计这一年的营业收入及其所含增值税销项税额、经营成本及其所含增值税进项税额均为正常年份的80%;以后各年均达到设计生产能力。

4. 运营第四年,需要花费70万元(无可抵扣增值税进项税额)更新新型自动控制设备配件,维持以后的正常运营,该维持运营投资按当期费用计入年度总成本。

编制拟建项目投资现金流量表。

【技能分析】编制现金流量表之前需要计算以下数据,并将计算结果填入空表中(表3-10)。

(1) 计算固定资产折旧费(融资前,固定资产原值不含建设期利息)。

固定资产原值=形成固定资产的费用-可抵扣固定资产增值税进项税额

固定资产折旧费=(1000-80)×(1-4%)÷10=88.32(万元)

(2) 计算固定资产余值。

固定资产使用年限10年,运营期末只用了6年还有4年未折旧,所以,运营期末固定资产余值为

固定资产余值=年固定资产折旧费×4+残值=88.32×4+(1000-80)×4%
=390.08(万元)

(3) 计算调整所得税。

增值税应纳税额＝当期增值税销项税额－当期增值税进项税额－
可抵扣固定资产增值税进项税额

故：

第二年(投产第一年)的当期增值税销项税额－当期增值税进项税额－可抵扣固定资产增值税进项税额＝90×0.8－30×0.8－80＝－32(万元)＜0，故第二年应纳增值税额为0。

第三年的当期增值税销项税额－当期增值税进项税额－可抵扣固定资产增值税进项税额＝90－30－32＝28(万元)，故第三年应纳增值税额为28万元。

第四年、第五年、第六年、第七年的应纳增值税＝90－30＝60(万元)。

调整所得税＝[营业收入－当期增值税销项税额－(经营成本－当期增值税进项税额)－折旧费－维持运营投资＋补贴收入－增值税附加]×25%

故：

第二年(投产第一年)调整所得税＝[(690－90)×80%－(355－30)×80%－88.32－0＋200－0]×25%＝82.92(万元)

第三年调整所得税＝(600－325－88.32－0＋0－28×10%)×25%＝45.97(万元)

第四年调整所得税＝(600－325－88.32－0＋0－60×10%)×25%＝45.17(万元)

第五年调整所得税＝(600－325－88.32－70＋0－60×10%)×25%＝27.67(万元)

第六年、第七年调整所得税＝(600－325－88.32－0＋0－60×10%)×25%＝45.17(万元)

表3-10 项目投资现金流量表　　　　　　　　　　　　单位：万元

序号	项目	建设期	运营期					
		1	2	3	4	5	6	7
1	现金流入	0.00	752.00	690.00	690.00	690.00	690.00	1300.08
1.1	营业收入(不含销项税额)		480.00	600.00	600.00	600.00	600.00	600.00
1.2	补贴收入		200.00					
1.3	销项税额		72.00	90.00	90.00	90.00	90.00	90.00
1.4	回收固定资产余值390.08							
1.5	回收流动资金220.00							
2	现金流出	1000.00	504.00	385.80	421.00	491.00	421.00	421.00
2.1	建设投资	1000.00						
2.2	流动资金		220.00					
2.3	经营成本(不含进项税额)		260.00	325.00	325.00	325.00	325.00	325.00
2.4	进项税额		24.00	30.00	30.00	30.00	30.00	30.00
2.5	应纳增值税		0.00	28.00	60.00	60.00	60.00	60.00
2.6	增值税附加		0.00	2.80	6.00	6.00	6.00	6.00
2.7	维持运营投资					70.00		
3	所得税前净现金流量(1－2)	－1000.00	248.00	304.20	269.00	199.00	269.00	879.08
4	累积所得税前净现金流量	－1000.00	－752.00	－447.80	－178.80	20.20	289.20	1168.28

续表

序号	项目	建设期	运营期					
		1	2	3	4	5	6	7
5	调整所得税		82.92	45.97	45.17	27.67	45.17	45.17
6	所得税后净现金流量(3—5)	−1000.00	165.08	258.23	223.83	171.33	223.83	833.91
7	累积所得税后净现金流量	−1000.00	−834.92	−576.69	−352.86	−181.53	42.30	876.21

资本金现金流量表填列实例

(2) 项目资本金现金流量表。项目资本金现金流量表是指以投资者的出资额作为计算基础，从项目资本金的投资者角度出发，把借款本金偿还和利息支付作为现金流出，用以计算项目资本金的财务内部收益率、财务净现值等技术经济指标的一种现金流量表。项目资本金包括用于建设投资、建设期利息和流动资金的资金。项目资本金现金流量表如表3-11所示。

表3-11 项目资本金现金流量表　　　　　　　　　　单位：万元

序号	项目	合计	计算期					
			1	2	3	4	…	n
1	现金流入							
1.1	营业收入							
1.2	补贴收入							
1.3	销项税额							
1.4	回收固定资产余值							
1.5	回收流动资金							
2	现金流出							
2.1	项目资本金							
2.2	借款本金偿还							
2.3	借款利息支付							
2.4	经营成本							
2.5	进项税额							
2.6	应纳增值税							
2.7	营业中税金及附加							
2.8	所得税							
2.9	维持运营投资							
3	净现金流量(1−2)							

计算指标：
资本金财务内部收益率/(%)

(3) 投资各方现金流量表。投资各方现金流量表反映项目投资各方现金的流入流出情况，用于计算投资各方的内部收益率。实分利润是指投资者由项目获取的利润；资产处置收益分配是指对有明确合资期限或合营期限的项目，在期满时对资产余值按股比或约定比例的分配；租赁费收入是指出资方将自己的资产租赁给项目使用所获得的收入。投资各方现金流量表如表3-12所示。

表3-12 投资各方现金流量表　　　　　　　　　　　　单位：万元

序号	项　目	合计	计　算　期					
			1	2	3	4	…	n
1	现金流入							
1.1	实分利润							
1.2	资产处置收益分配							
1.3	租赁费收入							
1.4	技术转让或使用收入							
1.5	销项税额							
2	现金流出							
2.1	实缴资本							
2.2	租赁资产支出							
2.3	进项税额							
2.4	应纳增值税							
2.5	其他现金流出							
3	净现金流量(1-2)							

计算指标：
投资各方财务内部收益率/(%)

（4）财务计划现金流量表。财务计划现金流量表是反映项目计算期各年的投资、融资及经营活动的现金流入和流出，用于计算累积盈余资金，分析项目的财务生存能力。财务计划现金流量表见表3-13。

财务计划现金流量表填写实例

表3-13 财务计划现金流量表　　　　　　　　　　　　单位：万元

序号	项　目	合计	计　算　期					
			1	2	3	4	…	n
1	经营活动净现金流量							
1.1	现金流入							
1.1.1	营业收入							
1.1.2	销项税额							
1.1.3	补贴收入							

续表

序号	项　　目	合计	计　算　期					
			1	2	3	4	…	n
1.1.4	其他流入							
1.2	现金流出							
1.2.1	经营成本							
1.2.2	进项税额							
1.2.3	营业中税金及附加							
1.2.4	增值税							
1.2.5	所得税							
1.2.6	其他流出							
2	投资活动净现金流量（2.1－2.2）							
2.1	现金流入							
2.2	现金流出							
2.2.1	建设投资							
2.2.2	维持运营投资							
2.2.3	流动资金							
2.2.4	其他流出							
3	筹资活动净现金流量（3.1－3.2）							
3.1	现金流入							
3.1.1	项目资本金投入							
3.1.2	建设投资借款							
3.1.3	流动资金借款							
3.1.4	债券							
3.1.5	短期借款							
3.1.6	其他流入							
3.2	现金流出							
3.2.1	各种利息支出							
3.2.2	偿还债务本金							
3.2.3	应付利润（股利分配）							
3.2.4	其他流出							

续表

序号	项　　目	合计	计　算　期					
			1	2	3	4	…	n
4	净现金流量(1+2+3)							
5	累积盈余资金							

3.3.3 资金时间价值

资金时间价值是指资金随着时间推移所具有的增值能力，或者是同一笔资金在不同的时间点上所具有的数量差额。资金时间价值是如何产生的呢？从社会再生产角度来看，投资者利用资金是为了获取投资回报，即让自己的资金发生增值，得到投资报偿，从而产生了"利润"；从流通领域来看，消费者如果推迟消费，也就是暂时不消费自己的资金，而把资金的使用权暂时让出来，得到"利息"作为补偿。因此，利润或利息就成了资金时间价值的绝对表现形式。换句话说，资金时间价值的相对表现形式就成为"利润率"或"利息率"，即在一定时期内所付利润或利息额与资金之比，简称为"利率"。

资金时间价值

1. 利息的计算方法

1) 单利计息法

单利计息法是每期的利息均按照原始本金计算的计息方式，即不论计息期数为多少，只有本金计息，利息不再计利息，计算公式为

$$I = P \times n \times i \tag{3.24}$$

式中：I——利息总额；

　　　P——现值（初始资金总额）；

　　　n——计息期数；

　　　i——利率。

n 个计息期结束后的本利和为

$$F = P + I = P \times (1 + I \times n) \tag{3.25}$$

式中：F——终值（本利和）。

✓ 技能在线 3-8

【背景资料】 某建筑企业存入银行一笔 10 万元的资金，年利率为 2.98%，存款期限为 3 年，按单利计息。问存款到期后的利息和本利和各为多少？如果按照复利计息或按月计息则结果会有何种变化？

【技能分析】 $I = P \times n \times i = 10 \times 3 \times 2.98\% = 0.894$（万元）
$F = P + I = 10 + 0.894 = 10.894$（万元）

2) 复利计息法

复利计息法是各期的利息分别按照原始本金与累计利息之和计算的计息方式，即每期利息计入下期的本金，下期则按照上期的本利和计息，计算公式如下。

$$F = P \times (1+i)^n \quad (3.26)$$
$$I = P \times [(1+i)^n - 1] \quad (3.27)$$

在技能在线 3-8 中，如果选用复利计息，则计算方法和单利计息的计算方法完全不同。计算过程如下。

解：$F = P \times (1+i)^n = 10 \times (1+2.98\%)^3 \approx 10.921$（万元）

$I = P \times [(1+i)^n - 1] = F - P = 10.921 - 10 = 0.921$（万元）

2. 实际利率和名义利率

在复利计息方法中，一般采用年利率。当计息周期以年为单位，则将这种年利率称为实际利率；当实际计息周期小于一年，如每月、每季、每半年计息一次，则将这种年利率称为名义利率。设名义利率为 r，一年内计息次数为 m，则名义利率与实际利率的换算公式为

$$i = \left(1 + \frac{r}{m}\right)^m - 1 \quad (3.28)$$

在技能在线 3-8 中，如果选用的计息周期不是 1 年，也就是说不采用常用的年利率，而是采用计息周期小于一年的月利率、季度利率、半年利率，则实际计算出的利息、本利和也与完全采用年利率计算出的不相同。这就是实际利率与名义利率的计算结果差异。现在按照每月计息一次来进行计算，复利计息，计算结果如下。

解：$i = (1+r/m)^m - 1 = (1+2.98\%/12)^{12} - 1 \approx 3.02\%$

$F = P \times (1+i)^n = 10 \times (1+3.02\%)^3 \approx 10.934$（万元）

$I = F - P = 10.934 - 10 = 0.934$（万元）

素养拓新

市场经济是以市场机制为主体的经济制度，在其正常运转中，市场机制在庞大的市场中通过需求与供给的相互作用及灵敏的价格反应自如地支配经济运行，即自由、灵活、有效、合理地决定着资源的配置与再配置。

2019 年 8 月 16 日，中国人民银行发布《中国人民银行〔2019〕第 15 号公告》，决定改革完善贷款市场报价利率（LPR）形成机制。中国人民银行将指导市场利率定价自律机制加强对贷款市场报价利率的监督管理，对报价行的报价质量进行考核，督促各银行运用贷款市场报价利率定价，严肃处理银行协同设定贷款利率隐性下限等扰乱市场秩序的违规行为。中国人民银行将银行的贷款市场报价利率应用情况及贷款利率竞争行为纳入宏观审慎评估（MPA）。2019 年 12 月 28 日，为进一步深化 LPR 改革，中国人民银行又发布了《中国人民银行〔2019〕第 30 号公告》，推进存量浮动利率贷款定价基准平稳转换。转换工作自 2020 年 3 月 1 日开始，原则上于 2020 年 8 月 31 日前完成。

LPR，全称为"贷款市场报价利率"，是中国人民银行综合 18 家具有代表性的商业银行市场报价，形成的贷款市场报价利率，每月 20 日（遇节假日顺延）对外公布一次。

新定价机制的落地，通过打通金融市场与信贷利率的传导链条，既化解了货币政策传导梗阻，也彰显了我国深化金融改革的制度智慧。相较于受制于多重约束的基准利率调整，公开市场操作以更灵活的节奏引导融资成本合理化，展现出宏观调控工具与市场规律相融合的治理优势。当前改革通过激发金融要素配置效能，与中央推进要素市场化改革的

顶层设计形成共振——这种以制度创新释放市场活力的实践路径，正是制度自信的生动诠释。当价格信号真正成为资源配置的导航仪，中国特色的市场体系将为高质量发展注入更强劲的内生动力。

3. 复利计息法资金时间价值的基本公式

资金时间价值换算的核心是复利计算问题，大体可以分为3种情况：一是将一笔总的金额换算成一笔总的现在值或将来值；二是将一系列金额换算成一笔总的现在值或将来值；三是将一笔总的金额的现在值或将来值换算成一系列金额。

1）复利终值公式

投资者期初一次性投入资金 P，按给定的投资报酬率 i，期末一次性回收资金 F，如果计息时限为 n，复利计息，终值 F 为多少？即已知 P、n、i，求 F，计算公式如下。

$$F = P \times (1+i)^n \tag{3.29}$$

式中：$(1+i)^n$——复利终值系数，记为 $(F/P, i, n)$。

投资者期初一次性投入资金的现金流量图如图 3.2 所示。

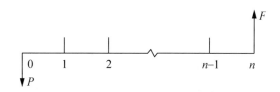

图 3.2 一次性投入现金流量图

2）复利现值公式

在将来某一时点 n 需要一笔资金 F，按给定的利率 i 复利计息，折算至期初，则需要一次性存款或支付数额 P 为多少？即已知 F、i、n，求 P。将复利终值公式加以变形，得到复利现值公式为

$$P = F \times (1+i)^{-n} \tag{3.30}$$

式中：$(1+i)^{-n}$——复利现值系数，记为 $(P/F, i, n)$。

把未来时刻资金的时间价值换算为现在时刻的价值，称为折现或贴现。

 技能在线 3-9

【背景资料】某企业与某银行长年存在贷款、存款业务，在资金积累阶段须以一定量的存款作为今后经营资金的积累，而在一定积累的基础上则可以向银行贷款来解决经营资金的不足问题；贷款之后，在银行规定的还款过程中，通常采用分期等额偿还的方式进行偿还。在实际中，企业的投资有时是一次性的，称之为期初一次性投资，有时却是分期、分批进行投资。不同的投资方式、还款方式所得到的数据是不一样的。如果该企业在 5 年后需一笔 100 万元的资金拟从银行中提取，银行存款年利率 3%，现在需存入银行多少钱？

【技能分析】$P = F \times (1+i)^{-n} = 100 \times (1+3\%)^{-5} \approx 86.3$（万元）

3）年金复利终值公式

在经济评价中，连续在若干期每期等额支付的资金被称为年金。年金复利终值公式是研究在 n 个计息期内，每期期末等额投入资金 A，以年利率 i 复利计息，最后期末累计起

来的资金 F 到底是多少？也就是已知 A、i、n，求 F，计算公式如下。

$$F = A \times \frac{[(1+i)^n - 1]}{i} \quad (3.31)$$

式中：$[(1+i)^n - 1]/i$——年金终值系数，记为$(F/A, i, n)$。

等额序列支付资金的现金流量图如图 3.3 所示。

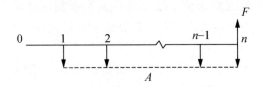

图 3.3　等额序列支付资金的现金流量图

在技能在线 3-9 中，该企业将从银行贷款得来的 2000 万元资金每年以 500 万元投资某项目，已知该项目的投资回报率为 10%，则项目最终可以赚到多少钱？此时将投入的资金以及利息回报都合算为一个整体，则计算结果如下。

解：$F = A \times \dfrac{[(1+i)^n - 1]}{i} = 500 \times [(1+10\%)^4 - 1] \div 0.1 = 2320.5$（万元）

4）偿债基金公式

为了在 n 年年末能筹集一笔资金来偿还借款 F，按照年利率 i 复利计算，从现在起至 n 年每年年末需等额存储的一笔资金 A 为多少？即已知 F、i、n，求 A。由年金复利终值公式推导得出其计算公式如下。

$$A = F \times \frac{i}{[(1+i)^n - 1]} \quad (3.32)$$

式中：$i/[(1+i)^n - 1]$——偿债基金系数，记为$(A/F, i, n)$。

在技能在线 3-9 中，该企业在第 5 年年末应偿还银行一笔 50 万元的债务，年利率为 3%，因为条件有限，与银行协商分期分批偿还给银行，每年年末将所偿还的经过分摊的等额资金存入银行，则每年年末存入银行的资金计算如下。

解：$A = F \times \dfrac{i}{[(1+i)^n - 1]} = 50 \times 3\%/[(1+3\%)^5 - 1] \approx 9.418$（万元）

5）资金回收公式

在年利率为 i，复利计息的情况下，为在第 n 年年末将初始投资 P 全部收回，在这 n 年内，每年年末应等额回收多少数额的资金 A？即已知 P、i、n，求 A，计算公式如下。

$$A = P \times \frac{i(1+i)^n}{[(1+i)^n - 1]} \quad (3.33)$$

式中：$i(1+i)^n/[(1+i)^n - 1]$——资金回收系数，记为$(A/P, i, n)$。

等额序列支付资金回收的现金流量图如图 3.4 所示。

现在企业需要向银行贷款解决资金不足问题，银行规定的贷款利率为 10%。贷款 100 万元，投资于 5 年期的某项目，每年回收资金多少？

第3章 决策阶段控制：项目成败的分水岭

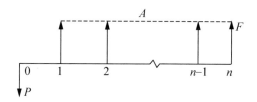

图 3.4 等额序列支付资金回收的现金流量图

解：$A = P \times \dfrac{i(1+i)^n}{[(1+i)^n - 1]} = 100 \times 10\% \times (1+10\%)^5 / [(1+10\%)^5 - 1]$
$= 26.38(万元)$

6）年金现值公式

在 n 年内，按年利率 i 复利计算，为了能在今后每年年末能提取等额资金 A，现在必须投资多少？即已知 A、i、n，求 P。由资金回收公式推导得出年金现值公式如下。

$$P = A \times \dfrac{[(1+i)^n - 1]}{i(1+i)^n} \tag{3.34}$$

式中：$[(1+i)^n - 1] / i(1+i)^n$——年金现值系数，记为 $(P/A, i, n)$。

现在该企业有充足的资金投资某项目，希望在 5 年内收回全部投资的本利和，预计每年获利 50 万元，年利率为 10%，那么，如果知道目前已经向银行贷款多少用于本次投资，就可以按照下面的方法进行计算。

解：$P = A \times \dfrac{[(1+i)^n - 1]}{i(1+i)^n} = 50 \times [(1+10\%)^5 - 1] / 10\% \times (1+10\%)^5$
$= 189.54(万元)$

3.3.4 财务评价指标体系与评价方法

1. 财务评价指标体系

财务评价指标体系是最终反映项目财务可行性的数据体系。由于投资项目的投资目标具有多样性，因此财务评价指标体系也不是唯一的。根据不同的评价深度和可获得资料的多少以及项目本身所处条件的不同可选用不同的指标，这些指标可以从不同层次、不同侧面来反映项目的经济效益。

建设项目财务评价指标体系根据不同的标准，可以做不同的分类形式，包括以下几种。

（1）根据是否考虑资金时间价值、是否进行贴现运算，可将财务评价指标分为两类：静态评价指标和动态评价指标。前者不考虑资金时间价值、不进行贴现运算，后者则考虑资金时间价值、进行贴现运算，其财务评价指标体系如图 3.5 所示。

（2）按照指标的经济性质，可以将财务评价指标分为时间性指标、价值性指标、比率性指标，其财务评价指标体系如图 3.6 所示。

（3）按照指标所反映的评价内容，可以将财务评价指标分为盈利能力分析指标和偿债能力分析指标，其财务评价指标体系如图 3.7 所示。

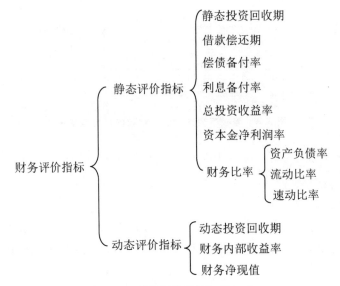

图 3.5　财务评价指标体系(一)

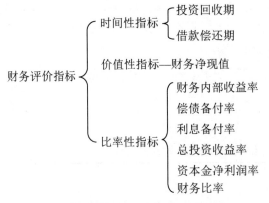

图 3.6　财务评价指标体系(二)

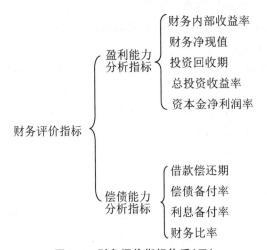

图 3.7　财务评价指标体系(三)

第3章 决策阶段控制：项目成败的分水岭

✅ 证书在线 3-5

下列财务评价指标中，属于偿债能力指标的有（　　）。（2022年真题）

A. 资产负债率　　B. 速动比率　　C. 投资收益率
D. 利息备付率　　E. 偿债备付率

【解析】偿债能力指标主要有：借款偿还期、利息备付率、偿债备付率、资产负债率、流动比率、速动比率。投资收益率属于盈利能力指标。

【本题答案】ABDE

2. 反映项目盈利能力的指标与评价方法

1）静态评价指标的计算与分析

（1）总投资收益率(ROI)。总投资收益率是指项目达到设计生产能力后的一个正常生产年份的年息税前利润(EBIT)与项目总投资(TI)的比率。对生产期内各年的利润总额较大的项目，应计算运营期年平均息税前利润与项目总投资的比率，计算公式为

$$总投资收益率(ROI)=\frac{正常年份年息税前利润或运营期内年平均息税前利润}{项目总投资}\times 100\%$$

(3.35)

总投资收益率可根据利润与利润分配表中的有关数据计算求得。项目总投资为建设投资、建设期利息、流动资金之和。计算出的总投资收益率要与规定的行业标准收益率或行业平均投资收益率进行比较，若大于或等于行业标准收益率或行业平均投资收益率，则认为项目在财务上可以被接受。

（2）资本金净利润率(ROE)。资本金净利润率是指项目达到设计生产能力后的一个正常生产年份的年净利润或运营期内的年平均利润(NP)与资本金(EC)的比率，计算公式为

$$资本金净利润率(ROE)=\frac{正常年份的年净利润或运营期内年平均净利润}{资本金}\times 100\%$$

(3.36)

式(3.36)中的资本金是指项目的全部注册资本金。计算出的资本金净利润率要与行业的平均资本金净利润率或投资者的目标资本金净利润率进行比较，若前者大于或等于后者，则认为项目是可以考虑的。

（3）静态投资回收期(P_t)。静态投资回收期是指在不考虑资金时间价值因素的条件下，用生产经营期回收投资的资金来源来抵偿全部初始投资所需要的时间，即用项目净现金流量抵偿全部初始投资所需的全部时间，一般用年来表示。在计算全部投资回收期时，假定了全部资金都为自有资金，而且投资回收期一般从建设期开始算起，也可以从投产期开始算起，使用这个指标时一定要注明起算时间，计算公式为

$$投资回收期(P_t)=累计净现金流量开始出现正值的年份-1+\frac{上年累计净现金流量的绝对值}{当年净现金流量}$$

(3.37)

计算出的投资回收期要与行业规定的标准投资回收期或行业平均投资回收期进行比较，如果小于或等于标准投资回收期或行业平均投资回收期，则认为项目是可以考虑接受的。

技能在线 3-10

试根据技能在线 3-7 的背景资料及项目投资现金流量表,求该项目静态投资回收期。

【技能解析】静态投资回收期的计算见表 3-14。

$$投资回收期(P_t) = 累计净现金流量开始出现正值的年份 - 1 + \frac{上年累计净现金流量的绝对值}{当年净现金流量}$$

$$= 6 - 1 + \frac{|-181.53|}{223.83}$$

$$\approx 5.81 \text{(年)}$$

表 3-14 静态投资回收期的计算   单位:万元

项目	年份						
	1	2	3	4	5	6	7
所得税后净现金流量	-1000.00	165.08	258.23	223.83	171.33	223.83	833.91
累积所得税后净现金流量	-1000.00	-834.92	-576.69	-352.86	-181.53	42.30	876.21

2) 动态评价指标的计算与分析

(1) 财务净现值(FNPV)。财务净现值,简称净现值,是指在项目计算期内,按照行业的基准收益率或设定的折现率计算的各年净现金流量现值的代数和,表达式为

$$FNPV = \sum_{t=1}^{n} (CI - CO)_t (1 + i_c)^{-t} \tag{3.38}$$

式中: CI——现金流入量;
CO——现金流出量;
$(CI - CO)_t$——第 t 年的净现金流量;
n——计算期;
i_c——基准收益率或设定的折现率;
$(1 + i_c)^{-t}$——第 t 年的折现系数。

基准收益率

财务净现值的计算结果可能有 3 种情况,即 FNPV>0、FNPV=0 或 FNPV<0。当 FNPV>0 时,说明项目净效益大于用基准收益率计算的平均收益额,从财务角度考虑,项目是可以被接受的;当 FNPV=0 时,说明拟建项目的净效益正好等于用基准收益率计算的平均收益额,这时判断项目是否可行,要看分析所选用的折现率(在财务评价中,若选用的折现率大于银行长期贷款利率,则项目是可以被接受的;若选用的折现率等于或小于银行长期贷款利率,一般可判断项目不可行);当 FNPV<0 时,说明拟建项目的净效益小于用基准收益率计算的平均收益额,一般认为项目不可行。

技能在线 3-11

试根据技能在线 3-7 的背景资料及项目投资现金流量表,求该项目财务净现值(行业

所得税后基准收益率为 10%)。

【技能解析】 根据已知条件编制财务净现值计算表，见表 3-15。

表 3-15 财务净现值计算表   单位：万元

项 目	年　份						
	1	2	3	4	5	6	7
所得税后净现金流量	-1000.00	165.08	258.23	223.83	171.33	223.83	833.91
折现系数(i_c=10%)	0.9091	0.8264	0.7513	0.6830	0.6209	0.5645	0.5132
折现后现值	-909.10	136.42	194.01	152.88	106.38	126.35	427.96
累计现值	-909.10	-772.68	-578.67	-425.79	-319.42	-193.06	234.90

根据公式 $FNPV = \sum_{t=1}^{n} (CI - CO)_t (1 + i_c)^{-t}$，财务净现值即各年按照基准收益率折算到建设期初的现值之和，也就是计算期末的累计现值 234.90 万元。

(2) 财务内部收益率(FIRR)。财务内部收益率，简称内部收益率，是使项目整个计算期内各年净现金流量现值累计等于零时的折现率。其表达式为

$$\sum_{t=1}^{n} (CI - CO)_t (1 + FIRR)^{-t} = 0 \tag{3.39}$$

财务内部收益率的计算是求解高次方程，为简化计算，在具体计算时可根据现金流量表中净现金流量用试差法进行，基本步骤如下。

① 用估计的某一折现率对拟建项目整个计算期内各年财务净现金流量进行折现，并求出净现值。如果得到的财务净现值等于零，则选定的折现率即为财务内部收益率；如果得到的净现值为正数，则再选一个更高的折现率再次试算，直至正数财务净现值接近零为止。

② 在第①步的基础上，再继续提高折现率，直至计算出接近零的负数财务净现值为止。

③ 根据上两步计算所得的正、负财务净现值及其对应的折现率，运用试差法的公式计算财务内部收益率，计算公式为

$$FIRR = i_1 + (i_2 - i_1) \times \frac{FNPV_1}{FNPV_1 - FNPV_2} \tag{3.40}$$

特别提示

由此计算出的财务内部收益率通常为一个近似值。为控制误差，一般要求($i_2 - i_1$)≤5%。

计算出的财务内部收益率要与行业的基准收益率或投资者的目标收益率进行比较，如果前者大于或等于后者，则说明项目的盈利能力超过行业平均水平或投资者的目标，因而是可以被接受的。

技能在线 3-12

【背景资料】 已知某建设工程项目已开始运营。如果现在运营期是已知的并且不会发生变化,那么采用不同的折现率就会影响到项目所获得的净现值,可以利用不同的净现值来估算项目的财务内部收益率。根据定义,项目的财务内部收益率是当项目净现值等于零时的收益率,采用试差法的条件是当折现率为 16% 时,某项目的净现值是 338 元;当折现率为 18% 时,净现值是 -22 元,则其财务内部收益率计算方法如下。

【技能解析】
$$FIRR = i_1 + (i_2 - i_1) \times \frac{FNPV_1}{FNPV_1 - FNPV_2}$$
$$= 16\% + (18\% - 16\%) \times [338 \div (338 + 22)]$$
$$\approx 17.88\%$$

(3) 动态投资回收期。动态投资回收期是指在考虑资金时间价值的条件下,以项目净现金流量的现值抵偿原始投资现值所需要的全部时间,记作 P'_t。动态投资回收期也从建设期开始计算,以年为单位,其计算公式为

$$动态投资回收期(P'_t) = 累计净现值开始出现正值的年份 - 1 + \frac{上年累计净现值的绝对值}{当年净现值}$$

(3.41)

计算出的动态投资回收期也要与行业标准动态投资回收期或行业平均动态投资回收期进行比较,如果小于或等于标准动态投资回收期或行业平均动态投资回收期,认为项目是可以被接受的。

在技能在线 3-10 中,没有考虑资金时间价值对投资回收期的影响,因此计算出的投资回收期是静态投资回收期。如果考虑资金时间价值,在基准收益率为 10% 的情况下,求出的投资回收期就是动态投资回收期。

解: 动态投资回收期计算见表 3-15。

$$动态投资回收期(P'_t) = 累计净现值开始出现正值的年份 - 1 + \frac{上年累计净现值的绝对值}{当年净现值}$$
$$= 7 - 1 + \frac{|-193.06|}{427.96}$$
$$\approx 6.45(年)$$

3. 反映项目偿债能力的指标与评价

1) 借款偿还期(P_d)

借款偿还期是指项目投产后获得的可用于偿还借款的资金来源还清固定资产投资国内借款本金和建设期利息(不包括已用自有资金支付的建设期利息)所需要的时间。偿还借款的资金来源包括折旧、摊销费、未分配利润和其他收入等。借款偿还期可根据借款还本付息计算表和资金来源与运用表的有关数据计算,以年为单位,计算公式为

$$借款偿还期(P_d) = 借款偿清的年份数 - 1 + \frac{偿清当年应付的本息数}{当年用于偿清的资金总额}$$ (3.42)

对于涉外投资的项目还要考虑国外借款部分的还本付息。由于国外借款往往采取等本偿还或等额偿还的方式,借款偿还期限往往都是约定的,无须计算。

计算出借款偿还期以后,要与贷款机构的要求期限进行对比,等于或小于贷款机构提

出的要求期限，即认为项目是有偿债能力的；否则，从偿债能力角度考虑，认为项目没有偿债能力。

2) 偿债备付率(DSCR)

偿债备付率是指项目在借款偿还期内，各年可用于还本付息的资金(EBITDA－TAX)与当期应还本付息金额(PD)的比值，计算公式为

$$偿债备付率(DSCR) = \frac{息税前利润加折旧和摊销 - 企业所得税}{应还本付息金额} \quad (3.43)$$

式中：应还本付息金额包括当期应还贷款本金额及计入总成本费用的全部利息。融资租赁费用可视同借款偿还。运营期内的短期借款本息也应纳入计算。

如果项目在运行期内有维持运营的投资，可用于还本付息的资金应扣除维持运营的投资。

偿债备付率应分年计算，偿债备付率高，表明可用于还本付息的资金保障程度高。偿债备付率应大于1，并结合债权人的要求确定。当指标小于1时，表示当年资金来源不足以偿付当期债务，需要通过短期借款偿付已到期债务。参考国际经验和国内行业具体情况，根据我国企业历史数据统计分析，一般情况下，偿债备付率不宜低于1.3。

3) 利息备付率(ICR)

利息备付率是指项目在借款偿还期内各年可用于支付利息的息税前利润(EBIT)与当期应付利息(PI)的比值，计算公式为

$$利息备付率(ICR) = \frac{息税前利润}{应付利息} \quad (3.44)$$

式中：息税前利润——利润总额与计入总成本费用的利息费用之和；

应付利息——计入总成本费用的应付利息。

利息备付率应分年计算。利息备付率高，表明利息偿付的保障程度高。利息备付率应当大于1，并结合债权人的要求确定。当利息备付率小于1时，表示项目没有足够资金支付利息，偿债风险很大。参考国际经验和国内行业的具体情况，根据我国企业历史数据统计分析，一般情况下，利息备付率不宜低于2，而且利息备付率指标需要将该项目的指标取值与其他企业项目进行比较，来分析决定本项目的指标水平。

✅ **技能在线 3-13**

【背景资料】已知某项目建设投资总额为1000万元，建设期2年。固定资产残值40万元，5年内直线折旧。其他相关数据资料见表3-16，该项目从第3年年末开始还款，等额还本，利息照付，预计3年还清本息。试根据资料计算第3年~第5年的偿债备付率与利息备付率。

表 3-16 某项目相关数据表 单位:万元

序号	项目	建设期		生产期		
		1	2	3	4	5
1	息税前利润(EBIT)	—	—	49.46	139.46	139.46
2	应付利息(PI)			27.56	18.37	9.19

115

续表

序号	项 目	建设期 1	建设期 2	生产期 3	生产期 4	生产期 5
3	税前利润=(1-2)	—	—	21.9	121.09	130.27
4	所得税(TAX)=(3×25%)	—	—	5.48	30.27	32.57
5	税后利润=(3-4)	—	—	16.42	90.82	97.70
6	折旧	159.54	159.54	159.54	159.54	159.54
7	摊销	40	40	40	40	40
8	还本	—	—	112.57	112.57	112.57
9	还本付息总额(PD)=(2+8)	—	—	140.13	130.94	121.76
10	还本付息资金来源总额(EBITDA)=(1+6+7)	—	—	249	339	339
11	利息备付率(ICR)=(1/2)	—	—	1.79	7.59	15.18
12	偿债备付率(DSCR)=(10-4)/9	—	—	1.74	2.36	2.52

计算结果表明,该项目偿债能力较强。

4) 财务比率

(1) 资产负债率。资产负债率是反映项目各年所面临的财务风险程度及偿债能力的指标,计算公式为

$$资产负债率 = \frac{负债总额}{资产总额} \times 100\% \tag{3.45}$$

作为提供贷款的机构,可以接受100%(包括100%)以下的资产负债率,资产负债率大于100%,表明企业已资不抵债,达到破产底线。

(2) 流动比率。流动比率是反映项目各年偿付流动负债能力的指标,计算公式为

$$流动比率 = \frac{流动资产总额}{流动负债总额} \times 100\% \tag{3.46}$$

计算出的流动比率越高,单位流动负债将有更多的流动资产作保障,短期偿债能力就越强。但是在不导致流动资产利用效率低下的情况下,流动比率保证在200%较好。

(3) 速动比率。速动比率是反映项目快速偿付流动负债能力的指标,计算公式为

$$速动比率 = \frac{流动资产总额 - 存货}{流动负债总额} \times 100\% \tag{3.47}$$

速动比率越高,短期偿债能力越强,同时速动比率过高也会影响资产利用效率,进而影响企业经济效益,因此速动比率保证在接近100%较好。

✓ 证书在线 3-6

进行工程项目财务评价时,可用于判断项目偿债能力的指标是(　　)。(2021年真题)

A. 基准收益率　　　　　　　　　B. 财务内部收益率
C. 资产负债率　　　　　　　　　D. 项目资本金净利润率

【解析】资产负债率是反映项目各年所面临的财务风险程度及偿债能力的指标，可用于判断项目的偿债能力。基准收益率是财务评价中一个重要的参数；财务内部收益率是考察项目盈利能力的动态评价指标；项目资本金净利润率是反映项目资本金盈利水平的指标。

【本题答案】C

> **特别提示**
>
> 利用以上评价指标体系进行财务评价就是确定性评价方法。在评价中要注意与基准指标对比，以判断项目的财务可行性。

技能在线 3-14

【背景资料】某建设工程项目开始运营后，在某一生产年份的资产总额为 5000 万元，短期借款为 450 万元，长期借款为 2000 万元，应收账款 120 万元，存货款为 500 万元，现金为 1000 万元，应付账款为 150 万元，项目单位产品可变成本为 50 万元，达产期的产量为 20 吨，年总固定成本为 800 万元，销售收入为 2500 万元，销售税金税率为 6%。我们先来求该项目的财务比率指标。

【技能分析】资产负债率 $= \dfrac{负债总额}{资产总额} \times 100\% = \dfrac{2000+450+150}{5000} \times 100\% = 52\%$

流动比率 $= \dfrac{流动资料总额}{流动负债总额} \times 100\% = \dfrac{120+500+1000}{450+150} \times 100\% = 270\%$

速动比率 $= \dfrac{流动资产总额-存货}{流动负债} \times 100\% = \dfrac{1620-150}{600} \times 100\% \approx 187\%$

3.3.5　不确定性分析

1. 不确定性分析的含义

不确定性分析是以计算和分析各种不确定性因素（如价格、投资费用、投资成本、经营期、生产规模等）的变化对建设项目经济效益的影响程度为目标的一种分析方法。

影响建设项目的不确定性因素主要有以下几个方面。

1）价格

在市场经济的条件下，由于价值规律的作用，建设项目的投入物和产出物的价格常常会由于种种原因而产生波动，而且汇率的变动也将对项目的投资额和收益额产生影响。

2）生产能力利用率

由于生产能力达不到设计生产能力导致生产能力利用率的变化，从而对项目经济效益产生影响。

3）技术装备和生产工艺

评价建设项目所采用的投入物和产出物的数量和质量是根据现有的工艺技术水平估算

的。在项目的建设中,由于科学技术的发展,在工艺上、技术装备上可能较以前有突破性的发展变化,相应地就有可能影响项目的经济效益。

4) 投资成本

在估算建设项目投资额时,由于没有充分预见费用或者其他原因延长了工期都将引起项目投资成本的变化,导致项目的投资规模、总成本费用和利润总额发生变化。

5) 环境因素

从经济环境来看,很多数据的测算都是根据现行经济形势和现行的各类法规政策来进行的,如果这些因素发生了变化,就有可能导致投资收益的变化;从政治环境来看,不论是国内还是国外,政治形势和政策发生变化也会影响项目的经济效益。

2. 不确定性分析的基本方法

不确定性分析的基本方法有盈亏平衡分析和敏感性分析。

1) 盈亏平衡分析

(1) 盈亏平衡分析的基本原理。盈亏平衡分析主要研究建设项目投产后,以利润为零时产量的收入与费用支出的平衡为基础,在既无盈利又无亏损的情况下,测算项目的生产负荷状况,分析项目适应市场变化的能力,衡量建设项目抵抗风险的能力。项目利润为零时产量的收入与费用支出的平衡点,被称为盈亏平衡点(BEP),用生产能力利用率或产销量表示。项目的盈亏平衡点越低,说明项目适应市场变化的能力越强,抗风险的能力越大,亏损的风险越小。

在进行盈亏平衡分析时需要一些假设条件作为分析的前提,包括以下几种。

① 产量变化,单位产品变动成本不变,总成本是产量或销售数量的函数。

② 产量等于销售数量。

③ 变动成本随产量成正比例变化。

④ 在所分析的产量范围内固定成本保持不变。

⑤ 产量变化,销售单价不变,销售收入是销售价格和销售数量的线性函数。

⑥ 只计算一种产品的盈亏平衡点,如果是生产多种产品的,则将产品组合,且生产数量的比例应保持不变。

(2) 盈亏平衡分析的基本方法包括以下几种。

① 代数法。代数法是以代数方程来计算盈亏平衡点的一种方法,其计算公式为

$$\mathrm{BEP}_Q = \frac{F}{R-V-T} \tag{3.48}$$

式中:F——项目年总固定成本;

V——单位产品变动成本;

T——单位产品税金;

R——单位产品销售价格。

生产能力利用率盈亏平衡点计算公式为

$$\mathrm{BEP}_r = \frac{F}{(R-V-T) \times Q} \times 100\% \tag{3.49}$$

式中:Q——项目设计生产能力。

② 几何法。几何法是通过图示的方法,把项目的销售收入、总成本费用、产销量三者之间的变动关系反映出来,从而确定盈亏平衡点的方法。几何法求解盈亏平衡点——盈

亏平衡图如图 3.8 所示。

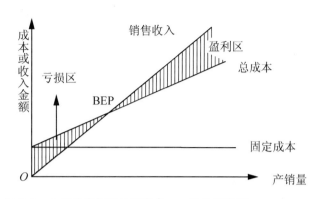

图 3.8　几何法求解盈亏平衡点——盈亏平衡图

盈亏平衡图用横坐标表示产销量，纵坐标表示成本或收入金额。销售收入与总成本线相交处，即为盈亏平衡点。

2）敏感性分析

(1) 敏感性分析的基本原理。敏感性分析是考察与建设项目有关的一个或多个主要因素发生变化时对该项目经济效益指标影响程度的一种分析方法。其目的是对外部条件发生不利变化时的项目承受能力做出判断。如某个不确定性因素有较小的变动，而导致项目经济评价指标有较大的波动，则称项目方案对该不确定性因素敏感性强，相应地，这个因素被称为"敏感性因素"。

 证书在线 3-7

在投资项目敏感性分析中，最基本的分析指标是（　　）。（2023 年真题）

A. 净现值　　　　　　　　　　B. 投资收益率
C. 内部收益率　　　　　　　　D. 动态投资回收期

【解析】在敏感性分析中，如果主要分析投资大小对方案资金回收能力的影响，则可选用内部收益率作为分析指标，内部收益率是敏感性分析中最基本的分析指标之一。

【本题答案】C

(2) 敏感性分析的基本方法包括以下几步。

① 确定敏感性分析的经济评价指标。敏感性分析的经济评价指标是指敏感性分析的对象，必须针对不同的项目的特点和要求，选择最能反映项目盈利能力和偿债能力的经济评价指标作为敏感性分析的对象，例如项目的净现值和内部收益率等动态指标，投资回收期等静态指标。最常用的敏感性分析是分析全部投资内部收益率指标对变量因素的敏感程度。

② 选取不确定因素，设定不确定因素的变化幅度和范围。所选取的不确定因素是有可能对经济评价指标的结果有较大影响，且有可能成为敏感性因素的那些影响因素。所以在选择时，就要在预计的变化范围内，找出那些对经济评价指标值有较强影响的不确定因素。

③ 计算不确定因素对经济评价指标值的影响程度。计算方法是在固定其他不确定因

素的条件下，依次按照事先预定的变化幅度来变动其中某个不确定因素，并计算出该不确定因素的变动对经济评价指标的影响程度（变化率），找出这个不确定因素变动幅度和经济评价指标变动幅度之间的关系并绘制图表。

④ 确定敏感性因素。根据不确定因素的变动幅度与经济评价指标变动率的意义对应关系，通过比较所找出的对经济评价指标影响最强的因素即为项目方案的敏感性因素。

⑤ 综合分析项目方案的各类因素。针对所确定的敏感性因素，应分析研究不确定性产生的根源，并且在项目具体实施当中，尽量避免这些不确定性的发生，有效控制项目方案的实施。

 证书在线 3-8

下列关于不确定性分析的说法中，正确的有（　　）。（2023年真题）

A. 不确定性分析包括盈亏平衡分析、敏感性分析和概率分析
B. 盈亏平衡分析只适用于财务评价
C. 敏感性分析可同时用于财务评价和国民经济评价
D. 概率分析可同时用于财务评价和国民经济评价
E. 盈亏平衡分析能揭示产生项目风险的根源

【解析】不确定性分析包括盈亏平衡分析、敏感性分析和概率分析，A 正确。盈亏平衡分析只适用于财务评价，敏感性分析和概率分析可同时用于财务评价和国民经济评价，B、C、D 正确。盈亏平衡分析虽然能够度量项目风险的大小，但并不能揭示产生项目风险的根源，E 错误。

【本题答案】ABCD

素养拓新

《周易·既济》中说："君子以思患而豫防之。"意思是想到会发生祸患，事先采取预防措施。

扁鹊是我国战国时代的名医。魏文王曾求教于扁鹊，问他说："听说你们家有兄弟三人，都精于医术，我想知道在你们三位之中到底哪一位最优秀呢？"

扁鹊回答："我大哥最厉害，其次是我二哥，而我是最差劲的。"

魏文王又问："既然如此，为什么我们都没听说过你的两位兄长，反而是你最出名呢？你是不是太谦虚了？"

扁鹊答说："真不是谦虚，我的两位兄长之所以知名度不高，是因为他们的先进理念还不能被一般人看懂。我大哥治病，是治病于病情发作之前。由于一般人不知道他事先能铲除病因，所以他的名气无法传出去，只有我们家的人才知道。我二哥治病，是治病于病情初起之时。一般人以为他只能治轻微的疾病，大病难以指望，所以他的名气只限于本乡里。而我扁鹊治病，是治病于病情严重之时，这是因为我的医术不如两位兄长，无法更早发现病情。一般人都看到我在经脉上穿针管来放血、在皮肤上敷药等大手术，所以以为我的医术更高明，名气因此响遍全国。"魏文王听后深以为然，受益良多。

事后控制不如事中控制，事中控制不如事前控制。建设工程风险管理体现着大国治理的战略思维与历史担当。面对复杂多变的建设环境与不可预见的挑战，需以底线思维筑牢

安全防线，以前瞻性布局化解潜在危机。新时代的风险治理需要跳出局部视角，在统筹发展和安全中彰显大国工程的智慧——既要善用科技手段增强预测精度，更要以居安思危的忧患意识构筑起制度性保障。通过精准施策将风险消弭于未发之时，切实守护好高质量发展的生命线。

✅ 技能在线 3-15

【背景资料】某建设项目投产后年产某产品10万台，每台售价800元，年总成本5000万元，项目总投资9000万元，销售税率为12%，项目寿命期15年。以产品销售价格、总投资、总成本为变量因素，各按照±10%和±20%的幅度变动，试对该项目的投资利税率做敏感性分析。

【技能分析】投资利税率＝(年销售收入－年总成本费用)÷项目总投资

根据题目给定数据分别计算3个不确定因素的不同变动幅度对投资利税率的影响程度。计算结果见表3-17。

表3-17 敏感性分析计算表

项目		年产量/万台 ①	单价/元 ②	销售收入/万元 ③=①×②	年总成本/万元 ④	总投资/万元 ⑤	年利税/万元 ⑥=③-④	投资利税率/(%) ⑦=⑥÷⑤	敏感度系数/(%) ⑧
基本方案		10	800	8000	5000	9000	3000	33	
产品售价	-20%	10	640	6400	5000	9000	1400	15.56	-87.2
	-10%	10	720	7200	5000	9000	2200	24.44	-85.6
	+10%	10	880	8800	5000	9000	3800	42.22	+92.2
	+20%	10	960	9600	5000	9000	4600	51.11	+90.6
总投资	-20%	10	800	8000	5000	7200	3000	41.67	+43.35
	-10%	10	800	8000	5000	8100	3000	37.03	+40.30
	+10%	10	800	8000	5000	9900	3000	30.30	-27.00
	+20%	10	800	8000	5000	10800	3000	27.78	-26.10
总成本	-20%	10	800	8000	4000	9000	4000	44.44	+57.2
	-10%	10	800	8000	4500	9000	3500	38.89	+58.9
	+10%	10	800	8000	5500	9000	2500	27.78	-52.2
	+20%	10	800	8000	6000	9000	2000	22.22	-53.9

从表3-17可以得出结论：产品价格为最敏感因素，只要销售价格增长1%，投资利税率可增长60%以上，其次是成本。

一般来说，项目相关因素的不确定性是建设项目具有风险性的根源。敏感性强的因素其不确定性给项目带来更大的风险。因此，敏感性分析的核心是从诸多的影响因素中找出最敏感因素并设法对该因素进行有效的控制,以减少项目经济效益的损失。

综合应用案例

【案例概况】

某建设项目计算期20年,各年现金流量(CI−CO)及行业基准收益率$i_c=10\%$的折现系数$[1/(1+i_c)^{-t}]$见表3−18。

表3−18　各年现金流量表

年份	1	2	3	4	5	6	7	8	9~20
净现金流量/万元	−180	−250	−150	84	112	150	150	150	12×150
$i_c=10\%$的折现系数	0.909	0.826	0.751	0.683	0.621	0.564	0.513	0.467	3.18①

① 3.18是第9年~第20年各年折现系数之和。

试根据项目的财务净现值(FNPV)判断此项目是否可行,并计算项目的静态投资回收期P_t。

【案例解析】

工程项目财务可行性,静态投资回收期,财务净现值(FNPV),现金流量,资金时间价值计算。

本题的求解可参考3.3节的相关内容。财务净现值及静态投资回收期的计算有两种方法可用,一是用公式计算,二是编制表格计算。编制表格计算是一种较为简单的计算方法。用静态投资回收期评价可行性时,若静态投资回收期$P_t<$基准静态投资回收期T_0时,则项目可行。

1. 首先计算该项目的财务净现值

由已知条件可得

$$FNPV = \sum (CI-CO)_t(1+i_c)^{-t} = -180 \times 0.909 - 250 \times 0.826 - 150 \times 0.751 +$$
$$84 \times 0.683 + 112 \times 0.621 + (0.564+0.513+0.467+3.18) = 352.754(万元)$$

计算结果见表3−19。

表3−19　各年净现金流量折现值表

年份	1	2	3	4	5	6	7	8	9~20	总计(FNPV)
净现金流量/万元	−180	−250	−150	84	112	150	150	150	12×150	
$i_c=10\%$的折现系数	0.909	0.826	0.751	0.683	0.621	0.564	0.513	0.467	3.18	
净现金流量折现值	−163.6	−206.5	−112.7	57.37	69.55	84.6	79.95	70.95	477	352.754

2. 判断项目是否可行

因为FNPV=352.754万元>0,所以按照行业基准收益率$i_c=10\%$评价,该项目在财务上是可行的。

3. 计算该项目的静态投资回收期

根据已知条件,可列表3−20。

表 3-20　各年项目静态投资回收期表

年　　份	1	2	3	4	5	6	7	8
(CI-CO)/万元	-180	-250	-150	84	112	150	150	150
$\sum$(CI-CO)/万元	-180	-430	-580	-496	-384	-234	-84	66

根据此表：$P_t = 8 - 1 + 84/150 = 7.56$（年）

或利用公式计算：$\sum(CI-CO)_t = 0$

即$(-180-250-150) + 84 + 112 + 150 X_t = 0$

$$X_t = 2.56（年）$$
$$P_t = 5 + X_t = 7.56（年）$$

本章小结

本章介绍了建设工程决策阶段工程造价控制的主要内容。建设项目的可行性研究是在投资决策前对拟建项目有关的社会、经济、技术等各方面进行深入细致的调查研究和全面的技术经济论证，对项目建成后的经济效益进行科学的预测和评价，为项目决策提供科学依据的一种科学分析方法。建设工程投资包括动态投资和静态投资两部分，其中静态投资又包括建筑安装工程费用、设备及工器具购置费用、工程建设其他费用、基本预备费用，动态部分包括建设期利息和价差预备费等；投资估算主要包括静态投资部分估算和动态投资部分估算。建设项目财务评价是可行性研究报告的重要组成部分，主要进行财务盈利能力分析、偿债能力分析、财务生存能力分析和不确定性分析，在分析过程中要依据基本财务报表（资产负债表、利润与利润分配表、现金流量表和财务计划现金流量表）计算出财务内部收益率、财务净现值、投资回收期、总投资收益率等指标，以此判断项目在财务上是否可行，同时还要通过盈亏平衡分析、敏感性分析了解项目存在的风险。

习　题

习题测试

一、单选题

1. 下列各项中，不属于可行性研究内容的是(　　)。
 A. 产品的市场需求预测　　　　　　B. 建厂条件和厂址选择
 C. 项目设计方案　　　　　　　　　D. 设计总概算
2. 关于我国项目前期各阶段投资估算的精度要求，下列说法中正确的是(　　)。
 A. 项目规划和建议书阶段，允许误差大于±30%
 B. 投资设想阶段，要求误差控制在±30%以内
 C. 预可行性研究阶段，要求误差控制在±20%以内
 D. 可行性研究阶段，要求误差控制在±15%以内
3. 2018年已建成年产10万吨的某钢厂，其投资额为4000万元，2022年拟建生产50万吨的钢厂项目，建设期为2年。自2018—2022年每年平均造价指数递增4%，预计建设

期 2 年平均造价指数递减 5%，估算拟建钢厂的静态投资额为（　　）万元(生产能力指数取 0.8)。

　　A. 16958　　　　B. 16815　　　　C. 14496　　　　D. 15304

4. 财务评价指标中，价值性指标是（　　）。

　　A. 财务内部收益率　　　　　　　B. 投资利润率
　　C. 借款偿还期　　　　　　　　　D. 财务净现值

5. 某项目流动资产总额为 500 万元，其中存货为 100 万元，应付账款为 380 万元，则该项目的速动比率为（　　）。

　　A. 131.58%　　　B. 105.26%　　　C. 95%　　　　　D. 76%

6. 按照生产能力指数法（$x=0.6$，$f=1$），若将设计中的生产系统的生产能力提高 3 倍，则投资额大约增加（　　）。

　　A. 130%　　　　B. 200%　　　　C. 230%　　　　D. 300%

7. 某新建项目，建设期为 3 年，第一年贷款 1000 万元，第二年贷款 2000 万元，第三年贷款 500 万元，年贷款利息为 6%，建设期只计息不支付，则该项目第三年贷款利息为（　　）万元。

　　A. 204.11　　　B. 2430.60　　　C. 345.00　　　D. 355.91

8. 当财务净现值大于零时，表明项目在计算期内可获得（　　）基准收益水平的收益额。

　　A. 小于　　　　B. 等于　　　　　C. 大于　　　　　D. 与基准收益率无关

9. 资金的时间价值是指（　　）。

　　A. 现在所拥有的资金在将来投资时所能获得的收益
　　B. 资金随有时间的推移本身能够增值
　　C. 资金在生产和流通过程随时间推移而产生的增值
　　D. 可用于储蓄或贷款的资金所产生的利息

10. 某施工企业每年年末存入银行 100 万元，用于 3 年后的技术改造，已知银行存款年利率为 5%，按年复利计息，则到第 3 年年末可用于技术改造的资金总额为（　　）万元。

　　A. 331.01　　　B. 330.75　　　C. 315.00　　　D. 315.25

11. 某项目估计建设投资为 1000 万元，全部流动资金为 200 万元，建设当年即投产并达到设计生产能力，各年净收益均为 270 万元，则该项目的静态投资回收期为（　　）年。

　　A. 2.13　　　　B. 3.70　　　　C. 3.93　　　　D. 4.44

12. 资产负债表中的资产项目是按照资产的（　　）顺序排列。

　　A. 金额从小到大　　　　　　　　B. 流动性从大到小
　　C. 购置时间从先到后　　　　　　D. 成新率从高到低

13. 某项目建设投资为 9700 万元（其中建设期贷款利息 700 万元），全部流动资金为 900 万元，项目投产后正常年份的年息税前利润为 950 万元，则该项目的总投资收益率为（　　）。

　　A. 10.56%　　　B. 9.79%　　　　C. 9.60%　　　　D. 8.96%

14. 税后利润是指（　　）。
A. 利润总额减去销售税金　　　　B. 利润总额减去增值税
C. 利润总额减去营业税　　　　　D. 利润总额减去所得税
15. 用于建设项目偿债能力分析的指标是（　　）。
A. 投资回收期　　　　　　　　　B. 流动比率
C. 资本金净利润率　　　　　　　D. 财务净现值率

二、多选题

1. 可行性研究的作用有（　　）。
A. 项目投资决策和编制设计任务书的依据
B. 筹集资金的依据
C. 项目建设前期准备的依据
D. 项目采用新技术的依据
E. 确定工程造价的基础
2. 产品市场调研与需求预测需了解的情况有（　　）。
A. 项目产品在国内外市场的供需情况
B. 项目产品的竞争状况和价格变化趋势
C. 影响市场的因素变化情况
D. 国家相关政策
E. 产品发展前景
3. 建设投资通常可分为（　　）主要部分组成。
A. 工程费用　　B. 成本费用　　C. 流动资金　　D. 工程建设其他费用
E. 预备费
4. 流动资金投资估算的一般方法有（　　）。
A. 单位生产能力估算法　　　　　B. 分项详细估算法
C. 扩大指标估算法　　　　　　　D. 比例估算法
E. 混合法
5. 当用扩大指标估算法估算流动资金时，常采用（　　）为计算基数。
A. 年销售收入　　B. 年经营成本　　C. 年总成本费用
D. 年工资福利费　　E. 年原材料费用
6. 资产负债表中的负债项目按期限可划分为（　　）。
A. 应付账款　　B. 短期负债　　C. 长期借款
D. 长期负债　　E. 流动负债
7. 作为衡量资金时间价值的绝对尺度，利息是指（　　）。
A. 占用资金所付的代价　　　　　B. 放弃使用资金所得的补偿
C. 考虑通货膨胀所得的补偿　　　D. 资金的一种机会成本
E. 投资者的一种收益（投资者的应获得利润）
8. 用于分析项目财务盈利能力的指标有（　　）。
A. 财务内部收益率　　　　　　　B. 财务净现值
C. 投资回收期　　　　　　　　　D. 流动比率

E. 总投资收益率

9. 下列各项中属于现金流入量的有（　　）。

A. 产品销售（营业）收入　　　　B. 回收固定资产余值

C. 罚没收入　　　　　　　　　　D. 回收流动资金

E. 应收账款

10. 在分析中不考虑资金时间价值的财务评价指标有（　　）。

A. 财务内部收益率　　　　　　　B. 总投资收益率

C. 动态投资回收期　　　　　　　D. 财务净现值

E. 资产负债率

三、简答题

1. 可行性研究的编制依据和要求是什么？
2. 建设投资估算时可采用哪些方法？
3. 基本财务报表有哪些？如何填列？
4. 财务评价指标是如何分类的？如何利用各类指标判断项目是否可行？
5. 衡量项目不确定性有哪些方法？各类方法的原理是什么？

四、案例题

某建设项目计算期为20年，各年现金流量（CI−CO）及行业基准收益率 $i_c=10\%$ 的折现系数 $[1/(1+i_c)^{-t}]$ 见表3−18（综合应用案例）。

若该项目在不同收益率（i_n 为12%、15%及20%）情况下，相应的折现系数 $[1/(1-i_n)^t]$ 的数值见表3−21，试根据项目的财务内部收益率（FIRR）判断此项目是否可行。

表3−21　各年现金流量表

年份	1	2	3	4	5	6	7	8	9~20
净现金流量/万元	−180	−250	−150	84	112	150	150	150	12×150
$i=12\%$的折现系数	0.893	0.797	0.712	0.636	0.567	0.507	0.452	0.404	2.497
$i=15\%$的折现系数	0.869	0.756	0.657	0.572	0.497	0.432	0.376	0.327	1.769
$i=18\%$的折现系数	0.847	0.719	0.609	0.518	0.440	0.374	0.318	0.271	1.326
$i=20\%$的折现系数	0.833	0.694	0.578	0.482	0.402	0.335	0.279	0.233	1.030

第3章 决策阶段控制：项目成败的分水岭

工作任务单一　净现值与敏感性分析的应用实训

任务名称	净现值与敏感性分析的应用实训
任务目标	能熟练运用净现值计算公式，准确算出不同方案的净现值，以此判断方案优劣；掌握敏感性分析方法，清晰分辨市场需求波动和原材料价格变化对方案净现值的影响程度；结合概率知识，算出推荐方案的期望净现值，评估项目风险程度；最终从造价控制角度，提出贴合项目实际、切实可行的决策阶段建议。
任务内容	**项目背景** 　　某企业计划新建一条电子产品生产线，项目决策初期有两个方案可供选择。方案一：采用国产先进设备，设备购置及安装费用为800万元，预计年运营成本300万元，生产线寿命期为10年，期末无残值；方案二：引进国外先进设备，设备购置及安装费用为1200万元，预计年运营成本200万元，生产线寿命期为12年，期末无残值。基准收益率为10%。同时，在项目决策过程中，还需考虑市场需求波动、原材料价格变化等因素对项目造价的影响。据市场调研，未来电子产品市场需求有较大不确定性，预计市场需求好的概率为0.6，需求差的概率为0.4；原材料价格上涨概率为0.3，价格下跌概率为0.7。若市场需求好，每年收益可增加100万元；若市场需求差，每年收益减少60万元；原材料价格上涨将使年运营成本增加30万元，价格下跌使年运营成本减少20万元。 **任务** 　　1. 计算两个方案的净现值，并通过净现值法比选推荐方案。 　　2. 分析市场需求波动和原材料价格变化这两个因素对方案净现值的影响，判断哪个因素更敏感。 　　3. 考虑市场需求和原材料价格的概率情况，计算推荐方案的期望净现值，并评估项目的风险程度。 　　4. 基于上述分析，从造价控制角度，为该企业提出项目决策阶段的建议。
任务分配 （由学生填写）	<table><tr><td>小组</td><td>任务分工</td></tr><tr><td></td><td></td></tr><tr><td></td><td></td></tr></table>
任务解决过程 （由学生填写）	

续表

任务小结 （由学生填写）	

任务完成评价

评分表

评价内容	评价标准	自评	小组互评	教师评价		增值评价
	组别：		姓名：	任课教师	企业导师	
职业素养	（1）学习态度积极，能主动思考，能有计划地组织小组成员完成工作任务，有良好的团队合作意识，遵章守纪，计20分； （2）学习态度较积极，能主动思考，能配合小组成员完成工作任务，遵章守纪，计15分； （3）学习态度端正，主动思考能力欠缺能配合小组成员完成工作任务，遵章守纪，计10分； （4）学习态度不端正，不参与团队任务，计0分。					
成果	计算或成果结论（校核、审核）无误，无返工，表格填写规范，设计方案计算准确，字迹工整，如有错误按以下标准扣分，扣完为止。 （1）计算列表按规范编写，正确得10分，每错一处扣2分； （2）方案计算过程中每处错误扣5分。					
综合得分	综合得分＝自评分＊30％＋小组互评分＊40％＋老师评价＊30％					

注：根据各小组的职业素养、成果给出成绩（100分制），本次任务成绩将作为本课程总成绩评定时的依据之一。

日期： 年 月 日

工作任务单二　财务评价指标在项目全周期的综合应用实训

任务名称	财务评价指标在项目全周期的综合应用实训
任务目标	1. 准确运用各类财务评价指标（如净现值、内部收益率、投资回收期、投资利润率等）计算公式，对项目不同阶段的数据进行处理和计算。 2. 对项目全周期财务数据的分析，利用财务评价指标判断项目的盈利能力、偿债能力和财务生存能力。 3. 财务评价指标结果，结合项目实际情况，对项目投资决策、运营管理提出优化建议和风险应对策略。
任务内容	**项目背景** 　　某公司计划投资一个新能源发电项目，项目总投资为5000万元，其中固定资产投资4000万元，流动资金1000万元。项目建设期为2年，运营期为10年。固定资产采用直线法折旧，折旧年限为10年，期末残值率为5%。项目投产初期年发电量为500万度，预计每年发电量以5%的速度递增；发电成本第一年为每度0.3元，以后每年随着设备老化等因素递增0.02元。上网电价为每度0.6元，且在运营期内保持不变。项目运营期每年需支付利息50万元，所得税税率为25%。 **任务** 　　1. 项目的静态投资回收期、动态投资回收期、净现值、内部收益率、投资利润率。 　　2. 项目运营期第3年，由于市场竞争加剧，上网电价下降10%，分析该因素对项目财务评价指标（净现值、内部收益率、投资回收期）的影响。 　　3. 计算结果，评价该项目的盈利能力、偿债能力和财务生存能力，并从财务角度判断项目是否可行。 　　4. 项目可能面临的风险（如电价波动、成本上升等），提出相应的风险应对措施和项目运营管理建议。
任务分配 （由学生填写）	<table><tr><td>小组</td><td>任务分工</td></tr><tr><td></td><td></td></tr><tr><td></td><td></td></tr></table>
任务解决过程 （由学生填写）	
任务小结 （由学生填写）	

续表

任务完成评价						
评分表						
组别： 姓名：						
评价内容	评价标准	自评	小组互评	教师评价		
				任课教师	企业导师	增值评价
技能素养	（1）学习态度积极，能主动思考，能有计划地组织小组成员完成工作任务，有良好的团队合作意识，遵章守纪，计20分； （2）学习态度较积极，能主动思考，能配合小组成员完成工作任务，遵章守纪，计15分； （3）学习态度端正，主动思考能力欠缺能配合小组成员完成工作任务，遵章守纪，计10分； （4）学习态度不端正，不参与团队任务，计0分。					
成果	计算或成果结论（校核、审核）无误，无返工，表格填写规范，设计方案计算准确，字迹工整，如有错误按以下标准扣分，扣完为止。 （1）计算列表按规范编写，正确得10分，每错一处扣2分； （2）方案计算过程中每处错误扣5分。					
综合得分	综合得分＝自评分＊30％＋小组互评分＊40％＋老师评价分＊30％					

注：根据各小组的职业素养、成果给出成绩（100分制），本次任务成绩将作为本课程总成绩评定时的依据之一。

日期： 年 月 日

第 4 章　设计阶段控制：精打细算的设计之道

思维导图

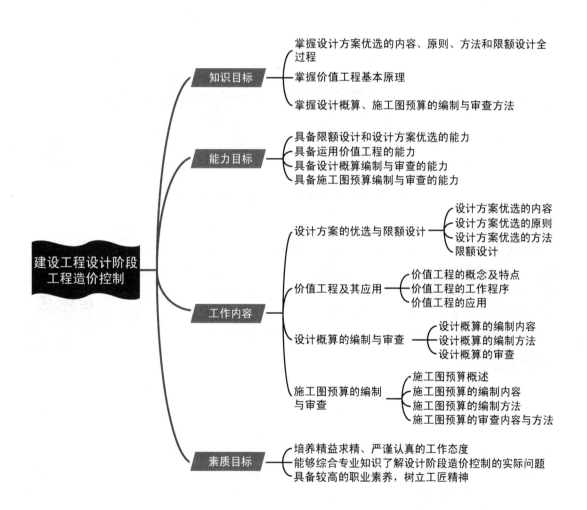

引例

　　工程项目建设是一项复杂而长期的系统工程，需要经历多个阶段才能最终完成。实践表明，影响项目投资最大的阶段是在项目开工之前的设计阶段，如图4.1所示。因此，在项目做出投资决策后，设计方案的优选便成为影响项目成败的关键因素。

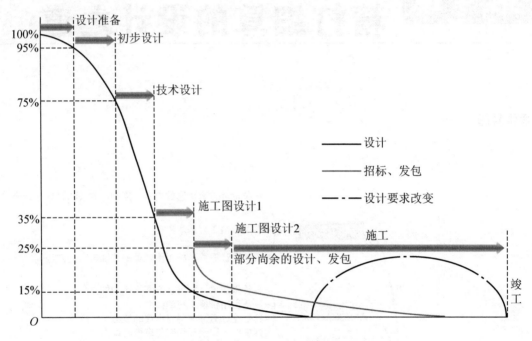

图4.1　不同阶段造价控制对投资的影响程度

　　然而，大多数企业仅重视施工阶段的控制，而忽视了设计阶段。项目做出决策后，对同一个项目，可以有不同的设计方案，也对应会有不同的造价，从而取得不同的经济效益；假如能够通过分析，从中选出最优的设计方案，必定能够取得良好的社会效益和经济效益。那么，如何进行方案选择？需要从哪些方面来评价方案的好坏？优选方案需要经历哪些阶段？其评价的准则又是什么呢？在学习本章内容时需认真思考。

北京冬奥会国家速滑馆"冰丝带"

素养拓新

　　北京冬奥会国家速滑馆"冰丝带"、国家游泳中心冰壶赛场"冰立方"的总设计师是郑方。在郑方心中，用"科技、智慧、绿色、节俭"这四个词去概括"冰丝带"最为贴切。5年里，设计和科研团队一直秉承"绿色办奥"理念，"冰丝带"采用了先进的二氧化碳跨临界直冷制冰技术，使碳排放接近零。"水立方"是为2008年北京夏季奥运会设计的水上运动场馆，2022年北京冬奥会本着可持续利用的理念，"水立方"摇身一变成了"冰立方"。设计团队与科学家们通过创新手段，采用可移动拆装的制冰系统、可转换的场景和智慧场馆设计，在保留游泳场馆功能的基础上又增加了冬季项目的应用，使场馆的利用价值最大化。冬奥场馆的设计，最大限度地节约了造价，对可持续发展起到了推动作用，对环境的影响降到了最低。

第4章 设计阶段控制：精打细算的设计之道

"设计上的节约是最大的节约，设计上的浪费是最大的浪费。"据不完全统计，在造成工程质量事故的众多原因中，设计责任占40.1%，居第一位。不少建筑产品由于缺乏优化设计，出现功能设置不合理，影响正常使用。如专业设计之间相互矛盾，造成施工返工、停工的现象，甚至造成质量缺陷和安全隐患，给国家和人民带来巨大损失，以及投资的极大浪费。

党的二十大报告指出，完善支持绿色发展的财税、金融、投资、价格政策和标准体系，发展绿色低碳产业，健全资源环境要素市场化配置体系，加快节能降碳先进技术研发和推广应用，倡导绿色消费，推动形成绿色低碳的生产方式和生活方式。

在设计阶段，我们倡导节能、环保、低碳、节约、创新的设计理念，采用限额设计能够有效地控制造价，强化设计人员的工程造价意识，服从于国家生态文明建设大局。在设计中，我们既要反对片面强调节约，忽视技术上的合理要求，使项目无法实现必要功能，又要反对过分重视技术，设计方案造价高、资金浪费的现象。

4.1 设计方案优选与限额设计解析

设计阶段是分析处理工程技术与经济关系的关键环节，也是有效控制工程造价的重要阶段。在工程设计阶段，工程造价管理人员需要密切配合设计人员进行限额设计，处理好工程技术先进性与经济合理性之间的关系。在初步设计阶段，要按照可行性研究报告及投资估算进行多方案的技术经济分析比较，确定初步设计方案，审查工程概算；在施工图设计阶段，要按照审批的初步设计内容、范围和概算进行技术经济评价与分析，提出设计优化建议，确定施工图设计方案，审查施工图预算。

设计阶段工程造价控制的主要方法是通过多方案技术经济分析，优化设计方案，选用适宜方法审查工程概预算。同时，通过推行限额设计和标准化设计，有效控制工程造价。

4.1.1 设计方案优选的内容

工程设计的方针、要求和原则决定了设计方案优选的内容，设计方案优选应根据这些内容确定具体的优选指标和标准。

1. 民用建筑设计方案优选的内容

民用建筑设计应符合适用、经济、绿色、美观的建筑方针，满足安全、卫生、环保等基本要求，除应执行国家有关法律、法规、标准外，还应符合下列规定。

（1）按可持续发展的原则，正确处理人、建筑和环境的相互关系。
（2）必须保护生态环境，防止污染和破坏环境。
（3）以人为本，满足人们物质与精神的需求。
（4）贯彻节约用地、节约能源、节约用水和节约原材料的基本国策。
（5）满足当地城乡规划的要求，并与周围环境相协调。宜体现地域文化、时代特色。
（6）建筑和环境应综合采取防火、抗震、防洪、防空、抗风雪和雷击等防灾安全措施。

(7) 在室内外环境中提供无障碍设施，方便行动有障碍的人士使用。

(8) 涉及历史文化名城名镇名村、历史文化街区、文物保护单位、历史建筑和风景名胜区、自然保护区的各项建设，应符合相关保护规划的规定。

✓ 证书在线 4-1

在满足住宅功能和质量的前提下，下列设计方法中，可降低单位建筑面积造价的是（　　）。（2019 年真题）

A. 增加住宅层高　　　　　　　　　B. 分散布置公共设施
C. 增大墙体面积　　　　　　　　　D. 减少结构面积系数

【解析】结构面积系数（住宅结构面积与建筑面积之比）越小，有效面积越大，设计方案越经济。

【本题答案】D

2. 工业建筑设计方案优选的内容

工业建筑种类繁多，要求各不相同。但归纳起来，工业建筑设计的要求体现在以下 6 个方面，是设计方案优选内容的基本指向。

(1) 生产工艺。确定工业建筑设计方案的基本出发点是工业建筑的设计要满足生产工艺要求，主要分为两个方面：①流程，主要影响各个部门的平面次序、各个工段相互之间的联系；②运输方式和工具，与建筑厂房的经济效果、平面设计、结构类型密切相关。

(2) 建筑技术。工业建筑设计方案不仅要求其适用性、坚固和耐用性在一定程度上能够符合工业建筑的标准使用年限和工业建筑本身拥有改建、扩大和通用型的可行性，而且应该遵守相关制度规定。

(3) 建筑经济。工业建筑的设计方案应尽可能多地使用联合厂房和正确确定工业建筑的层数，尽可能降低和减少工业建筑在材料上的耗损和浪费，尽可能多地采用合理配套、科学先进的建筑结构体系和建筑物施工方案。同时，为了扩大其使用面积，可以适度地减少一定的结构面积。总平面布置应以生产工艺流程为依据，按照经济性原则，确定全厂用地的选址和分区、工厂总体平面布局和竖向设计，以及公用设施的配置、运输道路和管道网路的分布等。

(4) 卫生和安全。在进行工业建筑设计的过程中要确保工业建筑具有充足的通风条件和相关的采光设施，具有能够有效排除生产废弃、有害气体及余热的相关设备，具有能够达到净化空气、消声隔声及隔离目标的物质设备，尽可能使室内外保持空气清新、环境优美。

(5) 结构形式。一般工业建筑的结构形式选择主要是根据生产工艺的材料、施工环境、施工要求予以抉择的。为了缩短工业建筑的工期，降低成本，获得最大的经济效益，最好选用工业化的体系建筑。

(6) 节能和绿色设计。工业绿色设计核心是"3R1D"，即低消耗（Reduce）、可回收（Recycle）、再利用（Reuse）、可降解（Degradable）。不仅要减少物质和能源的消耗，减少有害物质的排放，而且要使产品及零部件能够方便地分类回收并再生循环或重新利用。工业建筑设计应配合工业绿色设计的要求，从建筑与建筑热工、供暖通风空调与给水排水、电气、能量回收与可再生能源利用等专业满足节能设计要求。

第4章 设计阶段控制：精打细算的设计之道

> **特别提示**
>
> 在建设工程实施的各个阶段中，设计阶段是建设工程目标控制全过程中的主要阶段。因此，正确认识设计阶段的特点，对于准确地控制工程造价有十分重要的意义。
> (1) 设计工作表现为创造性的脑力劳动。
> (2) 设计阶段是决定建设工程价值和使用价值的主要阶段。
> (3) 设计阶段是影响建设工程投资的关键阶段。
> (4) 设计工作需要反复协调。
> (5) 设计质量对建设工程总体质量有决定性影响。

4.1.2 设计方案优选的原则

为了提高工程建设投资效果，从选择建设场地和工程总平面布置开始，直到最后结构零件的设计，都应进行多方案比选。由于设计方案的经济效果不仅取决于技术条件，而且受不同地区的自然条件和社会条件的影响，因此设计方案优选时须结合当时当地的实际条件，选取功能完善、技术先进、经济合理的最佳设计方案。设计方案优选应遵循以下原则。

(1) 设计方案必须处理好经济合理性与技术先进性之间的关系。经济合理性要求工程造价尽可能低，如果一味地追求经济效益，可能会导致项目功能水平偏低，无法满足使用者的要求；技术先进性追求技术的尽善尽美，如果一味追求项目功能水平先进，很可能会导致工程造价偏高。因此，经济合理性与技术先进性是一对矛盾的主体，设计者应妥善处理好二者的关系。一般应在满足使用者要求的前提下尽可能降低工程造价。但如果资金有限制，也可以在资金限制范围内，尽可能提高项目功能水平。

(2) 设计方案必须兼顾建设与使用，并考虑项目全寿命费用。工程在建设过程中，控制造价是一个非常重要的目标。造价水平的变化会影响项目未来的使用成本。但如果单纯降低造价，则使建造质量得不到保障，就会导致使用过程中的维修费用增加，甚至有可能发生重大事故，给社会财产和人民安全带来严重损害。一般情况下，工程造价、使用成本与项目功能水平之间的关系如图4.2所示。在设计过程中应兼顾建设过程和使用过程，力求项目全寿命费用最低。

(3) 设计必须兼顾近期与远期的要求。一项工程建成后，往往会在很长时间内发挥作用。如果按照目前的要求设计工程，在不远的将来，可能会出现由于项目功能水平无法满足需要而重新建造的情况；但是如果按照未来的需要设计工程，又会出现由于功能水平过高而资源闲置浪费的现象。所以设计者要兼顾近期和远期的要求，选择项目合理的功能水平。

4.1.3 设计方案优选的方法

设计方案评价的基本方法包括定量评价法和定性评价法，应根据设计方案优选内容的不同，采用不同的评价方法，在各项内容分别评价的基础上，进行综合评价。

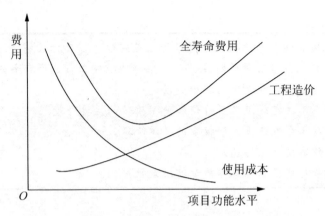

图 4.2　工程造价、使用成本与项目功能水平之间的关系

1. 定量评价法

定量评价法是指采用数学的方法，收集和处理数据资料，对评价对象做出定量结果的价值判断。

定量评价法具有客观化、标准化、精确化、定量化、简便化等鲜明的特征。其目的是把握事物量的规定性，客观简洁地揭示被评价对象重要的可测特征。其基本步骤如下。

（1）对数据资料进行统计分类，描述数据分布的形态和特征；
（2）通过统计检验、解释和鉴别评价的结果；
（3）估计总体参数，从样本推断总体的情况；
（4）进行相关分析，了解各因素之间的联系；
（5）进行因素分析和路径分析，揭示本质联系；
（6）对定量分析的客观性、有效性和可靠性进行评价。

设计方案优选中，定量评价的具体方法包括方案经济效果评价方法、费用效益分析方法等。

2. 定性评价法

定性评价法是用语言描述形式以及哲学思辨、逻辑分析揭示被评价对象特征的信息分析和处理的方法。其目的是把握事物的本质特性，形成对被评价对象完整的看法。根据评价者对评价对象的表现、现实和状态或根据文献资料的观察和分析，直接对评价对象做出定性结论的价值判断，如评出等级、写出评语、排出优劣顺序等。定性评价法是利用评价者的知识、经验和判断，对评价对象进行评审和比较的评标方法。其基本步骤如下。

（1）确定定性分析的目标以及分析材料的范围；
（2）对资料进行初步的检验分析；
（3）选择恰当的方法和确定分析的维度；
（4）对资料进行归类分析；
（5）对定性分析结果的客观性、效度和信度进行评价。

设计方案综合评价常用的定性方法有专家意见法、用户意见法等。为进行设计方案的综合评价及多方案的比选，宜采用数学处理方法对定性评价所得的结果进行量化处理，即定性评价定量化。

3. 综合评价

定量分析法和定性分析法这两种方法各有所长，两者是优势互补的。在分析评价时，评价者应当根据评价信息的特性和其他因素选择最合适的方法。如果评价信息主要用于帮助被评价者改进工作，则定性分析法比定量分析法更有价值；而当评价的主要目的是比较、评比时，则定量分析法更为适合。因此，评价者应当尽可能地结合使用两种方法，从质和量两个方面把握评价对象的本质特性，在此基础上做出符合实际的综合判断。

> **特别提示**
>
> 不论是对设计方案"安全、适用、经济、美观"中的某一方面进行评价，还是进行综合评价，评价指标和方法的选取均应围绕技术可行性、经济可行性、社会环境影响等展开。技术可行性方面，应分析和研究方案能否满足所要求的功能（如适用性、安全性、美观性等要求）及其本身在技术上能否实现；经济可行性方面，应分析和研究实现安全、适用、美观等的经济制约，以及实现目标成本的可能性；社会环境影响方面，主要研究和分析方案给国家和社会带来的影响。

对设计方案进行综合评价时，可以在定性评价定量化的基础上进行综合评价，也可以在对定性评价结果和定量评价指标综合权衡的基础上，由决策者确定各设计方案的优劣。用于方案综合评价的方法有很多，常用的定性评价法有德尔菲（Delphi）法、优缺点列举法等；常用的定量评价法有直接评分法、加权评分法、比较价值评分法、环比评分法、强制评分法、几何平均值评分法等。下面介绍优缺点列举法、直接评分法和加权评分法。

（1）优缺点列举法。优缺点列举法是把每一个方案在技术上、经济上的优缺点详细列出，进行综合分析，并对优缺点做进一步调查，用淘汰法逐步缩小考虑范围，从范围不断缩小的过程中找出最后的结论。

（2）直接评分法。直接评分法是根据各种方案能够达到各项功能要求的程度，按10分制（或100分制）评分，然后算出每个方案达到功能要求的总分，比较各方案总分，做出采纳、保管、舍弃的决定，再对采纳、保留的方案进行成本比较，最后确定最优方案。

（3）加权评分法。加权评分法又称矩阵评分法。这种方法是将纳入评价的各种因素，根据要求的不同进行加权计算，权数大小应根据它在方案中所处的地位来确定，算出综合分数，选择最优方案。加权评分法主要包括以下步骤：①确定评价项目及其权重系数；②根据各方案对各评价项目的满足程度进行评分；③计算各方案的评分权数和；④计算各方案的综合得分，以较大分数的为优。

设计方案经过评价，不能满足要求的就淘汰，有价值的就保留并进行抉择。

4.1.4 限额设计

1. 限额设计的概念

限额设计就是按照批准的可行性研究报告及投资估算控制初步设计，按照批准的初步设计总概算控制技术设计和施工图设计，同时各专业在保证达到使用功能的前提下，按分配的投资限额控制设计,严格控制不合理变更,保证总投资额不被突破。投资分解和工程量控制是实行限额设计的有效途径和主要方法。

2. 限额设计的意义

(1) 限额设计是控制工程造价的重要手段,是按上一阶段批准的投资来控制下一阶段的设计,在设计中以控制工程量与设计标准为主要内容,用以克服"三超"现象。

(2) 限额设计有利于处理好技术与经济的对立统一关系,提高设计质量。限额设计并不是一味考虑节约投资,也绝不是简单地将投资砍一刀,而是包含了尊重科学、尊重实际、实事求是、精心设计和保证科学性的实际内容。

(3) 限额设计有利于强化设计人员的工程造价意识,使设计人员重视工程造价。

(4) 限额设计能扭转设计概预算本身的失控现象。限额设计在设计院内部可促使设计与概预算形成有机的整体。

3. 限额设计的目标

1) 限额设计目标的确定

限额设计目标是在初步设计开始前根据批准的可行性研究报告及其投资估算额而确定的。限额设计指标经项目经理或总设计师提出,经主管院长审批下达。其总额度一般只下达直接工程费的90%,项目经理或总设计师和室主任留有一定的调节指标,限额指标用完后,必须经批准才能调整。专业之间或专业内部节约下来的单项费用未经批准不能相互调用。

2) 采用优化设计确保限额目标的实现

优化设计是以系统工程理论为基础,应用现代数学方法对工程设计方案、设备选型、参数匹配、效益分析等方面进行最优化的设计方法,它是控制投资的重要措施。在进行优化设计时,必须根据问题的性质选择不同的优化方法。一般来说,对于一些确定性问题,如投资、资源消耗、时间等有关条件已确定的,可采用线性规划、非线性规划、动态规划等理论和方法进行优化;对于一些非确定性问题,可以采用排队论、对策论等方法进行优化;对于涉及流量的问题,可以采用网络理论进行优化。

  证书在线 4-2

限额设计中,造价控制目标分解的合理步骤是( )。(2024 年真题)

A. 投资限额、各专业设计限额、各专业设计人员目标

B. 投资限额、各专业设计人员目标、各专业设计限额

C. 各专业设计限额、各专业设计人员目标、设计概算

D. 各专业设计人员目标、各专业设计限额、设计概算

【解析】选项 A 符合从整体到局部的分解逻辑的;选项 B 直接将投资限额分解到设计人员而没有先考虑各专业的限额,会导致设计人员在设计过程中缺乏对专业整体预算的把控,容易出现超支的情况;选项 C 限额设计的起点应该是项目的整体投资限额,而不是直接从专业限额开始;选项 D 限额设计的起点应该是项目的整体投资限额,而不是直接从设计人员的目标开始。

【本题答案】A

4. 限额设计的全过程

（1）在设计任务书批准的投资限额内进一步落实投资限额。初步设计是方案比较优选的结果，是项目投资估算的进一步具体化。在初步设计开始时，将设计任务书的设计原则、建设方针和各项控制经济指标告知设计人员，对关键设备、工艺流程、总图方案、主要建筑和各种费用指标要提出技术经济方案选择，研究实现设计任务书中投资限额的可能性，特别注意对投资有较大影响的因素。

（2）将施工图预算严格控制在批准的概算以内。设计单位的最终产品是施工图设计，它是工程建设的依据。设计部门在进行施工图设计的过程中，要随时控制造价、调整设计。从设计部门发出的施工图，要求其造价严格控制在批准的概算以内。

（3）加强设计变更管理工作。在初步设计阶段由于外部条件的制约和人们主观认识的局限，往往会造成施工图设计阶段甚至施工过程中的局部修改和变更，这是使设计、建设更趋完善的正常现象，由此会引起已经确认的概算价格发生变化，这种变化在一定范围内是允许的，但必须经过核算和调整。如果施工图设计变化涉及建设规模、产品方案、工艺流程或设计方案的重大变更而使原初步设计失去指导施工图设计的意义，则必须重新编制或修改初步设计文件并重新报原审查单位审批。对于非发生不可的设计变更应尽量提前进行，以减少变更对工程造成的损失；对影响工程造价的重大设计变更，则要采取先算账后变更的办法以使工程造价得到有效控制。

> **特别提示**
>
> 限额设计必须贯穿于设计的各个阶段，实现限额设计的投资纵向控制。

4.2 价值工程原理与工程应用分析

4.2.1 价值工程

1. 价值工程的概念及特点

1）价值工程的概念

价值工程（Value Engineering，VE）是以提高产品或作业价值为目的，通过有组织的创造性工作，寻求用最低的寿命周期成本，可靠地实现使用者所需功能的一种管理技术。价值工程中所述的"价值"是指作为某种产品或作业所具有的功能与获得该功能的全部费用的比值。它不是对象的使用价值，也不是对象的经济价值和交换价值，而是对象的比较价值，是作为评价事物有效程度的一种尺度提出来的。这种关系可用数学公式表示为

$$V = F/C \tag{4.1}$$

式中　V——研究对象的价值；

　　　F——研究对象的功能；

　　　C——研究对象的成本，即寿命周期成本。

> **特别提示**
>
> 提高价值的途径有以下5种。
> (1) 在提高功能水平的同时，降低成本。
> (2) 在保持成本不变的情况下，提高功能水平。
> (3) 在保持功能水平不变的情况下，降低成本。
> (4) 功能水平大幅度提高，成本稍有增加。
> (5) 功能水平稍有下降，成本大幅度下降。

2) 价值工程的特点

(1) 价值工程的目标是以最低的寿命周期成本，实现产品必须具备的功能，简言之就是提高对象的价值。产品的寿命周期成本由生产成本和使用成本组成。产品生产成本是指用户购买产品的费用，包括产品的科研、实验、设计、试制、生产、销售等费用及税收和利润等；而产品使用成本是指用户在使用过程中支付的各种费用的总和，它包括使用过程中的能耗费用、维修费用、人工费用、管理费用等，有时还包括报废拆除所需费用（扣除残值）。

(2) 价值工程的核心是对产品进行功能分析。价值工程中的功能是指对象能够满足某种要求的一种属性，具体讲，功能就是效用。如住宅的功能是提供居住空间，建筑物基础的功能是承受荷载，施工机具的功能是有效地完成施工生产任务，等等。用户向生产企业购买产品，是要求生产企业提供这种产品的功能，而不是产品的具体结构（或零部件）。企业生产的目的，也是通过生产获得用户所期望的功能，如提供居住空间的住宅是目的，而建筑结构等是实现功能的手段。目的是主要的，手段可以广泛地选择。

(3) 价值工程将产品价值、功能和成本作为一个整体同时考虑。也就是说，价值工程中对价值、功能、成本的考虑，不是片面和孤立的，而是在确保产品功能的基础上综合考虑生产成本和使用成本，兼顾生产企业和用户的利益，从而创造出总体价值最高的产品。

(4) 价值工程强调不断改革和创新，开拓新构思和新途径，获得新方案，创造新功能载体，从而简化产品结构、节约原材料、节约能源、绿色环保、提高产品的技术经济效益。因此，开展价值工程，要组织科研、设计、制造、管理、采购、供销、财务等各方面有经验的人员参加，组成一个智力结构合理的集体，发挥各方面、各环节人员的知识、经验和积极性，博采众长地进行产品设计，以达到提高产品价值的目的。

证书在线 4-3

在价值工程中，提高价值的途径包括（　　）。(2024年真题)

A. 提高功能，降低成本 　　B. 功能不变，降低成本
C. 功能不变，提高成本 　　D. 功能降低，成本降低
E. 功能提高，成本不变

【解析】A选项提高功能的同时降低成本，这是提高价值的最佳途径。B选项功能不变，降低成本，直接提高了价值系数。C选项功能不变，提高成本，会降低价值系数。D选项功能降低，成本降低，虽然成本降低了，但功能也降低了，不一定能提高价值。E选项功能提高，成本不变，会提高价值系数。

【本题答案】 ABE

2. 价值工程的工作程序

价值工程的工作程序一般可分为准备阶段、分析阶段、创新阶段、实施与评价阶段 4 个阶段。其工作步骤实质上就是针对产品功能和成本提出问题、分析问题和解决问题的过程，见表 4-1。

表 4-1 价值工程工作程序

工作阶段	工作步骤	对应问题
一、准备阶段	(1) 对象选择 (2) 组成价值工程工作小组 (3) 制订工作计划	(1) 价值工程的研究对象是什么？ (2) 围绕价值工程对象需要做哪些准备工作？
二、分析阶段	(1) 收集整理资料 (2) 功能定义 (3) 功能整理 (4) 功能评价	(1) 价值工程对象的功能是什么？ (2) 价值工程对象的成本是什么？ (3) 价值工程对象的价值是什么？
三、创新阶段	(1) 方案创造 (2) 方案评价 (3) 提案编写	(1) 有无其他方法可以实现同样的功能？ (2) 新方案的成本是什么？ (3) 新方案能满足要求吗？
四、实施与评价阶段	(1) 方案审批 (2) 方案实施 (3) 成果评价	(1) 如何保证新方案的实施？ (2) 价值工程活动的效果如何？

4.2.2 价值工程的应用

从价值工程方法及其特点可以看出，价值工程不是简单的经济评价，也不是降低成本的方法，它是一种在满足功能要求前提下，寻求寿命周期成本最低，即"价值"最高的一种综合管理技术。因此价值工程应用主要体现在两个方面：一是应用于方案的评价，既可以在多方案中选择价值较高的较优方案，也可以选择价值较低的方案作为改进的对象；二是通过价值工程系统过程活动，寻求提高产品或对象价值的途径，这也是价值工程应用的重点。总之，在产品形成的各个阶段都可以应用价值工程提高产品的价值。

1. 价值工程在设计阶段的运用

在项目设计中组织价值工程工作小组，从分析功能入手设计项目的多种方案，以此选出最优方案。

(1) 在项目设计阶段开展价值分析最为有效，因为成本降低的潜力是在设计阶段。

(2) 设计与施工过程的一次性比重大。建筑产品具有固定性的特点，工程项目从设计到施工是一次性的单件生产，因而耗资巨大的项目更应开展价值分析，以节约投资金额。

(3) 影响项目总费用的部门多。进行任何一项工程的价值分析，都需要组织各有关方面参加，发挥集体的智慧才能取得成效。

(4) 项目设计是决定建筑物使用性质、建筑标准、平面和空间布局的工作。建筑物的寿命周期越长，使用期间费用越大。所以在进行价值分析时，应按整个寿命周期来计算全部费用，既要求降低一次性投资，又要求在使用过程中节约经常性费用。

2. 价值工程在新建项目设计方案优选中的应用

在新建项目设计中应用价值工程与一般工业产品中应用价值工程略有不同，因为建设项目具有单件性和一次性的特点。整个设计方案就可以作为价值工程的研究对象。在设计阶段实施价值工程的步骤一般如下。

(1) 功能分析。建筑功能是指建筑产品满足社会需要的各种性能的总和。不同的建筑产品有不同的使用功能，它们通过一系列建筑因素体现出来，反映建筑物的使用要求。例如，工业厂房要能满足生产一定工业产品的要求，提供适宜的生产环境，既要考虑设备布置、安装需要的场地和条件，又要考虑必需的采暖、照明、给排水、隔音消声等，以利于生产的顺利进行。建筑产品的功能一般分为社会性功能、适用性功能、技术性功能、物理性功能和美学功能5类。功能分析首先应明确项目各类功能具体有哪些，哪些是主要功能，并对功能进行定义和整理，绘制功能系统图。

(2) 功能评价。功能评价主要是比较各项功能的重要程度，用0～1评分法、0～4评分法、环比评分法等方法计算各项功能的功能评价系数，作为该功能的重要度权数。

知识链接

0～1评分法、0～4评分法的使用方法

(1) 0～1评分法。

0～1评分法是一定数量的专业人员（一般为5～15名对产品熟悉的人员）参加的对产品功能的评价。按照功能重要程度一一对比打分，重要的打1分，相对不重要的打0分，如表4-2所示。在表4-2中，要分析的对象（零部件）自己与自己相比不得分，打"×"表示。最后，根据每个参与人员选择该零部件得到的功能重要性系数W，可以得到该零部件的功能性重要性系数平均值$\overline{W}$

$$\overline{W} = \frac{\sum_{i=1}^{k} W_i}{k} \tag{4.2}$$

式中：k——参加功能评价的人数。

为了避免不重要的功能得0分，可将各功能总分加1分进行修正，用各零部件修正后的得分分别除以修正累计得分即得到功能重要性系数。

表4-2 功能重要性系数计算表

零部件	功能得分					功能总分	修正得分	功能重要性系数
	A	B	C	D	E			
A	×	1	1	0	1	3	4	0.267
B	0	×	1	0	1	2	3	0.200
C	0	0	×	0	1	1	2	0.133

第4章 设计阶段控制：精打细算的设计之道

续表

零部件	功能得分					功能总分	修正得分	功能重要性系数
	A	B	C	D	E			
D	1	1	1	×	1	4	5	0.333
E	0	0	0	0	×	0	1	0.067
合计						10	15	1.00

（2）0~4评分法

将各功能一一对比，很重要的功能因素得4分，很不重要的得0分；较重要的功能因素得3分，较不重要的得1分；同样重要或基本同样重要时，则两个功能因素各得2分，要分析的对象（零部件）自己与自己相比不得分，打"×"表示。

（3）方案创新。根据功能分析的结果，提出各种实现功能的方案。

（4）方案评价。对第3步方案创新提出的各种方案对各项功能的满足程度打分；然后以功能评价系数作为权数计算各方案的功能评价得分；最后再计算各方案的价值系数，以价值系数最大者为最优。

✅ 技能在线 4-1

【背景资料】某开发公司的公寓建设工程，有A、B、C、D 4个设计方案，经过有关专家对上述方案进行技术经济分析和论证，得到如下资料（表4-3和表4-4），试运用价值工程方法选优。

表4-3 功能重要性评分表（0~4评分法）

方案功能	功能重要性得分				
	F_1	F_2	F_3	F_4	F_5
F_1	×	4	2	3	1
F_2	0	×	0	1	0
F_3	2	4	×	3	1
F_4	1	3	1	×	0
F_5	3	4	3	4	×

表4-4 方案功能得分及单方造价

方案	方案功能得分					单方造价/(元/m²)
	F_1	F_2	F_3	F_4	F_5	
A	9	10	9	8	9	1420.00
B	10	10	9	8	7	1230.00
C	9	8	10	8	9	1150.00
D	8	9	9	7	6	1360.00

【技能分析】 价值工程原理表明，对整个功能领域进行分析和改善比对单个功能进行分析和改善的效果好，上述四个设计方案各有其优点，如何取舍，可以利用价值工程原理对各个方案进行优化选择，其基本步骤如下。

(1) 计算各方案的功能重要性系数。

F_1 得分 = 4+2+3+1=10，功能重要性系数 = 10/40 = 0.250

F_2 得分 = 0+0+1+0=1，功能重要性系数 = 1/40 = 0.025

F_3 得分 = 2+4+3+1=10，功能重要性系数 = 10/40 = 0.250

F_4 得分 = 1+1+3+0=5，功能重要性系数 = 5/40 = 0.125

F_5 得分 = 3+4+3+4=14，功能重要性系数 = 14/40 = 0.350

总得分 = 10+1+10+5+14=40

(2) 计算功能系数。

$\Phi_A = 9 \times 0.250 + 10 \times 0.025 + 9 \times 0.250 + 8 \times 0.125 + 9 \times 0.350 = 8.90$

$\Phi_B = 10 \times 0.250 + 10 \times 0.025 + 9 \times 0.250 + 8 \times 0.125 + 7 \times 0.350 = 8.45$

$\Phi_C = 9 \times 0.250 + 8 \times 0.025 + 10 \times 0.250 + 8 \times 0.125 + 9 \times 0.350 = 9.10$

$\Phi_D = 8 \times 0.250 + 9 \times 0.025 + 9 \times 0.250 + 7 \times 0.125 + 6 \times 0.350 = 7.45$

总得分 = 8.90+8.45+9.10+7.45=33.90

功能系数计算。

$F_A = 8.90/33.90 \approx 0.263$

$F_B = 8.45/33.90 \approx 0.249$

$F_C = 9.10/33.90 \approx 0.268$

$F_D = 7.45/33.90 \approx 0.220$

(3) 计算成本系数。

$C_A = 1420.00/5160.00 \approx 0.275$

$C_B = 1230.00/5160.00 \approx 0.238$

$C_C = 1150.00/5160.00 \approx 0.223$

$C_D = 1360.00/5160.00 \approx 0.264$

(4) 计算价值系数。

$V_A = F_A/C_A = 0.263/0.275 \approx 0.956$

$V_B = F_B/C_B = 0.249/0.238 \approx 1.046$

$V_C = F_C/C_C = 0.268/0.223 \approx 1.202$

$V_D = F_D/C_D = 0.220/0.264 \approx 0.833$

(5) 判断优选方案。

A、B、C、D方案中以C方案的价值系数最高，为最优方案。

3. 价值工程在设计阶段工程造价控制中的应用

利用价值工程控制设计阶段工程造价有以下步骤。

(1) 对象选择。在设计阶段，应用价值工程控制工程造价应以对控制造价影响较大的项目作为价值工程的研究对象。因此可以应用ABC分析法将设计方案的成本分解并分成A、B、C共3类，其中A类以成本比重大、品种数量少作为实施价值工程的重点。

(2) 功能分析。分析研究对象具有哪些功能，各项功能之间的关系如何。

(3) 功能评价。评价各项功能，确定功能评价系数，并计算实现各项功能的现实成本是多少，从而计算各项功能的价值系数。价值系数小于1的，应该在功能水平不变的条件下降低成本，或在成本不变的条件下提高功能水平。价值系数大于1的，如果是重要的功能，则应该提高成本，以保证重要功能的实现；如果该项功能不重要，则可以不做改变。

(4) 分配目标成本。根据限额设计的要求，确定研究对象的目标成本，并以功能评价系数为基础，将目标成本分摊到各项功能上，与各项功能的现实成本进行对比，确定成本改进期望值。成本改进期望值大的，应优先重点改进。

(5) 方案创新及评价。根据价值分析结果及目标成本分配结果的要求提出各种方案，并用加权评分法选出最优方案，使设计方案更加合理。

 技能在线 4-2

【背景资料】某房地产开发公司拟用大模板工艺建造一批高层住宅，设计方案完成后造价超标，欲运用价值工程降低工程造价。

【技能分析】(1) 对象选择：通过分析其造价构成，发现结构造价占土建工程的70%，而外墙造价又占结构造价的1/3，并且外墙体积在结构混凝土总量中只占1/4。从造价构成上看，外墙是降低工程造价的主要矛盾，应作为实施价值工程的重点。

(2) 功能分析：通过调研和功能分析，了解到外墙的功能主要是抵抗横向受力（F_1）、挡风防雨（F_2）、隔热防寒（F_3）等。

(3) 功能评价：目前该设计方案中使用的是长330cm、高290cm、厚28cm、重约4t的钢筋混凝土墙板，造价345元，其中抵抗横向受力功能的成本占60%，挡风防雨功能的成本占16%，隔热防寒功能的成本占24%。这3项功能的重要程度比为$F_1 : F_2 : F_3 = 6 : 1 : 3$，各项功能的价值系数计算结果见表4-5和表4-6。

表4-5 功能评价系数计算结果

功能	重要度比	得分	功能评价系数
F_1	$F_1 : F_2 = 6 : 1$	2	0.6
F_2	$F_2 : F_3 = 1 : 3$	1/3	0.1
F_3		1	0.3
合计		10/3	1.0

表4-6 各项功能价值系数计算结果

功能	功能评价系数	成本指数	价值系数
F_1	0.6	0.60	1
F_2	0.1	0.16	0.625
F_3	0.3	0.24	1.25

由上表计算结果可知，抵抗横向受力功能与成本匹配较好；挡风防雨功能不太重要，但是成本比重偏高，应降低成本；隔热防寒功能比较重要，但是成本比重偏低，应适当增

加成本，假设相同面积的墙板，根据限额设计的要求，目标成本是 320 元，则各项功能的成本改进期望值计算结果见表 4-7。

表 4-7 目标成本的分配及成本改进期望值的计算

功能	功能评价系数 (1)	成本指数 (2)	目前成本 (3)=345×(2)	目标成本 (4)=320×(1)	成本改进期望值 (5)=(3)-(4)
F_1	0.6	0.6	207	192	15
F_2	0.1	0.16	55.2	32	23.2
F_3	0.3	0.24	82.8	96	-13.2

由以上计算结果可知，应优先降低 F_2 的成本，其次降低是 F_1 的成本，最后适当增加 F_3 的成本，即优先降低挡风防雨功能的成本，其次降低抵抗横向受力功能的成本，最后适当增加隔热防寒功能的成本。

素养拓新

"2015 第三届价值工程与项目管理国际会议"由北京价值工程学会主办，北京航空航天大学经济管理学院承办。协作单位包括中国科学院大学、美国价值工程师协会、日本价值工程协会、韩国价值工程师协会等 25 个单位。会议主题为新常态下的价值优化与驱动创新。

价值工程从技术和经济两方面相结合的角度研究如何提高产品、系统或者服务的价值，降低其全寿命周期成本以取得良好的技术经济效果，是一种符合客观实际的、谋求最佳技术经济效益的有效方法。项目管理是为完成特定任务、目标，控制资源的过程活动，在有限的资源约束下，运用系统的观点、方法、理论和价值工程的价值管理方法，对项目涉及的全部工作进行有效的管理，即从项目的投资决策开始到项目结束的全过程进行计划、组织、指挥、协调、控制和评价，以实现项目目标。

北京价值工程学会自 2001 年 4 月成立以来，就价值工程和项目管理的学术研究与推广普及，与国内同行进行广泛的合作和交流，同时与美国、英国、法国、日本、韩国等价值工程与项目管理组织建立了密切的联系。

通过这次国内外专家、学者的报告交流，发现价值工程中价值的功能转化面更广，应用到环保、天体空气、智能化网络、智能化城市等领域。价值工程核心点功能理念发展到对人的功能研究，如：对人的智能化服务、医护、生活提高及人的能力提高方法思路。党的二十大报告指出，坚持合作共赢，推动建设一个共同繁荣的世界；坚持交流互鉴，推动建设一个开放包容的世界。价值工程学术理念已经发展到技术、经济、国防、绿色环保、人类生存能力、医疗保健等方面，真正成为人类生存发展所需要的学术动力知识。

4.3 设计概算编制方法与审查要点

4.3.1 设计概算的编制内容

设计概算是以初步设计文件为依据，按照规定的程序、方法和依据，对建设项目总投资及其构成进行的概略计算。建设项目设计概算是设计文件的重要组成部分,是确定和控制建设项目全部投资的文件,是编制固定资产投资计划、实行建设项目投资、签订承发包合同的依据,是签订贷款合同、项目实施全过程造价控制管理以及考核项目经济合理性的依据。设计概算由项目设计单位负责编制,并对其编制质量负责。

设计概算的编制内容应视项目情况采用三级概算(总概算、单项工程综合概算、单位工程概算)或二级概算(总概算、单位工程概算)编制形式,如图 4.3 所示。对单一的、具有独立性的单项工程建设项目,按二级概算编制形式编制,在单位工程概算基础上,直接编制总概算。

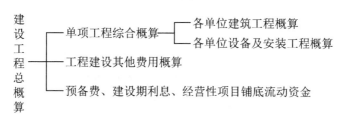

图 4.3 设计概算的编制内容和组成

1. **单位工程概算**

单位工程概算是确定各单位工程建设费用的文件,是编制单项工程综合概算的依据,是单项工程综合概算的组成部分。单位工程概算按其工程性质可分为各单位建筑工程概算和各单位设备及安装工程概算两大类。各单位建筑工程概算包括一般土建工程概算,给水、排水工程概算,采暖工程概算,通风工程概算,电气、照明工程概算,特殊构筑物工程概算等;各单位设备及安装工程概算包括机械设备及安装工程概算,电气设备及安装工程概算,工具、器具及生产家具购置费概算,等等。

2. **单项工程综合概算**

单项工程综合概算是确定一个单项工程所需建设费用的文件,它是由单项工程中的各单位建筑工程概算和各单位设备及安装工程概算汇总编制而成的,是建设工程总概算的组成部分。单项工程综合概算的组成,如图 4.4 所示。

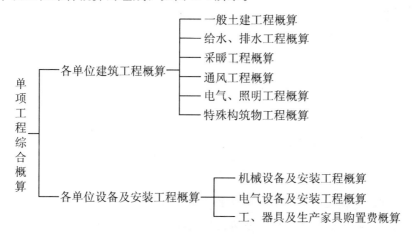

图 4.4 单项工程综合概算的组成

3. 建设工程总概算

建设工程总概算是确定整个建设项目从筹建到竣工验收所需全部费用的文件，它是由工程费用，工程建设其他费用，预备费、建设期利息和经营性项目铺底流动资金汇总编制而成的，如图 4.5 所示。

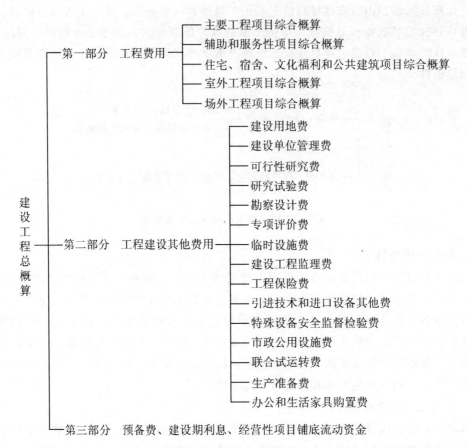

图 4.5　建设工程总概算的组成

> **知识链接**

设计概算的编制依据以下几个方面。
(1) 国家、行业和地方有关规定。
(2) 相应工程造价管理机构发布的概算定额（或指标）。
(3) 工程勘察与设计文件。
(4) 拟定或常规的施工组织设计和施工方案。
(5) 建设项目资金筹措方案。
(6) 工程所在地编制同期的人工、材料、施工机具台班市场价格，以及设备供应方式及供应价格。
(7) 建设项目的技术复杂程度，新技术、新材料、新工艺以及专利使用情况等。
(8) 建设项目批准的相关文件、合同、协议等。
(9) 政府有关部门、金融机构等发布的价格指数、利率、汇率、税率以及工程建设其他费用等。

（10）委托单位提供的其他技术经济资料。

设计概算是设计文件的重要组成部分，是在投资估算的控制下由设计单位根据初步设计（或扩大初步设计）图纸，概算定额（或概算指标），各项费用定额或取费标准（指标），建设地区自然、技术经济条件和设备、材料预算价格等资料，编制和确定建设项目从筹建至竣工交付使用所需全部费用的文件。采用两阶段设计的建设项目，初步设计阶段必须编制设计概算；采用三阶段设计的建设项目，技术设计阶段必须编制修正概算。

《建设项目设计概算编审规程》

✓ 证书在线 4-4

关于设计概算的说法，正确的是（　　）。（2019年真题）

A. 设计概算是工程造价在设计阶段的表现形式，具备价格属性
B. 三级概算编制形式适用于单一的单项工程建设项目
C. 概算中工程费用应按预测的建设期价格水平编制
D. 概算应考虑贷款的时间价值对投资的影响

【解析】设计概算的主要作用是确定和控制工程造价，而不是直接体现价格属性，选项A错误。当建设项目只有一个单项工程时，可采用两级概算编制形式，选项B错误。设计概算应按项目合理建设期限预测建设期价格水平，以及资产租赁和贷款的时间价值等动态因素对投资的影响，故选项C错误，选项D正确。

【本题答案】D

4.3.2 设计概算的编制方法

1. 建设工程总概算及单项工程综合概算的编制

1) 概算编制说明

概算编制说明应包括以下主要内容。

（1）项目概况，简述建设工程的建设地点、设计规模、建设性质（新建、扩建或改建）、工程类别、建设期（年限）、主要工程内容、主要工程量、主要工艺设备及数量等。

（2）主要技术经济指标。建设工程概算总投资及主要分项投资、主要技术经济指标（主要单位投资指标）等。

（3）资金来源。按资金来源的不同渠道分别进行说明，发生资产租赁的还要说明租赁方式及租金。

（4）编制依据。

（5）其他需要说明的问题。

（6）附录表。其中包括建筑、安装工程工程费用计算表、引进设备材料清单及从属费用计算表、具体建设项目概算要求的其他附表及附件。

2) 总概算表

总概算表为概算总投资费用的计算表。概算总投资由工程费用、工程建设其他费用、

预备费及应列入概算总投资中的几项费用组成。

第一部分为工程费用。按单项工程综合概算组成编制，采用二级概算编制的按单位工程概算组成编制。其中包括主要工程项目综合概算，辅助和服务性项目综合概算，住宅、宿舍、文化福利和公共建筑项目综合概算，室外工程项目综合概算，场外工程项目综合概算。

市政民用建设工程一般排列顺序：主体建（构）筑物、辅助建（构）筑物、配套系统。工业建设工程一般排列顺序：主要工艺生产装置、辅助工艺生产装置、公用工程、总图运输、生产管理服务性工程、生活福利工程、场外工程。

第二部分为工程建设其他费用。该费用一般按工程建设其他费用概算顺序列项。其中包括建设用地费、项目建设管理费、可行性研究费、研究试验费、勘察设计费、专项评价费、临时设施费、建设工程监理费、工程保险费、引进技术和进口设备其他费、特殊设备安全监督检验费、市政公用设施费、联合试运转费、生产准备费、办公和生活家具购置费等。

第三部分为预备费、建设期利息和经营性项目铺底流动资金。其中预备费包括基本预备费和价差预备费。

3）综合概算表

综合概算以单项工程所属的单位工程概算为基础，采用综合概算表进行编制，分别按各单位工程概算汇总成若干个单项工程综合概算。

2. 单位工程概算的编制

单位工程概算是编制单项工程综合概算（或建设工程总概算）的依据，单位工程概算项目根据单项工程中所属的每个单体按专业分别编制。

1）单位工程概算的编制内容

单位工程概算一般分建筑工程概算、设备及安装工程概算两大类。

建筑工程概算费用内容及组成按照《住房和城乡建设部　财政部关于印发〈建筑安装工程费用项目组成〉的通知》（建标〔2013〕44号）确定，按构成单位工程的主要分部分项工程编制，根据初步设计工程量按工程所在省、自治区、直辖市颁发的概算定额（指标）或行业概算定额（指标），以及工程费用定额计算。以房屋建筑为例，根据初步设计工程量按工程所在省、自治区、直辖市颁发的概算定额（指标）分土石方工程、基础工程、墙壁工程、梁柱工程、楼地面工程、门窗工程、屋面工程、保温防水工程、室外附属工程、装饰工程等项编制概算，编制深度应达到现行国家标准。

设备及安装工程概算费用由设备购置费和安装工程费组成。定型或成套设备购置费＝设备出厂价格＋运输费＋采购保管费。非标准设备原价有多种不同的计算方法，如综合单价法、成本计算估价法、系列设备插入估价法、分部组合估价法、定额估价法等。设备购置费中工具、器具及生产家具购置费一般以设备购置费为计算基数，按照部门或行业规定的工具、器具及生产家具费率计算。设备及安装工程概算按构成单位工程的主要分部分项工程编制，根据初步设计工程量按工程所在省、自治区、直辖市颁发的概算定额（指标）或行业概算定额（指标）及工程费用定额计算。

2）单位工程概算的编制方法

（1）建筑工程概算的编制方法。

编制建筑工程概算一般有扩大单价法、概算指标法两种，可根据编制条件、依据和要求的不同适当选取。对于通用结构的建（构）筑物，可采用"造价指标"编制概算；对于特殊或重要的建（构）筑物，必须按构成单位工程的主要分部分项工程编制，必要时结合施工组织设计进行详细计算。

① 扩大单价法。

根据概算定额编制成扩大单位估价表（概算定额基价）。概算定额一般以分部工程为对象，包括分部工程所含的分项工程，完成某单位分部工程所消耗的各种人工、材料、施工机具的数量额度，以及相应的费用。扩大单位估价表是确定单位工程中各扩大分部分项工程或完整的结构构件所需全部人工费、材料费、施工机具使用费之和的文件。计算公式为

$$\begin{aligned}概算定额基价 &= 概算定额单位人工费 + 概算定额单位材料费 + 概算定额单位施工机具使用费 \\ &= \sum(概算定额中人工工日消耗量 \times 人工工资单价) + \sum(概算定额中材料消耗量 \times 材料预算价格) + \sum(概算定额中施工机具台班消耗量 \times 施工机具台班费用单价)\end{aligned} \quad (4.3)$$

将扩大分部分项工程或完整的结构构件的工程量乘以扩大单位估价进行计算。其中工程量的计算，必须按定额中规定的各分部分项工程内容，遵循定额中规定的计量单位、工程量计算规则及方法来进行。完整的编制步骤如下。

a. 根据初步设计图纸和说明书，按概算定额中划分的项目计算工程量。

b. 根据计算的工程量套用相应的扩大单位估价，计算出人工费、材料费、施工机具使用费三者之和。

c. 根据有关取费标准计算企业管理费、规费、利润和税金。

d. 将上述各项费用累加，其和为建筑工程概算造价。

采用扩大单价法编制建筑工程概算比较准确，但计算较烦琐。在套用扩大单位估价表时，若所在地区的工资标准及材料预算价格与概算定额不符，则需要重新编制扩大单位估价表或测定系数加以修正。

因此，当初步设计达到一定深度、建筑结构比较明确时，可采用这种方法编制建筑工程概算。

② 概算指标法。

由于设计深度不够等原因，对一般附属、辅助和服务工程等项目，以及宿舍和文化福利工程项目或投资比较小、比较简单的工程项目，可采用概算指标法编制概算。

概算指标是比概算定额更综合和简化的综合造价指标。一般以单位工程或分部工程为对象，完成某计量单位的单位工程或分部工程所需的直接费用。通常以每100m² 建筑面积或每1000m³ 建筑体积的人工、材料以及施工机具消耗指标，结合本地的工资标准、材料预算价格和施工机具台班费用单价计算人工费、材料费、施工机具使用费。

其具体步骤如下。

a. 计算单位建筑面积或体积（以100m² 或1000m³ 为单位）的人工费、材料费、施工机具使用费。

b. 计算单位建筑面积或体积的企业管理费、利润、规费、税金及概算单价。概算单价为各项费用之和。

c. 计算单位工程概算价值。

$$概算价值 = 单位工程建筑面积或建筑体积 \times 概算单价 \quad (4.4)$$

d. 计算技术经济指标。

当设计对象结构特征与概算指标的结构特征局部有差别时，可用修正概算指标，再根据已计算的建筑面积或建筑体积乘以修正后的概算指标及单位价值，算出工程概算价值。

（2）设备及安装工程概算的编制。

设备及安装工程分为机械设备及安装工程和电气设备及安装工程两部分。设备及安装工程的概算由设备购置费和安装工程费两部分组成。

设备及安装工程概算编制的基本方法有以下三种。

① 预算单价法。当初步设计有详细设备清单时，可直接按预算单价（预算定额单价）编制设备安装工程概算。用预算单价法编制概算，计算比较具体，精确性较高。

② 扩大单价法。当初步设计的设备清单不完备，或仅有成套设备的质量时，可采用主体设备、成套设备或工艺线的扩大单价法编制概算。

③ 概算指标法。当初步设计的设备清单不完备，或安装预算单价及扩大综合单价不全，无法采用预算单价法和扩大单价法时，可采用概算指标法编制概算。

✓ 证书在线 4-5

当初步设计深度不够，但能提供的设备清单有规格和设备重量时，编制设备安装工程概算应选用的方法是（　　）。（2022年真题）

A. 预算单价法　　　　　　　　　　B. 扩大单价法
C. 设备价值百分比法　　　　　　　D. 综合吨位指标法

【解析】①当初步设计较深，有详细的设备清单时，可直接按安装工程预算定额单价编制安装工程概算。②当初步设计深度不够，设备清单不完备，只有主体设备或仅有成套设备重量时，可采用主体设备、成套设备的综合扩大安装单价来编制概算。③当初步设计深度不够，只有设备出厂价而无详细规格、重量时，安装费可按占设备费的百分比计算。④当初步设计深度不够，但能提供的设备清单有规格和设备重量时，可采用综合吨位指标法编制概算。

【本题答案】D

4.3.3　设计概算的审查

1. 设计概算审查的编制依据

（1）合法性审查。采用的各种编制依据必须经过国家或相关授权机关的批准，符合国家的编制规定。未经过批准的不得以任何借口采用，不得以任何理由擅自提高费用标准。

（2）时效性审查。对定额、指标、价格、取费标准等各种依据，都应根据国家有关部门的现行规定执行。对颁发时间较长、已不能全部适用的应按有关部门做的调整系数执行。

（3）适用范围审查。各主管部门、各地区规定的各种定额及其取费标准均有其各自的适用范围，特别是各地区的材料预算价格区域性差别较大，在审查时应给予高度重视。

2. 设计概算审查的构成内容

由于单位工程概算是设计概算的主要组成部分，本节主要介绍单位工程设计概算构成的审查。

（1）建筑工程概算的审查。

① 工程量审查。根据初步设计图纸、概算定额、工程量计算规则的要求进行审查。

② 采用的定额或指标的审查。审查定额或指标的使用范围、定额基价、指标的调整、定额或指标缺项的补充等。其中，审查补充的定额或指标时，其项目划分、内容组成、编制原则等须与现行定额水平相一致。

③ 材料价格的审查。以耗用量最大的主要材料作为审查的重点。同时着重审查材料原价、运输费用，以及节约材料、运输费用的措施。

④ 各项费用的审查。审查各项费用所包含的具体内容是否重复计算或遗漏、取费标准是否符合国家有关部门或地方规定的标准。

（2）设备及安装工程概算的审查。

设备及安装工程概算审查的重点是设备清单与安装费用的计算。

① 标准设备原价，应根据设备所被管辖的范围审查各级规定的统一价格标准。

② 非标准设备原价，除审查价格的估算依据、估算方法外，还要分析研究非标准设备估价准确度的有关因素及价格变动规律。

③ 设备运杂费审查，需注意：若设备价格中已包括包装费和供销部门手续费时不应重复计算，应相应降低设备运杂费率。

④ 进口设备费用的审查，应根据设备费用各组成部分及国家设备进口、外汇管理、海关、税务等有关部门不同时期的规定进行。

⑤ 设备及安装工程概算的审查，除编制依据、编制方法外，还应注意审查：采用预算单价或扩大综合单价计算安装费时的各种单价是否合适、工程量计算是否符合规则要求、是否准确无误；当采用概算指标计算安装费时采用的概算指标是否合理、计算结果是否达到精度要求；审查所需计算安装费的设备数量及种类是否符合设计要求，避免某些不需安装的设备安装费计入在内。

3. 设计概算审查的方式

设计概算审查一般采用集中会审的方式进行。根据审查人员的业务专长分组，将概算费用进行分解，分别审查，最后集中讨论定案。设计概算审查是一项复杂而细致的技术经济工作，审查人员既应懂得有关专业技术知识，又应具有熟练的编制概算能力，可按如下步骤进行：概算审查的准备→概算审查→技术经济对比分析→调查研究→概算调整。

> **特别提示**
>
> 对审查过程中发现的问题要逐一厘清，对建成项目的实际成本和有关数据资料等进行整理调整并积累相关资料。

设计概算投资一般应控制在立项批准的投资控制额以内，如果设计概算值超过控制额，必须修改设计或重新立项审批。设计概算批准后，一般不得调整，如需修改或调整时，须经原批准部门同意，并重新审批。

出现允许调整概算的情形时，由建设单位调查分析变更原因，报主管部门审批同意后，由原设计单位核实编制调整概算，并按有关审批程序报批。允许调整概算的原因有以下三点。

① 超出原设计范围的重大变更。

② 超出基本预备费规定范围不可抗拒的重大自然灾害引起的工程变动和费用增加。

③ 超出工程造价调整预备费的国家重大政策性调整。

影响工程概算的主要因素已经清楚，在完成一定工程量后方可进行调整，一个工程只允许调整一次概算。调整概算的深度与要求、文件组成及表格形式同原设计概算。调整概算还应对工程概算调整的原因做详尽的分析说明，所调整的内容在调整概算总说明中要逐项与原批准概算对比，并编制调整前后概算对比表，分析主要变更原因。在上报调整概算时，应同时提供有关文件和调整依据。

素养拓新

西安，这座古老的城市，承载着千年的历史底蕴，而西安古城墙的部分城楼便是历史的见证者。它们始建于明朝，岁月的车轮无情碾过，风雨的侵蚀让城楼墙体布满裂缝，木质结构也因长期腐朽而摇摇欲坠，修复工作刻不容缓。修复城楼工程少不了一支专业的造价工作团队，他们满怀使命接下了这次修复项目的设计概算编制任务。

为了编制出精确的设计概算，整个工作团队开启了细致入微的勘查工作。城楼上，成员们或俯身查看墙体裂缝，或借助工具测量横梁腐朽程度，每一处细节都被他们收入眼底，详实记录。大家时常互相提醒："我们多一份细心，古建筑就多一份保障。"在测量过程中，遇到一处隐蔽的墙体裂缝，常规工具难以测量，团队成员们反复尝试不同方法，群策群力，最终找到了合适的测量方式，确保了数据的精准，这严谨的态度正是编制设计概算必备的素养。

确定修复材料时，工作团队将传承传统文化放在首位。他们一致认为，古建筑是历史文化的瑰宝，修复材料必须尽可能还原其原本风貌。为了找到匹配的青砖，团队成员不辞辛劳，跑遍了陕西周边的传统砖瓦厂。在每一家砖瓦厂，团队成员都深入车间，从泥土的选取，到制坯、烧制的每一道工序，都仔细研究。

计算费用环节，工作团队充分考虑到古建筑修复的复杂性。与现代建筑不同，古建筑修复需要经验丰富的工匠，采用传统工艺，这意味着人工成本更高、工期更长。团队成员深入调研市场，与多位古建筑修复专家交流，详细了解每一项修复工作所需的时间和人力。还考虑到可能出现的突发情况，预留了合理的费用空间。最终，他们编制出的设计概算既满足修复工程的实际需求，又在预算可控范围内，彰显出高度负责的职业精神。

设计概算编制工作绝非简单的数字罗列，而是严谨细致、追求卓越、高度负责的职业素养与工匠精神的完美结合。这不仅是对工作本身的尊重，更是对历史文化的传承与守护。工匠精神不仅是对工作的极致热爱，更是在平凡岗位上铸就不凡的力量源泉，它让每一个参与其中的人都能成为历史传承与社会发展的推动者。

4.4 施工图预算编审妙计与实战重点

4.4.1 施工图预算概述

1. 施工图预算及计价模式

施工图预算是以施工图设计文件为依据,按照规定的程序、方法和依据,在施工招标投标阶段编制的预测工程造价的经济文件。

按预算的计算方式和管理方式的不同,施工图预算可以划分为以下两种计价模式。

1)传统计价模式

传统计价模式是采用国家、部门或地区统一规定的定额和取费标准进行工程计价的模式,通常也称为定额计价模式。建设单位和施工单位均先根据预算定额中的工程量计算规则计算工程量,再根据定额单价(单位估价表)计算出对应工程所需的人料机费用、管理费用及利润和税金等,汇总得到工程造价。

传统计价模式对我国建设工程的投资计划管理和招标投标起到过很大的作用,但其计价模式的人料机消耗量是根据"社会平均水平"综合测定的,取费标准是根据不同地区价格水平的平均测算的,企业自主报价的空间很小,不能结合项目具体情况、自身技术管理水平和市场价格自主报价,也不能满足招标人对建筑产品质优价廉的要求。同时,由于工程量计算由招标方与投标方各方单独完成,计价基础不统一,不利于招标工作的规范性。在工程完工后,工程结算烦琐,易引起争议。

2)工程量清单计价模式

工程量清单计价模式是指按照《建设工程工程量清单计价标准》(GB/T 50500—2024)规定的工程量计算规则,由工程造价咨询人出具的工程量清单、最高投标限价、投标报价、工程计量、合同价款调整和期中支付、工程结算与支付等工程造价成果文件,应由造价专业人员编制,投标人根据企业实际情况,采用企业定额、资源市场单价、市场供求及竞争状况进行施工图预算的计价模式。

> **知识链接**
>
> 施工图预算的编制依据需要注意以下几方面。
>
> (1)经批准和会审的施工图设计文件及有关标准图集。编制施工图预算所用的施工图设计文件须经主管部门批准,经业主、设计工程师参加的图纸会审并签署"图纸会审纪要",且应有与图纸有关的各类标准图集。通过上述资料可熟悉编制对象的工程性质、内容、构造等工程情况。
>
> (2)施工组织设计。施工组织设计是编制施工图预算的重要依据之一,通过它可充分了解各分部分项工程的施工方法、施工进度计划、施工机械的选择、施工平面图的布置及主要技术措施等内容。
>
> (3)工程预算定额。工程预算定额是编制施工图预算的基础资料,是分项工程项目划分、分项工程工作内容、工程量计算的重要依据。

(4) 经批准的设计概算文件。经批准的设计概算文件是控制工程拨款或贷款的最高限额，也是控制单位工程预算的主要依据。若工程预算确定的投资总额超过设计概算，须补做调整设计概算，经原批准机构批准后方可实施。

(5) 地区单位估价表。地区单位估价表是单价法编制施工图预算最直接的基础资料。

(6) 工程费用定额。将直接费（或人工费）作为计算基数，根据地区和工程类别的不同套用相应的定额或费用标准来确定工程预算造价。

(7) 材料预算价格。各地区材料预算价格是确定材料价差的依据，是编制施工图预算的必备资料。

(8) 工程承包合同或协议书。预算编制时须认真执行工程承包合同或协议书规定的有关条款。

(9) 预算工作手册。预算工作手册是编制预算必备的工具书之一，主要包括各种常用数据、计算公式、金属材料的规格、单位重量等内容。

2．施工图预算的作用

1) 施工图预算对建设单位的作用

(1) 施工图预算是施工图设计阶段确定建设项目造价的依据。

(2) 施工图预算是编制最高投标限价的基础。

(3) 施工图预算是建设单位在施工期间安排建设资金计划和使用建设资金的依据。

(4) 施工图预算是建设单位采用经审定批准的施工图纸及其预算方式发包形成的总价合同，按约定工程计量的形象目标或时间节点进行计量、拨付进度款及办理结算的依据。

2) 施工图预算对施工单位的作用

(1) 施工图预算是确定投标报价的依据。在竞争激烈的建筑市场，施工单位需要根据施工图预算造价，结合企业的投标策略，确定投标报价。

(2) 施工图预算是施工单位进行施工准备的依据，是施工单位在施工前组织劳动力、材料、机具供应的重要参考依据，是施工单位编制进度计划、统计完成工作量、进行经济核算的参考依据。

(3) 施工图预算是控制施工成本的依据。根据施工图预算确定的中标价格是施工企业收取工程款的依据，企业只有合理利用各项资源，采取技术措施、经济措施和组织措施降低成本，将成本控制在施工图预算以内，企业才能获得良好的经济效益。

3) 施工图预算对其他相关方的作用

(1) 施工图预算编制的质量好坏，体现了工程咨询企业为委托方提供服务的业务水平、素质和信誉。

(2) 施工图预算是工程造价管理部门监督检查企业执行定额标准情况、确定合理的工程造价、测算造价指数及审定招标工程标底的依据。

(3) 施工图预算是仲裁、管理、司法机关在处理合同经济纠纷时的重要依据。

素养拓新

"鸟巢"作为 2008 年北京奥运会的主体育场，其独特的设计和复杂的结构，对施工图预算提出了严苛要求。承担预算编制的团队面临着前所未有的挑战。从设计图纸来看，不规则的钢结构造型使得工程量计算难度大增，任何一处数据偏差都可能造成材料浪费和成本失控。

团队拿到图纸后，首先进行了全面且深入的图纸会审。由于鸟巢的设计融合了大量创新元素，许多设计细节在传统建筑中从未出现过。团队成员发现部分钢结构节点的设计在实际施工中可能存在安装困难，且在预算编制时可能存在各种不确定性。他们迅速组织设计方、施工方以及钢结构专家进行研讨，经过多次模拟和论证，对节点设计进行优化，既保证了建筑呈现效果，又使施工图预算更贴合实际施工。

工程量计算阶段，团队严谨地执行国家和行业规范。鸟巢的钢结构用钢量巨大，且构件形状各异。为了精准计算，团队不仅采用先进的BIM技术，通过建立三维模型进行工程量统计，还安排经验丰富的造价工程师进行人工核算。

编制预算书时，团队充分考量项目的全生命周期成本。他们详细分析每一项费用，从材料采购、运输，到施工过程中的人工、机械费用，都给出清晰的计算依据。同时，针对施工过程中可能出现的不确定因素，如恶劣天气等，制定了弹性预算方案和应对措施。

从"鸟巢"预算编制团队身上，我们看到了对职业的敬畏和专注。他们精益求精的工匠精神，体现在对每一个数据的执着追求；严格遵循规范、积极沟通协调的工作态度，彰显了良好的职业素养。在未来工作中，我们要秉持工匠精神，严守职业规范，不断提升专业能力，用专业和敬业书写建筑领域的精彩篇章。

4.4.2　施工图预算的编制内容

施工图预算根据《建设项目施工图预算编审规程》（CECA/GC 5—2010）和建设项目实际情况可采用三级预算编制或二级预算编制形式。当建设项目有多个单项工程时，应采用三级预算编制形式。三级预算编制形式由建设工程总预算、单项工程综合预算、单位工程预算组成。

1）建设工程总预算

建设工程总预算是反映施工图设计阶段建设项目投资总额的造价文件，是施工图预算文件的主要组成部分。建设工程总预算由组成该建设项目的各个单项工程综合预算和相关费用组成。

2）单项工程综合预算

单项工程综合预算是反映施工图设计阶段一个单项工程（设计单元）造价的文件，是建设工程总预算的组成部分。单项工程综合预算由构成该单项工程的各个单位工程施工图预算组成。

3）单位工程预算

单位工程预算是依据单位工程施工图设计文件、现行预算定额以及当时当地实际的人工工资单价、材料预算价格、施工机具台班单价等，按照规定的计价方法编制的工程造价文件。

4）施工图预算文件的内容

采用三级预算编制形式的工程预算文件包括封面、签署页及目录、编制说明、总预算表、综合预算表、单位工程预算表、附件等内容。

证书在线 4-6

关于施工图预算文件的编制形式，下列说法正确的是（　　）。（2021年真题）

A. 二级预算编制形式下的单项工程综合预算是指建筑工程和安装工程预算

B. 当建设项目有多个单项工程时，应采用二级预算编制形式

C. 二级预算编制形式由单项工程综合预算和单位工程预算组成

D. 采用三级预算编制形式的工程预算文件应包括综合预算表

【解析】采用三级预算编制形式的工程预算文件包括：封面、签署页及目录、编制说明、总预算表、综合预算表、单位工程预算表、附件等内容。采用二级预算编制形式的工程预算文件包括：封面、签署页及目录、编制说明、总预算表、单位工程预算表、附件等内容。

【本题答案】D

4.4.3 施工图预算的编制方法

1. 单位工程施工图预算的编制

单位工程施工图预算的编制是编制各级预算的基础。单位工程预算包括单位建筑工程预算和单位设备及安装工程预算。

1）单价法

（1）定额单价法。

定额单价法（也称为预算单价法、定额计价法）是用事先编制好的分项工程的单位估价表来编制施工图预算的方法。按施工图及计算规则计算的各分项工程的工程量，乘以相应人工、材料、施工机具单价，汇总相加，得到单位工程的人工费、材料费、施工机具使用费之和；再加上按规定程序计算出企业管理费、利润、措施费、其他项目费、规费、税金，便可得出单位工程的施工图预算造价。

定额单价法编制施工图预算的基本步骤有编制前的准备工作，熟悉图纸、预算定额和单位估价表，了解施工组织设计和施工现场情况，划分工程项目和计算工程量，套单价（计算定额基价），工料分析，按费用定额取费，计算主材费（未计价材料费），计算汇总工程造价，复核，编制说明，填写封面。具体内容如下。

① 编制前的准备工作。其主要包括两个方面：一是组织准备；二是资料的收集和现场情况的调查。

② 熟悉图纸、预算定额和单位估价表。核对图纸间相关尺寸是否有误，设备与材料表上的规格、数量是否与图示相符，详图、说明、尺寸和其他符号是否正确等，若发现错误应及时纠正；确定图纸是否有设计更改通知（或类似文件）；对预算定额和单位估价表其适用范围、工程量计算规则及定额系数等都要充分了解，做到心中有数，这样才能使预算编制准确、迅速。

③ 了解施工组织设计和施工现场情况。要熟悉与施工安排相关的内容。例如各分部分项工程的施工方法，土方工程中余土外运使用的工具、运距，施工平面图对建筑材料、构件等堆放点到施工操作地点的距离等，以便能正确计算工程量和正确套用或确定某些分

项工程的基价。

④ 划分工程项目和计算工程量。划分的工程项目必须和定额规定的项目一致,这样才能正确地套用定额。不能重复列项计算,也不能漏项少算。计算工程量必须按定额规定的工程量计算规则进行计算。当按照工程项目将工程量全部计算完成以后,要对工程项目和工程量进行整理,即合并同类项和按序排列,为套用定额,计算人工、材料、施工机具使用费,以及进行工料分析打下基础。

⑤ 套单价(计算定额基价)。将定额子项中的基价填于预算表单价栏内,并将单价乘以工程量得出合价,将结果填入合价栏。

> **特别提示**
>
> 在进行套价时,需注意以下几项内容。
>
> ① 当分项工程的名称、规格、计量单位与预算单价或单位估价表中所列内容完全一致时,可以直接套用预算单价。
>
> ② 当分项工程的主要材料品种与预算单价或单位估价表中规定材料品种不一致时,不能直接套用预算单价,需要按实际使用材料价格换算预算单价。
>
> ③ 因分项工程施工工艺条件与预算单价或单位估价表不一致而造成人工和施工机具的数量有增减时,一般调量不换价。
>
> ④ 当分项工程不能直接套用定额、不能换算和调整时,应编制补充单位估价表。
>
> ⑤ 由于预算定额的时效性,在编制施工图预算时,应动态调整相应的人工和材料费用价差。
>
> ⑥ 工料分析。按分项工程项目,依据定额或单位估价表,计算人工和各种材料的实物消耗量,并将主要材料汇总成表。工料分析的方法是:首先,从定额项目表中分别将各分项工程消耗的每项人工和材料的定额消耗量查出;其次,分别乘以该工程项目的工程量,得到分项工程人工和材料消耗量;最后,将各分项工程的人工和材料消耗量加以汇总,得出单位工程人工和材料的消耗量。
>
> ⑦ 按费用定额取费。如不可计量的总价措施费、管理费、规费、利润、税金等应按相关的定额取费标准(或范围)合理取费。
>
> ⑧ 计算主材费(未计价材料费)。对有些定额项目(如许多安装工程定额项目)基价为不完全价格,即未包括主材费用在内。计算所在地定额基价费(基价合计)之后,还应计算出主材费,以便计算工程造价。
>
> ⑨ 计算汇总工程造价。将人工、材料、施工机具使用费用及各类取费汇总,确定工程造价。
>
> ⑩ 复核、编制说明、填写封面。对项目填列、工程量计算公式、计算结果、套用的单价、采用的取费费率、数据精确度等进行全面复核,以便及时发现差错,及时修改,提高预算的准确性。编制说明主要应写明预算所包括的工程内容范围、依据的图纸编号、承包方式、有关部门现行的调价文件号、套用单价需要补充说明的问题及其他需说明的问题等。封面应写明工程编号、工程名称、预算总造价和单方造价、编制单位名称、负责人和编制日期,以及审核单位的名称、负责人和审核日期等。

(2) 工程量清单单价法。

工程量清单单价法是指招标人按照设计图纸和住房和城乡建设部发布的《建设工程工程量清单计价标准》(GB/T 50500—2024) 计算的工程量，采用综合单价的形式计算工程造价的方法。综合单价是指完成一个规定计量单位的分部分项工程量清单项目或措施清单项目所需的包括人工费、材料费、施工机具使用费、管理费、利润和一定范围内的风险费用，不包括增值税。

2) 实物量法

实物量法编制施工图预算即依据施工图纸和预算定额的项目划分及工程量计算规则，先计算出分部分项工程量，然后套用预算定额（实物量定额）计算出各类人工、材料、施工机具台班的实物消耗量，根据预算编制期的人工、材料、施工机具台班单价，计算出人工费、材料费、施工机具使用费、企业管理费和利润，再加上按规定程序计算出的措施费、其他项目费、规费、税金，便可得出单位工程的施工图预算造价。

实物量法编制施工图预算的步骤如下。

(1) 准备资料、熟悉施工图纸。

全面收集各种人工、材料和施工机具台班当时当地的实际单价，应包括不同工种、不同等级的人工工资单价；不同品种、不同规格的材料单价；不同种类、不同型号的施工机具台班单价；等等。要求获得的各种实际价格应全面、系统、真实、可靠。具体可参考预算单价法相应步骤的内容。

(2) 计算工程量。

本步骤的内容与预算单价法相同，不再赘述。

(3) 套用消耗定额，计算人工、材料、施工机具台班消耗量。

定额消耗量中的"量"应是符合国家技术规范和质量标准要求，并能反映现行施工工艺水平的分项工程计价所需的人工、材料、施工机具台班的消耗量。根据人工预算定额所列各类人工工日的数量，乘以各分项工程的工程量，计算出各分项工程所需各类人工工日的数量，统计汇总后确定单位工程所需的各类人工工日消耗量。同理，根据材料预算定额、施工机具台班预算定额分别确定出工程各类材料消耗数量和各类施工机具台班数量。

(4) 计算并汇总人工费、材料费、施工机具使用费。

根据当时当地工程造价管理部门定期发布的或企业根据市场价格确定的人工工资单价、材料预算价格、施工机具台班单价，分别乘以人工、材料、施工机具台班消耗量，汇总即为单位工程人工费、材料费和施工机具使用费。

(5) 计算其他各项费用，汇总造价。

其他各项费用的计算及汇总，可以采用与预算单价法相似的计算方法，只是有关的费率是根据当时当地建筑市场供求情况来确定。

(6) 复核。

检查人工、材料、施工机具台班消耗量计算是否准确，有无漏算或少算、重算或多算；套取的定额是否正确；检查采用的实际价格是否合理。其他内容可参考预算单价法相应步骤的介绍。

(7) 编制说明、填写封面。

第4章 设计阶段控制：精打细算的设计之道

本步骤的内容和方法与预算单价法相同。

实物量法编制施工图预算的步骤与预算单价法基本相似，但在具体计算人工费、材料费和施工机具使用费及汇总三种费用之和方面有一定区别。实物量法编制施工图预算所用人工、材料和机械台班的单价都是当时当地的实际价格，编制出的预算可较准确地反映实际水平，误差较小，适用于市场经济条件波动较大的情况。

✓ 证书在线 4-7

下列施工图预算编制的工作中，属于工料单价法但不属于实物量法的工作步骤的是（　　）。（2022年真题）

A. 列项计量　　　　　　　　　　B. 套用定额，计算人工材料消耗量
C. 计算主材费并调整价差　　　　D. 计算管理费、利润

【解析】实物量法与定额单价法首尾部分的步骤基本相同（即选项A和选项D的步骤是两个相同的方法），所不同的是中间计算工料机费用的步骤或计算直接费的步骤不同。在工料单价法中，单位工程直接费＝Σ分项工程量×分项工程工料单价，然后计算主材费并调整直接费；而在实物量法中，先套用相应人工、材料、施工机械台班预算定额消耗量，求出各分项工程人工、材料、施工机械台班消耗数量，并汇总成单位工程所需各类人工工日、材料和施工机械台班的消耗量，然后采用当时当地的各类人工工日、材料和施工机械台班的实际单价分别乘以相应的人工工日、材料和施工机械台班总的消耗量，汇总后得出单位工程的人工费、材料费和施工机具使用费。

【本题答案】C

2. 单项工程综合预算的编制

单项工程综合预算造价由组成该单项工程的各个单位工程预算造价汇总而成，计算公式为

$$单项工程综合预算 = \sum 单位建筑工程费用 + \sum 单位设备及安装工程费用 \quad (4.5)$$

3. 建设项目总预算的编制

建设项目总预算的编制费用项目是各单项工程的费用汇总，以及经计算的工程建设其他费、预备费和建设期利息和铺底流动资金汇总而成。建设项目总预算由各单项工程的综合预算费用、工程建设其他费、预备费、建设期利息及铺底流动资金汇总而成，计算公式为

$$建设项目总预算 = \sum 单项工程综合图预算 + 工程建设其他费 + 预备费 + \\ 建设期利息 + 铺底流动资金$$

$$(4.6)$$

 技能在线 4-3

【背景资料】某建设工程项目在设计阶段对其工程造价做出以下预测：单项建筑工程综合预算为54000万元，设备购置费68850万元，设备安装费按设备购置费的15%计算。建设期贷款利息4185万元，工程建设其他费9150万元，基本预备费费率为8%，价差预备费11295万元，铺底流动资金2000万元。试编制该建设项目的总预算。

【技能分析】设备安装费＝68850×15％＝10327.5(万元)

单项设备与安装工程预算＝68850＋10327.5＝79177.5(万元)

基本预备费＝(54000＋79177.5＋9150)×8％＝11386.2(万元)

建设项目总预算＝54000＋79177.5＋9150＋11295＋11386.2＋4185＋2000

＝171193.7(万元)

如果建设工程仅由一个单项工程构成,则建设项目总预算由各单位建筑工程费用、各单位设备及安装工程费用、工程建设其他费、预备费、建设期贷款利息及铺底流动资金汇总而成,计算公式为

$$建设项目总预算 = \sum 单位建筑工程费用 + \sum 单位设备及安装工程费用 + 工程建设其他费 + 预备费 + 建设期贷款利息 + 铺底流动资金 \tag{4.7}$$

工程建设其他费、预备费、建设期利息及铺底流动资金具体编制方法参见前面章节相关内容。

4. 调整预算的编制

工程预算批准后,一般不得调整。但若发生重大设计变更、政策性调整及不可抗力等原因造成的可以调整。所调整的预算内容在调整预算总说明中要逐项与原批准预算对比,并编制调整前后预算对比表,分析主要变更原因。

4.4.4 审查施工图预算的内容与方法

1. 审查施工图预算的内容

> **特别提示**
>
> 审查施工图预算的重点应该放在工程量计算、预算单价套用、设备材料预算价格取定是否正确,各项费用标准是否符合现行规定等方面。

1) 审查工程量

审查的工程包括土方工程、打桩工程、砖石工程、混凝土及钢筋混凝土工程、木结构工程、屋面工程、构筑物工程、装饰工程、金属构件制作工程、水暖工程、电气照明工程、设备及其安装工程。

2) 审查设备、材料的预算价格

设备、材料的预算价格是施工图预算造价中占比最大、变化最大的内容,需重点审查。

(1) 审查设备、材料的预算价格是否符合工程所在地的真实价格及价格水平。

(2) 设备、材料的原价确定方法是否正确。

(3) 设备的运杂费率及其运杂费的计算是否正确,材料预算价格的各项费用的计算是

否符合规定、是否正确。

3) 审查有关费用项目及其计取

外部分项工程费、措施项目费、其他项目费、规费和税金的计算应按当地的现行规定执行，审查时要注意是否符合规定和定额要求。

2. 审查施工图预算的方法

审查施工图预算的方法较多，主要包括以下 6 种。

1) 全面审查法

全面审查法又叫逐项审查法，是按预算定额顺序或施工的先后顺序逐一进行审查的方法。其具体计算方法和审查过程与编制施工图预算基本相同。此方法的优点是全面、细致，经审查的工程预算差错较少，质量较高，而其缺点是工作量大。对于一些工程量比较小、工艺比较简单的工程，编制工程预算的技术力量又比较薄弱，可采用全面审查法。

2) 标准预算审查法

标准预算审查法是对于利用标准图纸或通用图纸施工的工程，可先集中力量编制标准预算，并以此进行审查的方法。按标准图纸设计或通用图纸施工的工程一般上部结构的做法相同，可集中力量细审一份预算或编制一份预算作为这种标准图纸的标准预算，或以这种标准图纸的工程量为标准对照审查，而对局部不同的部分做单独审查即可。这种方法的优点是时间短、效果好、好定案，缺点是只适合按标准图纸设计的工程，适用范围小。

3) 分组计算审查法

分组计算审查法是一种加快审查工程量速度的方法。把预算中的项目划分为若干组，并把相邻且有一定内在联系的项目编为一组，审查或计算同一组中某个分项工程量，利用工程量间具有相同或相似计算基础的关系，判断同组中其他几个分项工程量计算的准确程度的方法。

4) 对比审查法

对比审查法是用已建成的工程预算或虽未建成但已审查修正的工程预算对比审查的一种方法。对比审查法应根据工程的不同条件，区别对待，一般有以下几种情况。

(1) 两个工程采用同一个施工图，但基础部分和现场条件不同，其新建工程基础以上部分可采用对比审查法，不同部分可分别采用适当的审查方法进行审查。

(2) 两个工程设计相同但建筑面积不同，可根据两个工程建筑面积之比与两个工程分部分项工程量之比基本一致的特点，审查新建工程各分部分项工程的工程量。

(3) 两个工程的面积相同但设计图纸不完全相同时，可把相同的部分进行工程量的对比审查，不能对比的分部分项工程按图纸计算。

✓ 技能在线 4-4

【背景资料】 某拟建办公楼的设计图纸与本地一刚建好的办公楼图纸基本相同，仅是将原来的两间小办公室合并为一个大会议室，已建办公楼隔墙为 M5 轻质混凝土填充墙，宽 4.5m、高 3.18m、厚 0.365m，人工、材料、施工机具使用费 192 元/m^3。已知已建教学楼±0.00 以上的施工图预算中人工、材料、施工机具使用费为 2700 万元，拟建办公楼的±0.00 以上的施工图预算中人工、材料、施工机具使用费为 2699 万元，试用对比审查法进行审查。

【技能分析】计算原隔墙所需的人工、材料、施工机具使用费为

$$4.5 \times 3.18 \times 0.365 \times 192 = 1003(元) \approx 0.01(万元)$$

由于去掉了隔墙，拟建办公楼的±0.00以上的施工图预算中人工、材料、施工机具使用费为

$$2700 - 0.01 = 2699.99（万元）$$

说明预算计算出错的可能性较小。

5) 筛选审查法

筛选审查法是统筹法的一种，也是一种对比方法。建筑工程虽然有建筑面积和高度的不同，但是它们的各个分部分项工程的工程量、造价、用工量在每个单位面积上的数值变化不大，把这些数据加以汇集、优选，归纳为工程量、造价（价值）、用工量 3 个单方基本指标，并注明其适用的建筑标准。这些基本值犹如"筛子孔"，用来筛选各分部分项工程，筛下去的就不用审查，没有筛下去的则应对该分部分项工程详细审查。

筛选法的优点是简单易懂、便于掌握、审查速度和发现问题快。此法适用于住宅工程或不具备全面审查条件的工程。

✓ 技能在线 4-5

【背景资料】某 6 层矩形住宅，底层为 370 墙，其他楼层为 240 墙，建筑面积 1900m²，砖墙工程量的单位建筑面积用砖指标为 0.46m³/m²，而该地区同类型的一般住宅工程（240 墙）测算的砖墙用砖耗用量综合指标为 0.42m³/m²。试分析砖墙工程量计算是否正确。

【技能分析】该住宅底层是 370 墙，而综合指标是按 240 墙考虑，故砖砌体量偏大是必然的，至于用砖指标 0.46m³/m² 是否正确，可按以下方法测算。

底层建筑面积 $S_{底} = 1900 \div 6 \approx 317(m^2)$

设底层为 240 墙，底层砖体积 $V_{底1} = 317 \times 0.42 = 133.14(m^3)$

当底层为 370 墙，底层砖体积 $V_{底2} = 133.14 \times 370 \div 240 = 205.26(m^3)$

该建筑砖体积 $V = (1900 - 317) \times 0.42 + 205.26 = 870.12(m^3)$

该建筑砖体积比综合指标（240 墙）多用砖体积 $V_D = 870.12 - 1900 \times 0.42 = 72.12(m^3)$

每单位建筑面积多用砖体积为 $72.12 \div 1900 \approx 0.04(m^3/m^2)$，与 $0.46 - 0.42 = 0.04(m^3/m^2)$ 一致，说明工程量计算出错的可能性较小。

6) 重点抽查法

此法是抓住工程预算中的重点工程进行审查的方法。审查的重点一般是：工程量大或造价较高、结构复杂的工程，补充单位估价表，计取各项费用（计费基础、取费标准等）。重点抽查法的优点是重点突出、审查时间短、效果好。

3. 审查施工图预算的步骤

（1）做好审查前的准备工作，包括熟悉施工图纸、了解预算包括的范围、弄清预算采用的单位估价表等。

（2）选择合适的审查方法，按相应内容进行审查。由于工程规模、繁简程度不同，施工方法不一致，施工企业情况不一样，所编工程预算的质量也不同。因此，需选择合适的

第4章 设计阶段控制：精打细算的设计之道

审查方法进行审查。综合整理审查资料，并与编制单位交换意见，确定审查方法后编制调整预算。审查后，需要进行增加或核减的，经与编制单位协商，统一意见后，进行相应的修正。

本章小结

为了加强设计阶段的造价控制、提高工程建设成本的管控效果，本章主要介绍了建设工程设计阶段设计方案优选的内容、原则和方法，限额设计目标和全过程，价值工程的工作程序和应用，设计概算的编制与审查，施工图预算的编制与审查。通过学习建设工程设计阶段工程造价控制相关内容，要具备对设计阶段的设计方案进行限额设计和优化选择，运用价值工程原理优选设计方案和控制设计阶段工程造价的能力，以及设计概算和施工图预算的编制与审查的能力，为后续章节的学习奠定了基础。

习 题

习题测试

一、单选题

1. 设计阶段是决定建设工程价值和使用价值的（　　）阶段。
   A. 主要　　　　　　　　　　B. 次要
   C. 一般　　　　　　　　　　D. 特殊
2. 价值工程中的总成本是指（　　）。
   A. 生产成本　　　　　　　　B. 产品寿命周期成本
   C. 使用成本　　　　　　　　D. 使用和维修成本
3. 价值工程的核心是（　　）。
   A. 功能分析　　　　　　　　B. 成本分析
   C. 费用分析　　　　　　　　D. 价格分析
4. 限额设计目标是在初步设计前，根据已批准的（　　）确定的。
   A. 可行性研究报告和概算
   B. 可行性研究报告的投资估算
   C. 项目建议书和概算
   D. 项目建议书和投资估算
5. 设计深度不够时，对一般附属工程项目及投资比较小的项目可采用（　　）编制概算。
   A. 概算定额法　　　　　　　B. 概算投标法
   C. 类似工程预算法　　　　　D. 预算定额法
6. 下列不属于设计概算编制依据的审查范围的是（　　）。
   A. 合理性　　　　　　　　　B. 合法性
   C. 时效性　　　　　　　　　D. 适用范围
7. 审查原批准的可行性研究报告时，对总概算投资超过批准的投资估算（　　）以上的应查明原因，重新上报审批。

A. 10%   B. 15%
C. 20%   D. 25%

8. 在工料单价法编制预算中，套用预算定额单价后紧接的步骤是（ ）。

A. 计算工程量

B. 编制工料分析表

C. 计算其他各项费用

D. 套预算人、材、机定额用量

9. 标准预算审查的缺点是（ ）。

A. 效果一般   B. 质量不高

C. 时间长   D. 适用范围小

10. 审查施工图预算的重点，应放在（ ）等方面。

A. 审查文件的组成

B. 审查总设计图

C. 审查项目的"三废"处理

D. 审查工程量预算是否正确

二、多选题

1. 关于设计阶段的特点描述正确的有（ ）。

A. 设计工作表现为创造性的脑力劳动

B. 设计阶段是决定建设工程价值和使用价值的特殊阶段

C. 设计阶段是影响建设工程投资的主要阶段

D. 设计工作需要反复协调

E. 设计质量对建设工程总体质量有决定性影响

2. 在价值工程活动中功能评价方法有（ ）。

A. 0～1评分法   B. 0～4评分法   C. 环比评分法

D. 因素分析法   E. 目标成本法

3. 设计概算可分为（ ）3级。

A. 单位工程概算   B. 分部工程概算

C. 分项工程概算   D. 单项工程综合概算

E. 建设项目总概算

4. 总概算书一般由（ ）组成。

A. 编制前言   B. 编制说明

C. 总概算表   D. 综合概算表

E. 其他工程和费用概算表

5. 重点抽查法审查施工图预算，其重点审查内容包括（ ）。

A. 工程量大或造价较高的工程   B. 结构复杂的工程

C. 补充单位估价表   D. 直接费的计算

E. 费用的计取及取费标准

三、简答题

1. 设计方案优选的原则。

2. 运用综合评价法和价值工程优化设计方案的步骤。
3. 限额设计的目标和意义。
4. 设计概算的编制内容和组成。
5. 设计概算的编制方法和步骤。
6. 审查设计概算的内容和方法。
7. 施工图预算的编制方法和步骤。
8. 审查施工图预算的内容和方法。

四、案例题

某市高新技术开发区有两幢科研楼（A楼和B楼）和一幢综合楼（C楼），其设计方案对比项目如下。

A楼方案：结构方案为大柱网框架轻墙体系，采用预应力大跨度叠合楼板，墙体材料采用多孔砖及移动式可拆装式分室隔墙，窗户采用单框双玻璃钢塑窗，面积利用系数为93%，单方造价为1438元/m^3。

B楼方案：结构方案同A方案，墙体采用内浇外砌，窗户采用单框双玻璃空腹钢窗，面积利用系数为87%，单方造价为1108元/m^3。

C楼方案：结构方案采用砖混结构体系，采用多孔预应力板，墙体材料采用标准黏土砖，窗户采用单玻璃空腹钢窗，面积利用系数为79%，单方造价为1082元/m^3。

各结构方案的功能权重与功能得分表见表4-8。

表4-8 各结构方案的功能权重与功能得分表

结构方案	功能权重	功能得分		
		A	B	C
结构体系	0.25	10	10	8
模板类型	0.05	10	10	9
墙体材料	0.25	8	9	7
面积系数	0.35	9	8	7
窗户类型	0.10	9	7	8

试应用价值工程方法选择最优设计方案。

工作任务单一 设计方案优选

任务名称	设计方案优选
任务目标	用综合指标评价的方法选择最优设计方案,同时考虑采用别的方法进行设计方案的优选
任务内容	某建设项目有3个设计方案,从单位造价指标、基建投资、工期、材料用量和劳动力消耗5个指标进行设计方案的优选.设计方案表见表4-9。

表4-9 设计方案表

评价指标	权重	指标等级	标准分	方案评分(S_i)		
				I	II	III
单位造价指标	5	低于一般水平	3		3	
		一般水平	2	2		
		高于一般水平	1			1
基建投资	4	低于一般	4	4		
		一般	3		3	
		高于一般	2			2
工期	3	缩短工期 x 天	3		3	
		正常工期	2			2
		延长工期 y 天	1	1		
材料用量	2	低于一般用量	3		3	
		一般水平用量	2	2		
		高于一般用量	1			1
劳动力消耗	1	低于一般耗量	3		2	
		一般消耗量	2	2		
		高于一般耗量	1			1

任务分配(由学生填写)	小组	任务分工

续表

任务实施 (由学生填写)	
任务小结 (由学生填写)	

任务完成评价

评分表

评价内容	评价标准	组别：		姓名：		
		自评	小组互评	教师评价		
				任课教师	企业导师	增值评价
职业素养	(1) 学习态度积极，能主动思考，能有计划地组织小组成员完成工作任务，有良好的团队合作意识，遵章守纪，计 20 分； (2) 学习态度较积极，能主动思考，能配合小组成员完成工作任务，遵章守纪，计 15 分； (3) 学习态度端正，主动思考能力欠缺能配合小组成员完成工作任务，遵章守纪，计 10 分； (4) 学习态度不端正，不参与团队任务，计 0 分。					
成果	计算或成果结论（校核、审核）无误，无返工，表格填写规范，设计方案计算准确，字迹工整，如有错误按以下标准扣分，扣完为止。 (1) 计算列表按规范编写，正确得 10 分，每错一处扣 2 分； (2) 方案计算过程中每处错误扣 5 分。					
综合得分	综合得分＝自评分＊30%＋小组互评分＊40%＋老师评价分＊30%					

注：根据各小组的职业素养、成果给出成绩（100 分制），本次任务成绩将作为本课程总成绩评定时的依据之一。

日期： 年 月 日

工作任务单二 设计概算与施工图预算的审查实训

任务名称	设计概算与施工图预算的审查
任务目标	运用设计概算和施工图预算的审查方法对项目进行概预算的审查。
任务内容	将为学生提供的实训现场的某建设项目进行设计概算和施工图预算的审查工作。（根据学生的实际情况，可提供不同结构形式工程的设计概算和施工图预算图纸合计算结果。）
任务分配 （由学生填写）	<table><tr><td>小组</td><td>任务分工</td></tr><tr><td></td><td></td></tr><tr><td></td><td></td></tr></table>
任务实施 （由学生填写）	
任务小结 （由学生填写）	

续表

任务完成评价						
评分表						
组别： 姓名：						
评价内容	评价标准	自评	小组互评	教师评价		
				任课教师	企业导师	增值评价
技能素养	(1) 学习态度积极，能主动思考，能有计划地组织小组成员完成工作任务，有良好的团队合作意识，遵章守纪，计20分； (2) 学习态度较积极，能主动思考，能配合小组成员完成工作任务，遵章守纪，计15分； (3) 学习态度端正，主动思考能力欠缺能配合小组成员完成工作任务，遵章守纪，计10分； (4) 学习态度不端正，不参与团队任务，计0分。					
成果	计算或成果结论（校核、审核）无误，无返工，表格填写规范，计算准确，字迹工整，如有错误按以下标准扣分，扣完为止。 (1) 计算列表按规范编写，正确得10分，每错一处扣2分； (2) 设计概算和施工图预算计算过程中每处错误扣5分。					
综合得分	综合得分＝自评分＊30％＋小组互评分＊40％＋老师评价分＊30％					

注：根据各小组的职业素养、成果给出成绩（100分制），本次任务成绩将作为本课程总成绩评定时的依据之一。

日期： 年 月 日

第5章 招投标阶段控制：博弈中的造价平衡

思维导图

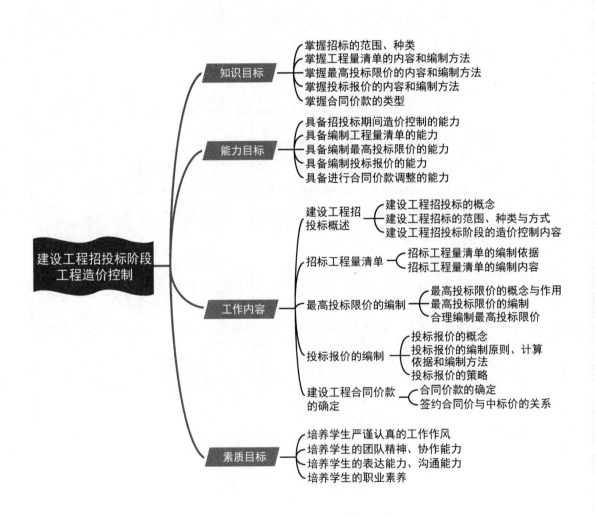

第5章 招投标阶段控制：博弈中的造价平衡

引例

某工程采用公开招标方式，有A、B、C、D、E、F共6家投标单位参加投标，经资格预审该6家投标单位均满足业主要求。该工程采用两阶段评标法评标，评标委员会由7名委员组成，第一阶段评技术标，共40分，其中施工方案15分，总工期8分，工程质量6分，项目班子6分，企业信誉5分。第二阶段评商务标，共计60分。以最高投标限价的70%与投标单位报价算术平均数的30%之和为基准价，即评标标准。以基准价为满分（60分），报价比基准价每下降1%，扣1分，最多扣10分；报价比基准价每增加1%，扣2分，扣分不保底。

在学习本章的过程中，请思考应如何进行招投标，且在招投标过程中，基本建设各方造价员应如何发挥岗位作用。

5.1 招投标流程全景透视

建设工程招投标是市场经济的产物，是期货交易的一种方式。推行工程招投标的目的，就是要在建筑市场中建立竞争机制，招标人通过招标活动来选择条件优越者，力争用最优的技术、最佳的质量、最低的报价、最短的工期完成工程项目任务，投标人也通过这种方式选择项目和招标人，以使自己获得丰厚的利润。

5.1.1 建设工程招投标的概念

1. 建设工程招标的概念

建设工程招标是指招标人在发包建设工程项目之前，以招标公告或邀请书的方式公布招标项目的有关要求和招标条件，邀请投标人根据招标人的意图和要求提出报价，并择日当场开标，以便招标人从中择优选定中标人的一种交易行为。

2. 建设工程投标的概念

建设工程投标是建筑工程招标的对应概念，指具有合法资格和能力的投标人根据招标条件，经过初步研究和估算，在指定期限内编制投标文件，根据实际情况提出自己的报价，通过竞争企图被招标人选中，并等待开标后决定能否中标的一种交易方式。

5.1.2 建设工程招标的范围、种类与方式

 证书在线 5-1

根据《招标投标法》，评标委员会名单在（　　）前保密。（2021年真题）

A. 开标　　　　　　　　　　B. 签合同签订
C. 中标候选人公示　　　　　D. 中标结果确定

【解析】评标委员会成员名单一般应于开标前确定，并应在中标结果确定前保密。

【本题答案】D

1. 建设工程招标的范围

《中华人民共和国招标投标法》(简称《招标投标法》)指出,在中华人民共和国境内进行下列工程建设项目包括项目的勘察、设计、施工、监理以及与工程建设有关的重要设备、材料等的采购,必须进行招标。

《必须招标的工程项目规定》

(1) 大型基础设施、公用事业等关系社会公共利益、公众安全的项目。

(2) 全部或者部分使用国有资金投资或者国家融资的项目。

(3) 使用国际组织或者外国政府贷款、援助资金的项目。

不属于 (2) (3) 规定情形的大型基础设施、公用事业等关系社会公共利益、公众安全的项目,必须进行招标项目的具体范围和规模标准,由国家发展和改革委员会制定,国务院批准,以中华人民共和国国家发展和改革委员会令第16号进行颁布,于2018年6月1日起实施。

2. 建设工程招标的种类

特别提示

建设工程招标按照不同的标准有不同的分类方式,在一个建设项目中,可以根据需要,从不同的角度进行分类,以便于管理。

1) 按照建设工程程序分类

(1) 建设工程前期咨询招标。建设工程前期咨询招标是指对建设工程的可行性研究任务进行的招标。投标方一般为建设工程咨询企业。中标的承包方要根据招标文件的要求,向发包方提供拟建工程的可行性研究报告,并对其结论的准确性负责。承包方提供的可行性研究报告,应获得发包方的认可。认可的方式通常为专家组评估鉴定。

(2) 勘察设计招标。勘察设计招标指根据批准的可行性研究报告,择优确定勘察设计单位。勘察和设计是两种不同性质的工作,可由勘察单位和设计单位分别完成。勘察单位最终提出施工现场的地理位置、地形、地貌、地质、水文等在内的勘察报告。设计单位最终提供设计图纸和成本预算结果。设计招标还可以进一步分为建筑方案设计招标、施工图设计招标。当施工图设计不是由专业的设计单位承担,而是由施工单位承担时,一般不进行单独招标。

(3) 材料设备采购招标。材料设备采购招标是指在建设工程初步设计完成后,对建设工程所需的建筑材料和设备(如电梯、供配电系统、新风机组等)采购任务进行的招标。投标方通常为材料供应商、成套设备供应商等。

(4) 建设工程施工招标。建设工程施工招标指的是在建设工程的初步设计或施工图设计完成后,择优确定施工单位的招标。施工单位最终向业主交付按招标设计文件规定的建筑产品。

2) 按照建设工程的构成分类

(1) 建设工程招标。建设工程招标是指对一个建设工程的全部工程进行的招标。

(2) 单项工程招标。单项工程招标是指对一个建设工程中所包含的若干个单项工程进行的招标。

(3) 单位工程招标。单位工程招标是指对一个单项工程所包含的若干个单位工程进行的招标。

3) 按照工程发包、承包的范围分类

(1) 工程总承包招标。工程总承包招标是指对建设工程的全部(即交钥匙工程)或实施阶段的全过程进行的招标。

(2) 工程分承包招标。工程分承包招标是指中标的工程总承包人作为其中标范围内的工程任务的招标人,依法将其中标范围内的工程任务,通过招标的方式,分包给具有相应资质的分承包人,中标的分承包人只对招标的总承包人负责。

(3) 专项工程承包招标。专项工程承包招标是指对某些比较复杂或专业性强,有特殊性要求的单项工程进行的招标。

4) 按照工程实施阶段所处行业分类

(1) 土木工程招标。对建设工程中土木工程施工任务进行的招标。

(2) 勘察设计招标。对建设工程的勘察设计任务进行的招标。

(3) 货物采购招标。对建设工程所需的建筑材料和设备采购任务进行的招标。

(4) 安装工程招标。对建设工程的设备安装任务进行的招标。

(5) 建筑装饰装修招标。对建设工程的建筑装饰装修的施工任务进行的招标。

(6) 生产工艺技术转让招标。对建设工程生产工艺技术转让进行的招标。

(7) 建设工程咨询和监理招标。对建设工程咨询和监理任务进行的招标。

3. 建设项目招标的方式

1) 公开招标

公开招标又称为无限竞争招标,是由招标单位通过报刊、广播、电视、网络等方式发布招标广告,有意向的承包商均可购买招标文件并参加投标的招标方式。

公开招标的优点是投标的承包商多、范围广、竞争激烈,招标单位有较大的选择余地,有利于降低工程造价,提高工程质量和缩短工期;缺点是由于投标的承包商多,招标工作量大,组织工作复杂,需投入较多的人力、物力,招标过程时间较长。

公开招标方式主要用于政府投资项目或投资金额大,工艺、结构复杂的中、大型工程建设项目。

2) 邀请招标

邀请招标又称为有限竞争招标。这种方式不发布公告,招标单位根据自己的经验和所掌握的信息资料,向有承担该项工程施工能力的 3 个(含 3 个)以上承包商发出投标邀请书,收到邀请书的承包商才有资格成为投标单位,参加投标。

邀请招标的优点是目标集中、招标的组织工作较容易、工作量比较小;缺点是由于参加的投标单位较少,竞争性较差,使招标单位对投标单位的选择余地较少,如果招标单位在选择邀请承包商前所掌握信息资料不足,则会失去发现最适合承担该项目的承包商的机会。

无论是公开招标还是邀请招标都必须按规定的招标程序完成。

素养拓新

随着市场经济体制的建立,我国从 20 世纪 80 年代初期开始实行工程建设招标投标制度,这是建筑业管理体制和经营方式的一项重大改革。

我国招标投标的发展过程可以划分为三个发展阶段。

第一阶段：招标投标制度初步建立。20世纪80年代我国招标投标经历了试行—推广—兴起的发展过程，招标投标主要侧重在宣传和实践，还处于计划经济体制下的一种探索。这个阶段的招标方式基本以议标为主。

第二阶段：招标投标制度规范发展。20世纪90年代初期到中后期，全国各地普遍加强对招标投标的管理和规范工作，也相继出台一系列法规和规章，招标方式已经从以议标为主转变为以邀请招标为主。这一阶段是我国招标投标发展史上最重要的阶段，招标投标制度得到了长足的发展，全国的招标投标管理体系基本形成，为完善我国的招标投标制度打下了坚实的基础。

第三阶段：招标投标制度不断完善。随着建设工程交易中心的有序运行和健康发展，全国各地开始推行建设工程项目的公开招标。1999年8月30日第九届全国人民代表大会常务委员会第十一次会议通过《中华人民共和国招标投标法》，明确规定我国的招标方式不再包括议标方式，它标志着我国的招标投标的发展进入了全新的阶段。

建设项目招标方式的不断完善，表明我国招标投标制度已向纵深发展，不断规范、更加合理。在建设项目招标的过程中，合理选择招标方式对于有效提升招标效率、构建公开透明的招标环境有着深远的意义。

5.1.3 建设工程招投标阶段的造价控制内容

工程造价控制目标和形式与工程建设程序密切相关，工程建设的不同阶段具有各自的造价控制目标和形式。在工程建设中，工程勘察设计、工程施工、工程合同履行是工程造价控制的三个重要阶段。建设工程招投标阶段形成工程合同价格，是工程造价控制的关键。

1. 发包人选择合理的招标方式

公开招标方式是能够体现公开、公正、公平原则的最佳招标方式，邀请招标一般只适用于国家投资的特殊项目和非国有经济的项目。选择合理的招标方式是合理确定工程合同价款的基础。

2. 发包人选择合理的承包模式

常见的承包模式包括总分包模式、平行承包模式、联合承包模式和合作承包模式，不同的承包模式适用于不同类型的工程项目，对工程造价的控制也发挥着不同的作用。

总分包模式的总包合同价可以较早确定，业主可以承担较小的风险。对总承包单位而言，承担的责任重，风险加大，获得高额利润的可能性也随之提高。

平行承包模式的总合同价不易短期内确定，从而影响工程造价控制的实施。工程招标任务量大，需控制多项合同价格，从而增加了工程造价控制的难度。但对于大型复杂工程，如果分别招标，参与竞争的投标单位相应增多，业主就能够获得具有竞争性的商业报价。

联合承包模式对于业主而言，合同结构简单，有利于工程造价的控制；对联合体而言，可以集中各成员单位在资金、技术和管理等方面的优势，增强了抗风险能力。

合作承包模式与联合承包模式相比,业主的风险较大,若合作各方之间信任度不够,造价控制的难度也较大。

3. 发包人编制招标文件,确定合理的工程计量方法和投标报价方法,编制合理的工程招标参考标底或最高投标限价

建设工程的发包数量、合同类型和招标方式一经批准确定以后,即应编制为招标服务的有关文件。工程计量方法和投标报价方法的不同,会产生不同的合同价格,因而在招标前,应选择有利于降低工程造价和便于合同管理的工程计量方法和投标报价方法。招标文件中提供的投标报价基础平台应规范、详尽、合理,这是实现工程造价控制的基础。招标文件中规定的工程承包范围与工程报价范围要一致,并且各标段的工程界面要清晰,使投标报价的范围边界清晰,防止缺漏项目,否则合同履行中容易产生纠纷。招标人编制合理的工程招标参考标底或设置最高投标限价以控制工程的合同价格。是否编制标底由招标人自主决定。根据我国目前情况,工程招标编制参考标底或设置最高投标限价仍然是一种控制工程造价、分析评价投标报价的合理性、可靠性、平衡性、差异性,并防止投标人抬标或恶意压价抢标的有效方法。

招标文件的编制内容

素养拓新

小浪底水利枢纽工程是国家"八五"重点建设项目,于2009年4月竣工。小浪底水利枢纽工程战略地位重要,工程规模宏大,地质条件复杂,水沙条件特殊,质量要求严格,被中外水利专家称为世界上最复杂的水利工程之一。水利部小浪底水利枢纽建设管理局严格遵循建设程序,对项目进行精细化科学管理,对投资进行全过程控制,最终项目取得了质量优良、工期提前,投资结余38亿元的好成绩。

在小浪底水利枢纽工程招投标期间,水利部小浪底水利枢纽建设管理局科学划分标包,严谨规范编制招标文件,为项目全过程投资控制工作贡献了力量。黄河水利委员会设计院对小浪底水利枢纽工程项目的特点、施工现场条件、自身的管理能力、设计衔接、承包商的能力等因素进行了系统的分析、研究,编写了小浪底水利枢纽详细规划报告,专门研究分标的问题,提出了建设项目分一个标、两个标及三个标方案。各方案重点研究资源配置和工期、造价三者之间的关系,经专家评议,最终采用了三个标的方案。小浪底水利枢纽工程的招标文件是依据分标方案、当地情况调查报告和业主管理纲要进行的。初稿由黄河水利委员会设计院和加拿大CIPM的咨询专家负责编写,经过审慎研究和4次修改,由水利部审查定稿,报世界银行批准后发布。招标文件严格按照世界银行招标采购指南的要求和格式编制,其中对有关世界银行要求的内容都有详细和明确的规定。

建设工程招投标阶段是工程造价控制的关键环节,小浪底工程的实践表明,高质量的招标文件不仅为后续的工程管理和合同管理奠定了坚实基础,还对项目全过程的投资控制起到了决定性作用。编制招标文件不仅是技术工作,更体现了责任与担当。党的二十大报告强调,要坚持以人民为中心的发展思想,推动高质量发展。作为工程管理者,我们应以高度的责任感和使命感,确保招标文件的科学性和公正性,为工程建设保驾护航,为实现中华民族伟大复兴的中国梦贡献力量。

4. 承包人编制投标文件，合理确定投标报价

规范投标报价是控制工程造价的基础。拟投标招标工程的承包商根据招标文件编制投标文件，并对其做出实质性响应。在核实工程量的基础上依据企业定额进行工程报价，然后在广泛了解潜在竞争者及工程情况和企业情况的基础上，运用投标技巧和正确的策略来确定最后报价。投标报价要接近市场价格水平，并有一定的利润空间，否则，中标承包人便失去了按质、按期完成工程的动力和能力。

5. 发包人选择合理的评标方式进行评标

建设工程评标的方法很多，我国目前常用的有经评审的最低投标价法和综合评估法等。招标人根据招标项目的功能标准、技术要求、工程规模等因素选择评标方法，并在招标文件中进行明确。合理选择评标方法有助于科学选择承包人。

✅ 证书在线 5-2

根据《招标投标法实施条例》，下列评标过程中出现的情形，评标委员会可要求投标人作出书面澄清和说明的是（　　）。（2021年真题）

A. 投标人报价高于招标文件设定的最高投标限价

B. 不同投标人的投标文件载明的项目管理成员为同一人

C. 投标人提交的投标保证金低于招标文件的规定

D. 在投标文件中发现有含义不明确的文字内容

【解析】评标委员会可以要求投标单位对投标文件中含义不明确的内容作必要的澄清或者说明，但是澄清或者说明不得超出投标文件的范或者改变投标文件的实质性内容。出现选项 A、B、C 的情形投标将被否决，是不能澄清的内容。

【本题答案】D

6. 发包人通过评标定标，选择中标单位，签订承包合同

评标委员会向发包人推荐中标候选人或在发包人的授权下直接确定中标人。在正式确定中标人之前，对潜在中标人进行询标。意在对投标函中有意或无意的不明或笔误之处作进一步明确或纠正。尤其是当投标人对施工图计量的遗漏，对定额套用的错项，对人工、材料、施工机具市场价格不熟悉而引起的失误，以及对其他规避招标文件有关要求的投机取巧行为进行剖析，以确保发包人和潜在中标人等各方的利益都不受损害。

经过询标的中标人的报价作为承包价，在法定时间内签订承包合同。合同的形式应在招标文件中确定，并在投标函中做出响应。目前的建筑工程合同格式一般采用以下三种形式：参考《FIDIC 合同条件》格式订立的合同；按照国家工商部门和住房和城乡建设部推荐的《建设工程施工合同(示范文本)》格式订立的合同；由建设单位和施工单位协商订立的合同。不同的合同格式适用于不同类型的工程，正确选用合适的合同类型是保证合同顺利执行的基础。

✅ 技能在线 5-1

【背景资料】

某办公楼的招标人于 2022 年 10 月 11 日向具备承担该项目能力的 A、B、C、D、E 共 5 家投标单位发出投标邀请书。其中说明：2022 年 10 月 17—18 日的 9—16 时在该招标人

总工程师室领取招标文件，2022年11月8日14时为投标截止时间。5家投标单位均接受邀请，并按规定时间提交了投标文件。投标单位A在送出投标文件后发现报价估算有较严重的失误，于是赶在投标截止时间前10分钟递交了一份书面申请，并顺利地撤回已提交的投标文件。

开标时，由招标人委托的市公证处人员检查投标文件的密封情况，确认无误后由工作人员当众拆封。由于投标单位A已撤回投标文件，故招标人宣布有B、C、D、E共4家投标单位投标，并宣读该4家投标单位的投标价格、工期和其他主要内容。

评标委员会委员由招标人直接确定，共由7人组成，其中招标人代表2人、本系统技术专家2人、本系统经济专家1人、外系统技术专家1人、外系统经济专家1人。

在评标过程中，评标委员会要求B、D两投标人分别对其施工方案做详细说明，并对若干技术要点和难点提出问题，要求其提出具体、可靠的实施措施。作为评标委员会的招标人代表希望投标单位B再适当考虑降低报价。按照招标文件中确定的综合评标标准，4家投标单位综合得分从高到低的依次顺序为B、D、C、E，故评标委员会确定投标单位B为中标人。由于投标单位B为外地企业，招标人于11月10日将中标通知书以挂号信方式寄出，投标单位B于11月14日收到中标通知书。

从报价情况来看，4家投标单位的报价从低到高的依次顺序为D、C、B、E，因此，从11月16日至12月11日招标人又与投标单位B就合同价格进行了多次谈判，结果投标单位B将价格降到略低于投标单位C的报价水平，最终双方于12月12日签订了书面合同。

【技能分析】

从所介绍的背景资料来看，在该项目的招标投标程序中，有以下方面不符合《招标投标法》和《中华人民共和国招标投标法实施条例》（以下简称《招标投标法实施条例》）的有关规定。

(1) 招标人不应仅宣布4家投标单位参加投标。《招标投标法》规定："招标人在招标文件要求提交投标文件的截止时间前收到的所有投标文件，开标时都应当当众予以拆封、宣读。"这一规定是比较模糊的，仅按字面理解，已撤回的投标文件也应当宣读，但这显然与有关撤回投标文件的规定的初衷不符。按国际惯例，虽然投标单位A在投标截止时间前已撤回投标文件，但仍应作为投标人宣读其名称，但不宣读其投标文件的其他内容。

(2)《招标投标法实施条例》第四十六条规定：除技术复杂、专业性强或者国家有特殊要求的项目外，依法必须进行招标的项目，其评标委员会的专家成员应当从评标专家库内相关专业的专家名单中以随机抽取方式确定。本项目显然属于一般招标项目，评标委员会委员不应全部由招标人直接确定。

(3)《招标投标法》第三十九条规定：评标委员会可以要求投标人对投标文件中含义不明确的内容作必要的澄清或者说明，但是澄清或者说明不得超出投标文件的范围或者改变投标文件的实质性内容。施工方案和投标报价属于投标文件实质性内容，所以评标委员会要求B、D两投标人分别对其施工方案作详细说明的要求不符合法律规定，评标委员会的招标人代表希望投标单位B再适当考虑一下降低报价的要求不符合法律规定。

(4)《招标投标法实施条例》第五十七条规定：招标人和中标人应当依照招标投标法和本条例的规定签订书面合同，合同的标的、价款、质量、履行期限等主要条款应当与招标文件和中标人的投标文件的内容一致。招标人和中标人不得再行订立背离合同实质性内容的其他协议。所以中标通知书发出后,招标人与中标单位B就合同价格进行谈判,致使B降低报价的做法不符合法律法规规定。

(5)《招标投标法》第四十六条规定:招标人和中标人应当自中标通知书发出之日起三十日内,按照招标文件和中标人的投标文件订立书面合同。而本案例为32天,显然不符合法律规定。

技能在线 5-2

【背景资料】

某工程进行招标,规定各投标单位递交投标文件截止期及开标时间为中午12点整。有6个投标人出席,共递交了7份投标文件,其中有一个出席者同时代表两个投标人。业主通知此人,他只能投一份投标文件并撤回一份投标文件。还有一名投标人晚到了10分钟,原因是门口警卫认错人,误将其拦在门外。随后警卫向他表示了歉意,并出面证实他迟到的原因。但业主拒绝考虑他交来的投标文件。

业主的做法对不对?

【技能分析】

《招标投标法实施条例》第三十九条规定:禁止投标人相互串通投标。第四十条中情形(二)规定:不同投标人委托同一单位或者个人办理投标事宜,视为投标人相互串通投标。本案例中一个出席者同时代表两个投标人显然违反了法律法规的规定,业主有权拒绝其投标。

《招标投标法》第二十八条规定:投标人应当在招标文件要求提交投标文件的截止时间前,将投标文件送达投标地点。在招标文件要求提交投标文件的截止时间后送达的投标文件,招标人应当拒收。《FIDIC招标程序》要求:不应启封在规定的时间之后收到的投标书,并应立即将其退还投标人,同时附上说明函,说明收到的日期和时间。据此,业主拒收迟到的投标文件的做法是正确的。

5.2 招标清单魔法宝典

工程施工招标时所编制的工程量清单是招标人编制确定最高投标限价的依据,是投标人策划投标方案的依据,是施工合同的组成部分,同时也是工程竣工结算时结算价调整的依据。因此,工程量清单编制的准确性对招投标过程中和施工过程中的造价控制都起着重要作用。

招标工程量清单应由具有编制能力的招标人或受其委托的工程造价咨询人编制。招标工程量清单作为招标文件的组成部分,以合同标的或单位(项)工程为单位进行编制,由分部分项工程项目清单、措施项目清单、其他项目清单、增值税组成。

证书在线 5-3

下列工作中,属于工程发承包阶段造价管理工作内容的是(   )。(2018年真题)

A. 处理工程变更 B. 审核工程概算

C. 进行工程计量　　　　　D. 编制工程量清单

【解析】工程发承包阶段的工作内容：进行招标策划，编制和审核工程量清单、最高投标限价，确定投标报价及其策略，直至确定承包合同价。

【本题答案】D

5.2.1 招标工程量清单的编制依据

（1）《建设工程工程量清单计价标准》（GB/T 50500—2024）（以下简称《清单计价标准》）和相关工程国家及行业工程量计算标准。

（2）国家或省级、行业建设主管部门颁发的工程计量与计价相关规定，以及根据工程需要补充的工程量计算规则。

（3）建设工程设计文件。

（4）与建设工程有关的标准、规范、技术资料。

（5）拟定的招标文件。

（6）施工现场情况、相关地勘水文资料、工程特点、交付标准及常规施工方案。

（7）其他相关资料。

5.2.2 招标工程量清单的编制内容

1. 分部分项工程项目清单的编制

分部分项工程项目清单为不可调整的闭口清单，投标人对招标文件提供的分部分项工程项目清单不可随便做任何更改，分部分项工程项目清单包括项目编码、项目名称、项目特征、计量单位和工程量五个要件。

分部分项工程项目清单的编制程序如图 5.1 所示。

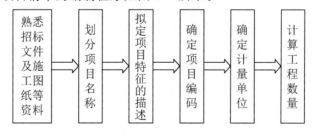

图 5.1　分部分项工程项目清单的编制程序

1）项目编码

分部分项工程量清单项目编码以 5 级编码设置，用 12 位阿拉伯数字表示。第一、二、三、四级编码为全国统一码；第五级编码由工程量清单编制人区分工程的清单项目特征而分别编制。各级编码代表的含义如下。

（1）第一级表示专业工程代码（分两位）。01—房屋建筑与装饰工程；02—仿古建筑工程；03—通用安装工程；04—市政工程；05—园林绿化工程；06—矿山工程；07—构筑物工程；08—城市轨道交通工程；09—爆破工程。

(2) 第二级表示专业工程分类顺序码（分两位）。

(3) 第三级表示分部工程顺序码（分两位）。

(4) 第四级表示分项工程项目名称顺序码（分三位）。

(5) 第五级表示清单项目名称顺序码（分三位）。

当同一标段（或合同段）的一份工程量清单中含有多个单项工程且工程量清单是以单项工程为编制对象时，在编制工程量清单时应特别注意对项目编码十至十二位的设置不得有重码的规定。

例如，一个标段（或合同段）的工程量清单中含有三个单项工程，每一个单项工程中都有项目特征相同的实心砖墙砌体，在工程量清单中又需反映三个不同单项工程的实心砖墙砌体工程量时，则三个单项工程的实心砖墙的项目编码应分别为 010401003001、010401003002、010401003003，并分别列出各单项工程实心砖墙的工程量。

2) 项目名称

项目名称应按相关工程国家及行业工程量计算标准规定，根据拟建工程实际确定。

在"项目名称"填写中存在两种情况，一是完全按照计算标准的项目名称不变，二是根据工程实际在计算标准项目名称下另定详细名称。这两种方式均可，主要应针对具体项目而定。

例如，标准中有的项目名称包含范围很小，直接使用并无不妥，此时可直接使用，如 010102002 挖沟槽土方；有的项目名称包含范围较大，这时采用具体的名称则较为恰当，如 011404001 墙面喷刷涂料，可采用 011404001001 外墙乳胶漆、011404001002 内墙乳胶漆较为直观。

3) 项目特征

项目特征是对项目的准确描述，是影响价格的因素和设置具体清单项目的依据。项目特征按不同的工程部位、施工工艺或材料品种、规格等分别列项，凡项目特征中未描述到的独有特征，由清单编制人视项目具体情况确定，以准确描述清单项目为准。

(1) 必须描述的内容。

① 涉及正确计量的内容必须描述：如门窗洞口尺寸或框外围尺寸。

② 涉及结构要求的内容必须描述：如混凝土构件的混凝土强度等级，是使用 C20、C30、还是 C40 等，因混凝土强度等级不同，其价值也不同，必须描述。

③ 涉及材质要求的内容必须描述：如油漆的品种，是调合漆，还是硝基清漆等；管材的材质，是碳钢管、塑料管，还是不锈钢管等；还需要对管材的规格、型号进行描述。

④ 涉及安装方式的内容必须描述：如管道工程中的钢管的连接方式是螺纹连接，还是焊接；塑料管是粘接连接，还是热熔连接等就必须描述。

(2) 可不详细描述的内容。

① 无法准确描述的可不详细描述，如土壤类别。由于我国幅员辽阔，南北东西差异较大，特别是对于南方来说，在同一地点，由于表层土与表层土以下的土壤，其类别是不相同的，要求清单编制人准确判定某类土壤在土方中所占比例是很困难的。在这种情况下，可考虑将土壤类别描述为综合，但应注明由投标人根据地勘资料自行确定土壤类别，决定报价。

② 施工图纸、标准图集标注明确的，可不再详细描述。对这些项目可描述为见××

图集××页，及××节点大样等。由于施工图纸、标准图集是发承包双方都应遵守的技术文件，这样描述，可以有效减少在施工过程中对项目理解的不一致。同时，对不少工程项目，真要将项目特征一一描述清楚，也是一件费力的事情，如果能采用这一方法描述，就可以收到事半功倍的效果。因此，建议这一方法在项目特征描述中能采用的尽可能采用。

③ 有一些项目虽然可不详细描述，但清单编制人在项目特征描述中应注明由投标人自定，如土方工程中的取土运距、弃土运距等。首先要清单编制人决定取、弃土方的运距是困难的；其次，由投标人根据在建工程施工情况统筹安排，自主决定取、弃土方的运距可以充分体现竞争的要求。

④ 一些地方以项目特征见××定额的表述也是值得考虑的。自《清单计价标准》实施以来，对项目特征的描述已引起了广泛的注意，各地区、各专业也总结了一些好的做法。每个定额项目实质上都是一定项目特征下的消耗量标准及其价值表示，因此，如清单项目的项目特征与现行定额某些项目的规定是一致的，也可采用项目特征见××定额的方式予以表述。

(3) 特征描述的方式。

特征描述的方式大致可划分为"问答式"与"简化式"两种。

① 问答式主要是工程量清单编写者直接采用计量标准上提供的内容，在要求描述的项目特征上采用答题的方式进行描述。这种方式的优点是全面、详细，缺点是内容冗杂，有大量重复性内容，打印用纸较多。

② 简化式则与问答式相反，对需要描述的项目特征内容根据当地的用语习惯，采用口语化的方式直接表述，省略了标准上的描述要求，简洁明了，打印用纸较少。

> **特别提示**
>
> 项目特征是影响造价的因素，招标人准确描述项目特征对于投标人正确报价尤为重要，因此，招标人应严肃认真对待。

4) 计量单位

计量单位应按相关工程国家及行业工程量计算标准的规定填写。《清单计价标准》中计量单位均为基本计量单位，不得使用扩大单位（如 10m、100m^2、1000m^3）。

有的项目标准中有两个或两个以上计量单位的，应按照最适宜计量的方式选择其中一个填写。

例如景观灯，标准以"套""m^2"和"m"三个计量单位表示，此时就应根据工程项目特点，选择其中一个即可。

工程计量时每一项目汇总的有效位数应遵守下列规定。

(1) 以"t"为单位，应保留小数点后三位数字，第四位小数四舍五入。

(2) 以"m""m^2""m^3""kg"为单位，应保留小数点后两位数字，第三位小数四舍五入。

(3) 以"个""件""根""组""系统"为单位，应取整数。

5) 工程量

分部分项工程项目清单中所列工程量应按相关工程国家及行业工程量计算标准规定的

工程量计算规则计算。另外，对补充项的工程量计算规则必须符合两个原则：一是其计算规则要具有可计算性，二是计算结果要具有唯一性。

工程量的计算是一项繁杂而细致的工作，为了计算的快速、准确，并尽量避免漏算或重算，必须依据一定的计算原则及方法。

（1）计算口径一致。根据施工图列出的工程量清单项目，必须与相关工程国家及行业工程量计算标准中相应清单项目的口径相一致。

（2）按工程量计算规则计算。分部分项工程项目工程量应按相关工程国家及行业工程量计算标准规定的工程量计算规则计算。

（3）按图纸计算。工程量按每一分项工程，根据设计图纸进行计算，计算时采用的原始数据必须以施工图纸所表示的尺寸或施工图纸能读出的尺寸为准进行计算，不得任意增减。

（4）按一定顺序计算。计算分部分项工程量时，可以按照计量标准编目顺序或按照施工图专业顺序依次进行计算。对于计算同一张图纸的分项工程量时，一般可采用 4 种顺序：①按顺时针或逆时针顺序计算；②按先横后纵顺序计算；③按轴线编号顺序计算；④按施工先后顺序计算。

准确计算工程量是界定招标项目招标范围的要求，准确描述项目特征是投标人能否准确报价的前提，所以合理编制招标工程量清单对工程造价控制至关重要。

2. 措施项目清单的编制

措施项目是为完成工程项目施工，发生于该工程施工准备和施工及验收过程中的技术、生活、安全、环境保护等方面的项目。

措施项目清单是表明为完成分项实体工程而必须采取的一些措施性工作的清单表。措施项目清单为可调整清单，投标人对招标文件中所列项目可根据企业自身特点做适当的变更。

（1）措施项目清单必须根据相关工程国家及行业工程量计算标准的规定编制。

（2）措施项目清单应根据拟建工程的实际情况列项。若出现计量标准未列的项目，可根据工程实际情况补充。

（3）发包人提供设计图纸并要求承包人按图施工的措施项目，应按相关工程国家及行业工程量计算标准编制工程量清单，列入分部分项工程量清单中。

（4）相关工程国家及行业工程量计算标准中列出的措施项目，应按标准规定的项目编码、项目名称和工作内容确定。

常见措施项目见表 5-1。

表 5-1 常见措施项目

序号	项目名称	发生情况说明
1	环境保护	一般情况均可发生
2	文明施工	一般情况均可发生
3	安全施工	一般情况均可发生
4	临时设施	一般情况均可发生

续表

序号	项目名称	发生情况说明
5	夜间施工	夜间施工者发生
6	二次搬运	场地狭小时发生
7	大型机械进出场及安拆	机械挖土、吊装、打桩、碾压及其他需要大型机械施工的工程发生
8	混凝土及钢筋混凝土模板及支架	混凝土及钢筋混凝土（含现浇、现场预制）及其他需要支模板的工程发生
9	脚手架	除个别工程外，一般均可发生
10	已完工程及设备保护	需要进行成品保护的项目发生
11	施工排水	在地下水位较高的场地上施工的深基础发生

3. 其他项目清单的编制

其他项目清单是应招标人的特殊要求而发生的与拟建工程有关的其他费用项目和相应数量的清单。工程建设标准的高低、工程的复杂程度、工程的工期长短、工程的组成内容、发包人对工程管理要求等都直接影响到其具体内容。当出现未包含在表格中的项目时，可根据实际情况补充，其中包括以下几项内容。

（1）暂列金额，是发包人在工程量清单中暂定并包括在合同总价中，用于招标时尚未能确定或详细说明的工程、服务和工程实施中可能发生的合同价款调整等所预留的费用。暂列金额应根据工程特点按招标文件的要求列项，可按用于暂未明确或不能详细说明工程、服务的暂列金额（如有）和用于合同价款调整的暂列金额分别列项。用于暂未明确或不能详细说明工程、服务的暂列金额应提供项目及服务名称，并根据同类工程的合理价格估算暂列金额；用于合同价款调整的暂列金额可按招标图纸设计深度及招标工程实施工期等因素对合同价款调整的影响程度，结合同类工程情况合理估算。

（2）暂估价。暂估价包括材料暂估价和专业工程暂估价。材料暂估价指发包人在工程量清单中提供的，用于支付设计图纸要求必需使用的材料，但在招标时暂不能确定其标准、规格、价格而在工程量清单中预估到达施工现场的不含增值税的材料价格。发包人提供材料的可按承包人负责安装和承包人不负责安装分别列项，并填写发包人提供材料一览表，列出材料明细项目及其暂估单价。

专业工程暂估价指发包人在工程量清单中提供的，在招标时暂不能确定工程具体要求及价格而预估的含增值税的专业工程费用。专业工程暂估价应根据招标文件说明的专业工程分类别和（或）分专业列项，并列出明细表，其暂估价可根据项目情况，结合同类工程的合理价格或概算金额估算。

暂估价是在招标阶段预测肯定要发生，只是因为标准不明确或者需要由专业承包人完成，暂时无法确定具体价格时采用的一种价格形式。直接发包的专业工程应根据招标文件说明发包人直接发包的各专业工程分别列项，并列出明细表。

（3）计日工。计日工是承包人完成发包人提出的零星项目或工作，但不宜按合同约定的计量与计价规则进行计价，而应依据经发包人确认的实际消耗人工工日、材料数量、施工机具台班等，按合同约定的单价计价的一种方式。计日工应在项目特征中说明招标工程实施中可能发生的计日工性质的工种类别、材料及施工机具名称、零星工作项目、拆除修复项目等，并列出每一项目相应的名称、计量单位和合理暂估数量。

(4) 总承包服务费，是为了解决招标人在法律法规允许的条件下，进行专业工程发包以及自行采购供应材料、设备时，要求总承包人对发包的专业工程提供协调和配合服务，对供应的材料、设备提供收发和保管服务，对施工现场进行统一管理，以及对竣工资料进行统一汇总整理等服务发生，并向承包人支付的费用。招标人应当按照投标人的投标报价支付该费用。发包人提供材料、专业分包工程的总承包服务费应分别列项，可按项或费率计量。按费率计量的，宜以暂估价作为计价基础；直接发包的专业工程的总承包服务费宜以项计量。

4. 增值税清单的编制

增值税应根据政府有关主管部门的规定列项，应以分部分项工程项目清单、措施项目清单、其他项目清单（专业工程暂估价除外）的合计金额作为计算基础，乘以政府主管部门规定的增值税税率计算税金。

素养拓新

1979年9月全国人大常委会第十一次会议通过并公布施行《中华人民共和国环境保护法（试行）》，提出超过国家规定的标准排放污染物，要按照排放污染物的数量和浓度，根据规定收取排污费。1982年2月5日，国务院发布《征收排污费暂行办法》，对超过排放标准排放污染物的企业、事业单位要征收排污费，确立了排污收费制度。

2015年6月，《中共中央国务院关于加快推进生态文明建设的意见》首次明确提出"绿色化"概念，正式对环境保护费改税制度进行开启。2016年12月25日，第十二届全国人民代表大会常务委员会第二十五次会议通过了《中华人民共和国环境保护税法》。环境保护税是我国唯一独立的绿色税种，也是首部专门为环境保护而设立的独立型绿色税种，标志着我国"绿色税制"进入法治化与精细化阶段，强化了绿色税收对生态环境的保护。2018年1月1日《中华人民共和国环境保护税法》开始正式施行，对大气污染物、水污染物、固体废物和噪声四类污染物，过去由环保部门征收排污费，现在改为由税务部门征收环保税。

随着环保税的实施，2018年4月12日生态环境部发布第2号部令《关于废止有关排污收费规章和规范性文件的决定》，在我国实施了38年的排污收费制度退出了历史舞台。建标〔2013〕44号文中计入建筑安装工程费用规费中的排污费也相应改为环境保护税。

党的二十大报告指出，我们要推进美丽中国建设，坚持山水林田湖草沙一体化保护和系统治理，统筹产业结构调整、污染治理、生态保护、应对气候变化，协同推进降碳、减污、扩绿、增长，推进生态优先、节约集约、绿色低碳发展。从排污费到环保税，绝不是简单的名称变化，而是从制度设计到具体执行的全方位转变，税比费具有更强的刚性，"费"和"税"一字之差，反映出中央加快生态文明建设的决心和力度加大了，从"费"到"税"的转变，有着巨大的制度意义。

税金项目清单除规定的内容外，如国家税法发生变化或增加税种，应对税金项目清单进行补充。税金的计算基础和费率均应按照国家或地方相关部门的规定执行。

第5章 招投标阶段控制：博弈中的造价平衡

5. 工程量清单总说明的编制

工程量清单总说明包括以下内容。

（1）工程概况。工程概况中要对建设规模、工程特征、计划工期、施工现场实际情况、自然地理条件、环境保护要求等做出描述。其中建设规模是指建筑面积；工程特征应说明基础及结构类型、建筑层数、高度、门窗类型及各部位装饰、装修做法；计划工期是指按工期定额计算的施工天数；施工现场实际情况是指施工场地的地表状况；自然地理条件是指建筑场地所处地理位置的气候及交通运输条件；环境保护要求是针对施工噪声及材料运输可能对周围环境造成的影响和污染所提出的防护要求。

（2）工程招标及分包范围。工程招标范围是指单位工程的招标范围，如建筑工程招标范围为全部建筑工程，装饰装修工程招标范围为全部装饰装修工程，或招标范围不含桩基础、幕墙、门窗等。工程分包是指特殊工程项目的分包，如招标人自行采购、安装铝合金门窗等。

（3）工程量清单编制依据。包括《清单计价标准》、设计文件、招标文件、施工现场情况、工程特点及常规施工方案等。

（4）工程质量、材料、施工等的特殊要求。工程质量的要求是指招标人要求拟建工程的质量应达到合格或优良标准；材料的要求是指招标人根据工程的重要性、使用功能及装饰装修标准提出，如对水泥的品牌、钢材的生产厂家、花岗石的出产地与品牌等的要求；施工的要求一般是指建设项目中对单项工程的施工顺序等的要求。

（5）其他需要说明的事项。

6. 招标工程量清单汇总

在分部分项工程项目清单、措施项目清单、其他项目清单和税金项目清单编制完成以后，经审查复核，与工程量清单封面及总说明汇总并装订，由相关责任人签字和盖章，形成完整的招标工程量清单文件。

> **特别提示**
>
> 《清单计价标准》中最能体现"竞争性"的内容是措施项目，标准将措施项目报价权交给了企业，是为了留给企业竞争的空间，投标人要想提升自己的竞争能力，发挥出自身的优势，应该精心编制施工组织设计，优化施工方案。

 技能在线 5-3

××中学教师住宅楼招标工程量清单编制示例

（1）工程概况：本工程为砖混结构，采用混凝土灌注桩，建筑层数为六层，建筑面积为 10900m^2，计划工期为 300 日历天。施工现场距教学楼最近处为 20m，施工中应注意采取相应的防噪措施。

（2）工程招标范围：本次招标范围为施工图范围的建筑工程和安装工程。

（3）工程量清单编制依据：住宅楼施工图；《清单计价标准》及相关工程国家及行业工程量计算标准等。

(4) 其他需要说明的问题。

① 招标人供应现浇构件的全部钢筋,单价暂定为 5400 元/t,钢筋工程量估算为 16.756t。承包人应在施工现场对招标人供应的钢筋进行验收、保管和使用发放。招标人供应钢筋的价款支付,由双方协商最终支付给供应商。

② 进户防盗门另进行专业发包,暂估价为 28900 元。总承包人应配合专业工程承包人完成以下工作。

a. 按专业工程承包人的要求提供施工工作面,并对现场进行统一管理、资料收集整理等工作。

b. 为专业工程承包人提供垂直运输和焊接电源接入点,并承担垂直运输费用及电费。

c. 为防盗门安装后进行补缝找平施工并承担相应费用。

(5) ××中学教师住宅楼分部分项工程量清单与计价表,如表 5-2 所示。试根据条件编制该工程其他项目清单。

表 5-2 分部分项工程量清单与计价表

工程名称:××中学教师住宅楼　　　　　　标段:　　　　　　　　第　页 共　页

序号	项目编码	项目名称	项目特征描述	计量单位	工程量	金额/元		
						综合单价	合价	其中:暂估价
			……					
	0104		砌筑工程					
4	010401001001	砖基础	1. 砖品种、规格、强度等级:MU15 页岩砖 240mm×115mm×53mm 2. 基础类型:条形基础 3. 砂浆强度等级:M10 水泥砂浆	m³	239.25			
5	010401002001	实心砖墙	1. 砖品种、规格、强度等级:MU15 页岩砖 240mm×115mm×53mm 2. 墙体类型:砌实心墙,墙体厚度 240mm 3. 砂浆强度等级、配合比:M7.5 混合砂浆	m³	2037.30			
			……					
	0105		混凝土及钢筋混凝土工程					
6	010502005001	基础连系梁	1. 混凝土种类:商品混凝土 2. 混凝土强度等级:C30	m³	208.95			

续表

序号	项目编码	项目名称	项目特征描述	计量单位	工程量	金额/元		
						综合单价	合价	其中：暂估价
			……					
13	010506001001	现浇混凝土基础及连系梁钢筋	钢筋种类、规格：Q235带肋钢筋，$\phi 14$	t	7.844			
14	010506002001	现浇混凝土柱钢筋	钢筋种类、规格：Q235带肋钢筋，$\phi 12$	t	5.727			
			……					

解：根据题干信息编制其他项目清单与计价表（表5-3）、材料（工程设备）暂估单价表（表5-4）、专业工程暂估价表（表5-5）、计日工表（表5-6）、总承包服务费计价表（表5-7）。

招标人根据施工图纸的深度、暂估价设定的水平、合同价款约定调整的因素以及工程实际情况确定暂列金额为100000元。

表5-3 其他项目清单与计价表

工程名称：××中学教师住宅楼　　　　　　标段：　　　　　　　　第 页 共 页

序号	工程名称	金额/元	备注
1	暂列金额	100000	
2	专业工程暂估价	289000	
3	计日工		
4	总承包服务费		

表5-4 材料（工程设备）暂估单价表

工程名称：××中学教师住宅楼　　　　　　标段：　　　　　　　　第 页 共 页

序号	材料（工程设备）名称、规格、型号	计量单位	单价/元	备注
1	钢筋	t	5400	

表5-5 专业工程暂估价表

工程名称：××中学教师住宅楼　　　　　　标段：　　　　　　　　第 页 共 页

序号	工程名称	工程内容	金额/元	结算金额/元	差额±/元	备注
1	进户防盗门	进户防盗门供货及安装	289000			
	合计		289000			

表 5-6 计日工表

工程名称：××中学教师住宅楼　　　　　标段：　　　　　　　　　　　第 页 共 页

编号	项目名称	单位	暂定数量	综合单价/元	合价/元
一	人工				
1	普工	工日	10		
2	瓦工	工日	8		
3	电工	工日	8		
	……				
	人工小计				
二	材料				
1	水泥 42.5	t	2		
2	中砂	m³	20		
	……				
	材料小计				
三	施工机具				
1	灰浆搅拌机（400L）	台班	5		
	……				
	机具小计				

表 5-7 总承包服务费计价表

工程名称：××中学教师住宅楼　　　　　标段：　　　　　　　　　　　第 页 共 页

序号	项目名称	项目价值/元	服务内容	计算基础	费率/%	金额/元
1	发包人发包专业工程	289000				
1.1	进户防盗门	289000	1. 按专业工程承包人的要求提供施工工作面并对现场进行统一管理，进行资料收集整理等工作； 2. 为专业工程承包人提供垂直运输和焊接电源接入点，并承担垂直运输费用及电费； 3. 为防盗门安装后进行补缝找平施工并承担相应费用			
2	发包人提供材料	90482				
2.1	钢筋	90482	1. 提供入仓验收服务； 2. 提供仓库看管服务； 3. 进行使用发放服务			

5.3 最高投标限价安全密码

5.3.1 最高投标限价的概念及作用

1. 最高投标限价的概念

最高投标限价,是指招标人根据国家以及当地有关规定的计价依据和计价办法、招标文件、市场行情,并按工程项目设计施工图纸等具体条件调整编制的,对招标工程项目限定的最高工程造价。

最高投标限价是《清单计价标准》中的术语,对于最高投标限价及其规定要注意以下方面的理解。

(1) 国有资金投资的工程建设项目应实行工程量清单招标,并应编制最高投标限价。

(2) 最高投标限价超过批准的概算时,招标人应将其报原概算审批部门审核。

(3) 投标人的投标报价高于最高投标限价的,其投标应予以拒绝。

(4) 最高投标限价应由具有编制能力的招标人,或受其委托的工程造价咨询人编制。工程造价咨询人不得同时接受招标人和投标人对同一工程的最高投标限价和投标报价的编制。

(5) 最高投标限价应在招标时公布,不应上调或下浮,招标人应将最高投标限价及有关资料报送工程所在地工程造价管理机构备查。

(6) 投标人经复核认为招标人公布的最高投标限价未按照《清单计价标准》的规定进行编制的,应在最高投标限价公布后5天内向招投标监督机构或(和)工程造价管理机构投诉。招投标监督机构应会同工程造价管理机构对投诉进行处理,最高投标限价误差大于±3%的应责成招标人修改。

2. 最高投标限价的作用

(1) 在招标文件中事先公布最高投标限价,评标时可以合理确定中标价。

采用传统的标底或无标底方式招标,标底必须保密,评标时是以最接近标底的报价来确定中标价的。实践中,一些工程项目在招标中除了过度的低价恶性竞争外,也会出现"围标"现象,即所有投标价均高于标底,但最低的投标价仍能中标,这对招标人控制工程造价是不利的。

最高投标限价是事先公布的最高限价,无须保密。对低于最高投标限价的投标进入下一步评审,而高于最高投标限价的投标报价则为废标。因此,招标人如实公布最高投标限价,合理确定中标价,体现了招标活动的公平、公正原则。

(2) 设立最高投标限价,可有效控制投资、防止恶性哄抬标价。

最高投标限价是衡量投标单位报价的准绳,有了最高投标限价,才能正确判断投标报价的合理性和可靠性。在工程招标活动中,设置合理的最高投标限价可以相对降低工程造价,有效地控制工程经费的使用。

(3) 最高投标限价的提出,体现了建筑市场的交易公平性。

最高投标限价的提出，既设置了控制上限又尽可能地减少了招标人对评标基准价的影响，使投标人自主报价、公平竞争，体现了建筑市场的交易公平性，符合当前的建筑市场规律。

5.3.2 最高投标限价的编制

1. 最高投标限价的编制依据

（1）现行国家标准《清单计价标准》和相关国家及行业工程量计算标准。

（2）国家或省级、行业建设主管部门颁发的工程计量与计价相关规定，以及根据工程需要补充的工程量计算规则。

（3）建设工程设计文件及相关资料。

（4）拟定的招标文件及招标工程量清单。

（5）与建设项目相关的标准、规范、技术资料。

（6）施工现场情况、工程特点、常规施工方案、交付标准、地勘水文资料。

（7）工程造价管理机构发布的工程造价信息，工程造价信息没有发布的参照市场价。

（8）其他相关资料。

2. 最高投标限价的编制内容

根据《建设工程工程量清单计价标准》（GB/T 50500—2024），最高投标限价应包括完成拟建工程招标工程范围的所有费用，包括分部分项工程费、措施项目费、其他项目费和税金。

1) 分部分项工程费的编制

$$分部分项工程费 = \sum (分部分项工程量 \times 综合单价)$$

分部分项工程量是招标文件中工程量清单提供的工程量。综合单价是完成一个规定计量单位的分部分项工程所需的人工费、材料和工程设备费、施工机具使用费和企业管理费、利润以及一定范围内的风险费用。综合单价应根据招标文件中的分部分项工程量清单项目的特征描述及有关要求，行业建设主管部门颁发的计价定额和计价办法进行编制。综合单价中应当包括招标文件中招标人要求投标人所承担的风险内容及其范围（幅度）产生的风险费用。招标文件提供了暂估单价的材料，按暂估的单价计入综合单价。

2) 措施项目费的编制

措施项目应按招标文件中提供的措施项目清单和拟建工程项目采用的施工组织设计进行确定。单价措施应按措施项目清单中的工程量，采用综合单价计价；以"项"为单位的总价措施，应包括除规费、税金以外的全部费用。

3) 其他项目费的编制

（1）暂列金额。为保证工程施工建设的顺利实施，应针对施工过程中可能出现的各种不确定因素对工程造价的影响，在最高投标限价中估算一笔暂列金额。暂列金额可根据工程的复杂程度、设计深度、工程环境条件（包括地质、水文、气候条件等）进行估算，一般可按分部分项工程费的10%～15%作为参考。

（2）暂估价。暂估价包括材料暂估价和专业工程暂估价。编制最高投标限价时，材料暂估单价应按招标工程量清单提供的单价计入分部分项综合单价中,专业工程暂估价按招标工程量清单提供的金额填写。

(3)计日工。计日工包括人工单价、材料单价和施工机具台班单价。在编制最高投标限价时,对计日工中的人工单价和施工机具台班单价应按省级、行业建设主管部门或其授权的工程造价管理机构公布的单价计算;材料单价应按工程造价管理机构发布的工程造价信息中的材料单价计算,工程造价信息未发布材料单价的材料,其价格应按市场调查确定的单价计算。

(4)总承包服务费。编制最高投标限价时,总承包服务费应按照省级或行业建设主管部门的规定,并根据招标文件列出的内容和要求估算。在计算时可参考以下标准:招标人仅要求对分包的专业工程进行总承包管理和协调时,按分包的专业工程估算造价的1.5%计算;招标人要求对分包的专业工程进行总承包管理和协调,并同时要求提供配合服务时,根据招标文件列出的配合服务内容和提出的要求,按分包的专业工程估算造价的3%~5%计算;招标人自行供应材料的,按招标人供应材料价值的1%计算。

4)税金的编制

税金应按国家或省级、行业建设主管部门规定的标准计算,不作为竞争性费用。

✅ 证书在线 5-4

根据《招标投标法实施条例》,对于采用两阶段招标的项目,投标人在第一阶段向招标人提交的文件是(   )。(2023年真题)

A. 不带报价的技术提议　　　　B. 带报价的技术提议
C. 不带报价的技术方案　　　　D. 带报价的技术方案

【解析】第一阶段,投标人按照招标公告或者投标邀请书提交不带报价的技术提议,招标人根据投标人提交的技术提议确定技术原则和规定,编制招标文件。

【本题答案】A

> **特别提示**
>
> 招标人必须按照国家、地方、行业的消耗量定额或单位估价表编制最高投标限价,反映建设行业社会平均水平,不得降低或提高。

5.3.3　合理编制最高投标限价

1. 最高投标限价应体现社会平均水平

在最高投标限价编制的过程中,招标人势必希望通过招标选择到具有成熟的先进技术和先进经验的承包人,显然这样的企业在技术和管理上具有一定的优势,在工程成本管理和控制方面也应具有更强的竞争性,反映出社会平均先进水平。这种社会平均先进水平原则上是在正常的施工条件下,大多数生产者经过努力能够达到和超过的水平,能够反映比较成熟的先进技术和先进经验,有利于降低工料消耗,提高企业管理水平,达到鼓励先进、勉励中间、鞭策落后的效果。

作为投标报价的最高限制价，遵循社会平均先进水平原则，一方面对因围标和串标行为而哄抬标价能够起到制约作用，使得即便存在这样的行为也是被控制在社会平均先进水平范围之内的；另一方面使投标人能够看到获得合理利润的前提下积极参加投标，并在经评审的合理低价中标的评标方法下进行竞争胜出，从而使得招标人选择到满意的承包人。

2. 编制人应提高执业素质和业务能力

最高投标限价要随招标文件一起发布，这就要求最高投标限价的编制必须快速、准确；要求编制人熟悉清单计价和施工特点，严格按照《清单计价标准》编制最高投标限价。

在编制最高投标限价时应仔细研读相应定额的章节说明、定额工程内容及页下面的附注。在套用定额前要明确知道定额包含的工作内容及未包含的工作内容，以免多计或少计。

3. 掌握新材料、新工艺、新技术的现状及趋势

由于施工技术不断地更新和进步，在工作中经常会遇到新材料和新工艺，只有在对工程施工程序厘清、掌握的基础上，才能较为准确地为新材料和新工艺进行定额补充，提出较为合理的工程造价。

4. 建立价格咨询系统

虽然目前各地区基本设置了建筑材料指导价做参考，而且每年都在不断增加项目，但毕竟所反映的材料种类和价格是有限的，很多材料价格无法直接查询，这就要求最高投标限价编制人员自主建立价格咨询系统，与相关厂家保持联系，及时更新材料种类及价格。

5.4 投标策略与报价技巧揭秘

5.4.1 投标报价的概念

投标报价是投标人投标时报出的工程造价，是投标人投标时响应招标文件要求所报出的对已标价工程量清单汇总后标明的总价。

投标人的投标报价不得高于最高投标限价。在工程量清单计价模式下，由招标人给出工程量清单，投标人填报单价，单价应完全依据企业技术、管理水平等企业实力而定，以满足市场竞争的需要。

对于投标企业，采用工程量清单报价，必须对单位工程成本、利润进行分析，统筹考虑，精心选择施工方案，并根据企业定额合理确定人工、材料、施工机具等要素的投入与配置，优化组合，合理控制现场费用和施工技术措施费用，在此基础上确定投标价。

5.4.2 投标报价的编制原则、计算依据和编制方法

1. 投标报价的编制原则

投标报价的编制主要是投标单位对承建招标工程所要发生的各种费用的计算。在进行

第5章 招投标阶段控制：博弈中的造价平衡

投标计算时，必须首先根据招标文件进一步复核工程量。作为投标计算的必要条件，应预先确定施工方案和施工进度，此外，投标计算还必须与采用的合同形式相协调。报价是投标的关键性工作，报价是否合理直接关系到投标的成败。

（1）以招标文件中设定的发承包双方责任划分，作为考虑投标报价费用项目和费用计算的基础；根据工程发承包模式考虑投标报价的费用内容和计算深度。

（2）以施工方案、技术措施等作为投标报价计算的基本条件。

（3）以反映企业技术和管理水平的企业定额作为计算人工、材料和施工机具台班消耗量的基本依据。

（4）充分利用现场考察、调研成果、市场价格信息和行情资料等来编制基价，并确定调价方法。

（5）报价计算方法要科学严谨、简明适用。

2. 投标报价的计算依据

（1）现行《清单计价标准》和相关工程国家及行业工程量计算标准。

（2）国家或省级、行业建设主管部门颁发的计价办法。

（3）企业定额，国家或省级、行业建设主管部门颁发的工程计量与计价相关规定，以及根据工程需要补充的工程量计算规则。

（4）招标文件、招标工程量清单及其补充通知、答疑纪要。

（5）建设工程设计文件及相关资料。

（6）施工现场情况、工程特点及投标时拟定的施工组织设计或施工方案。

（7）与建设项目相关的标准、规范等技术资料。

（8）市场价格信息或工程造价管理机构发布的工程造价信息。

（9）其他的相关资料。

在投标报价的计算过程中，对于不可预见费用的计算必须慎重考虑，不要遗漏。

3. 投标报价的编制方法

1）分部分项工程项目清单与计价表的编制

（1）复核分部分项工程项目清单的工程量和项目是否准确。

（2）研究分部分项工程项目清单中的项目特征描述。

（3）进行清单综合单价计算。

综合单价＝人工费＋材料和工程设备费＋施工机具使用费＋企业管理费＋利润 (5.3)

（4）进行工程量清单综合单价的调整。注意综合单价调整时降低过低可能会加大承包商亏损的风险，过度的提高可能会失去中标的可能。

（5）编制分部分项工程项目清单计价表。将调整后的综合单价填入分部分项工程项目清单计价表，计算各个项目的合价和合计。

在计算投标报价的过程中，复核清单工程量是必要的工作，复核的目的不是修改工程量清单。招标人提供的工程量清单即使有误，投标人也不能修改工程量清单中的工程量，因为修改了清单将导致在评标时被认为投标文件未响应招标文件而被否决。针对招标工程量清单中工程量的遗漏或错误，是否向招标人提出修改意见取决于投标策略。投标人可以向招标人提出，由招标人统一修改并把修改情况通知所有投标人；也可以运用一些报价的技巧提高报价的质量，争取在中标后能获得更大的收益。

2) 措施项目清单与计价表的编制

措施项目清单为可调整清单。招标人提出的措施项目清单是根据一般情况确定的，而不同投标人拥有的施工装备、技术水平和采用的施工方法有所差异，所以投标人对招标文件中所列项目，可根据企业自身特点、拟建工程施工组织设计及施工方案做适当的调整。措施项目费中的安全生产措施费应当按照国家或省级、行业建设主管部门的规定标准计价，不得作为竞争性费用。措施项目费的计算方法一般有以下几种。

（1）定额分析法。

定额分析法适用于单价措施项目，可以套用定额，以综合单价形式计价，方法同分部分项工程。

（2）系数计算法。

系数计算法适用于总价措施项目，是采用与措施项目有直接关系的分部分项清单项目费为计算基础，乘以措施项目费系数加上管理费和利润，求得措施项目费。

投标人对拟建工程可能发生的措施项目和措施费用做通盘考虑，清单计价一经报出，即被认为是包括了所有应该发生的措施项目的全部费用。如果报出的清单中没有列项，且施工中又必须发生的项目，业主有权认为，其已经综合在分部分项工程量清单的综合单价中。将来措施项目发生时投标人不得以任何借口提出索赔与调整。

✓ 技能在线 5-4

施工单位 A 对本章应用案例 5-3 项目进行投标，分部分项工程项目和单价措施项目清单与计价表（部分）如表 5-2 所示。

编制投标报价，本案例只填写分部分项工程项目与单价措施项目清单与计价表。

施工单位通过分析自身的技术、装备、施工力量，经过成本利润核算分析后报价如表 5-8 所示。

表 5-8 分部分项工程项目和单价措施项目清单与计价表（投标报价）

工程名称：××中学教师住宅楼　　　　标段：　　　　　　　第　页 共　页

序号	项目编码	项目名称	项目特征描述	计量单位	工程量	金额/元		
						综合单价	合价	其中：暂估价
			……					
	0105		混凝土及钢筋混凝土工程					
13	010502005001	基础连系梁	1. 混凝土种类：商品混凝土 2. 混凝土强度等级：C30	m³	208.95	356.14	74415	
			……					

续表

序号	项目编码	项目名称	项目特征描述	计量单位	工程量	金额/元		
						综合单价	合价	其中：暂估价
66	010506001001	现浇混凝土基础及连系梁钢筋	钢筋种类、规格：Q235 带肋钢筋，$\phi14$	t	7.844	4787.15	37550	
			……					
			分部小计				1032109	
			……					
	0116		措施项目					
1	011601001001	综合脚手架	砖混、檐高 22m	m²	10900	19.80	215820	
			……					
			分部小计				328237	
			合计				1976410	

3）其他项目工程量清单与计价表的编制

（1）暂列金额应按照其他项目清单中列出的金额填写，不得变动。

（2）材料和工程设备暂估价应按招标工程量清单中列出的单价计入综合单价；专业工程暂估价应按招标工程量清单中列出的金额填写。

（3）计日工应按招标工程量清单中列出的项目和数量，自主确定综合单价并计算计日工总额。

（4）总承包服务费应根据招标人在招标文件中列出的分包专业工程内容和供应材料、工程设备情况，按照招标人提出的协调、配合与服务要求和施工现场管理需要自行确定。

证书在线 5-5

计日工应包含在（ ）中。（2022 年真题）

A. 暂列金额 B. 暂估价
C. 预备费 D. 变更费用

【解析】暂列金额是指已标价工程量清单中所列的一笔款项，用于在签订协议书时尚未确定或不可预见变更的施工及其所需材料、工程设备、服务等的金额，包括以计日工方式支付的金额。

【本题答案】A

技能在线 5-5

施工单位 A 对本章应用案例 5-3 项目进行投标，根据表 5-3～表 5-7，完成其他项目清单与计价表(表5-9)、材料(工程设备)暂估单价表(表5-10)、专业工程暂估价表(表5-11)、计日工表(表5-12)、总承包服务费计价表(表5-13)。

表5-9 其他项目清单与计价表

工程名称:××中学教师住宅楼　　　　标段:　　　　　　　　第 页 共 页

序号	工程名称	金额/元	备注
1	暂列金额	100000	
2	专业工程暂估价	289000	
3	计日工	16520	
4	总承包服务费	9575	
	合计	415095	

表5-10 材料(工程设备)暂估单价表

工程名称:××中学教师住宅楼　　　　标段:　　　　　　　　第 页 共 页

序号	材料(工程设备)名称、规格、型号	计量单位	单价/元	备注
1	Q235带肋钢筋	t	5400	

表5-11 专业工程暂估价表

工程名称:××中学教师住宅楼　　　　标段:　　　　　　　　第 页 共 页

序号	工程名称	工程内容	金额/元	结算金额/元	差额±/元	备注
1	进户防盗门	进户防盗门供货及安装	289000			
	合 计		289000			

表5-12 计日工表

工程名称:××中学教师住宅楼　　　　标段:　　　　　　　　第 页 共 页

编号	项目名称	单位	暂定数量	综合单价/元	合价/元
一	人工				
1	普工	工日	10	80	800
2	瓦工	工日	8	120	960
3	电工	工日	8	150	1200
	……				
	人工小计				9300
二	材料				
1	水泥42.5	t	2	340	680
2	中砂	m³	20	45	900
	……				

续表

编号	项目名称	单位	暂定数量	综合单价/元	合价/元
	材料小计				3240
三	施工机具				
1	灰浆搅拌机（400L）	台班	5	110	550
	……				
	机具小计				3980
	合计				16520

表 5-13 总承包服务费计价表

工程名称：××中学教师住宅楼　　　　标段：　　　　　　　　　　第　页 共　页

序号	项目名称	项目价值/元	服务内容	计算基础	费率/(%)	金额/元
1	发包人发包专业工程	289000				8670
1.1	进户防盗门	289000	1. 按专业工程承包人的要求提供施工工作面并对现场进行统一管理，进行资料收集整理等工作。 2. 为专业工程承包人提供垂直运输和焊接电源接入点，并承担垂直运输费用及电费。 3. 为防盗门安装后进行补缝找平施工并承担相应费用	289000	3	8670
2	发包人提供材料	90482				905
2.1	钢筋	90482	1. 提供入仓验收服务； 2. 提供仓库看管服务； 3. 进行使用发放服务	90482	1	905
	合计					9575

4）税金项目清单与计价表的编制

税金项目清单与计价表的编制内容应按国家或省级、行业建设主管部门的规定列出，不得作为竞争性费用。

5）投标价的汇总

投标人的投标总价应当与组成工程量清单的分部分项工程项目费、措施项目费、其他项目费、税金的合计金额相一致，即投标人在进行工程量清单招标的投标报价时，不能进行投标总价优惠（或降价、让利），投标人对投标报价的任何优惠（或降价、让利）均应反映在相应清单项目的综合单价中。

5.4.3 投标报价的策略

投标报价的策略是指投标人通过投标决策确定的既能提高中标率,又能在中标后获得期望效益的编制投标文件及其标价的方针、策略和措施。编制投标文件及其标价的方针是最基本的投标技巧。建筑企业应当以诚实信用为方针,在投标全过程贯彻诚实信用原则,用以指导其他投标技巧的选择和应用。

1. 不平衡报价

不平衡报价是指对工程量清单中各项目的单价,按投标人预定的策略做上下浮动,但不变动按中标要求确定的总报价,使中标后能获取较好收益的报价技巧。在建设工程施工项目投标中,不平衡报价的具体方法主要有以下几种。

(1) 前高后低。对早期工程可适当提高单价,相应地适当降低后期工程的单价。这种方法对竣工后一次结算的工程不适用。

(2) 工程量增加的报高价。工程量有可能增加的项目单价可适当提高,反之则适当降低。这种方法适用于按工程量清单报价、按实际完成工程量结算工程款的招标工程。工程量有可能增减的情形主要有以下几种。

① 校核工程量清单时发现的实际工程量将增减的项目。
② 图纸内容不明确或有错误,修改后工程量将增减的项目。
③ 暂定工程中预计要实施(或不实施)的项目所包含的分部分项工程等。

(3) 工程内容不明确的报低价。没有工程量只填报单价的项目,如果是不计入总报价的,单价可适当提高;工程内容不明确的,单价可以适当降低。

(4) 量大价高的提高报价。工程量大的少数子项适当提高单价,工程量小的大多数子项则报低价。这种方法适用于采用单价合同的项目。

> **特别提示**
>
> 应用不平衡报价法的注意事项有以下两种。
> ① 注意避免个别项目的报价畸高畸低,否则有可能失去中标机会。
> ② 上述不平衡报价的具体做法要统筹考虑,例如,某项目虽然属于早期工程,但工程量可能是减少的,则不宜报高价。

✓ 技能在线 5-6

【背景资料】 某投标单位参与某商用办公楼项目投标。为了既不影响中标又能在中标后取得良好的基础收益,其决定采用不平衡报价法对原估价做适当调整,具体报价情况见表 5-14。

表 5-14 调整前后报价表　　　　　　　　　　　　　单位:万元

分部工程	基础工程	主体结构工程	装饰工程	总价
调整前(投标估价)	1480	6600	7200	15280
调整后(投标报价)	1600	7200	6480	15280

第5章 招投标阶段控制：博弈中的造价平衡

现假设基础工程、主体结构工程和装饰工程的工期分别为4个月、12个月和8个月，贷款月利率为1%，各分部工程每月完成的工程量相同并能按月度及时拨付工程款，现值系数表参见表5-15。

表5-15 现值系数表

n	4	8	12	16
$(P/A, 1\%, n)$	3.9020	7.6517	11.2551	14.7179
$(P/F, 1\%, n)$	0.9610	0.9235	0.8874	0.8528

问题：(1) 上述报价方案的调整是否合理？
(2) 计算调价前后的工程款现值差额。

【技能分析】

1. 投标人将前期的基础工程和主体结构工程报价调高，而将后期的装饰工程报价调低，可以在施工的早期阶段收到较多的工程款，从而提高其所得工程款现值；而且调整幅度均未超过±10%，在合理范围之内。因此，该报价方案调整合理。

2. 调价前后的工程款现值如下。

(1) 调整前工程款。

$$基础工程每月工程款 A_1 = 1480/4 = 370(万元)$$
$$主体结构工程每月工程款 A_2 = 6600/12 = 550(万元)$$
$$装饰工程每月工程款 A_3 = 7200/8 = 900(万元)$$

调整前的工程款现值为

$PV_0 = A_1(P/A, 1\%, 4) + A_2(P/A, 1\%, 12)(P/F, 1\%, 4) + A_3(P/A, 1\%, 8)$
$(P/F, 1\%, 16) \approx 13265.45(万元)$

(2) 调整后工程款。

$$基础工程每月工程款 A_1' = 1600/4 = 400(万元)$$
$$主体结构工程每月工程款 A_2' = 7200/12 = 600(万元)$$
$$装饰工程每月工程款 A_3' = 6480/8 = 810(万元)$$

调整后的工程款现值为

$PV = A_1'(P/A, 1\%, 4) + A_2'(P/A, 1\%, 12)(P/F, 1\%, 4) + A_3'(P/A, 1\%, 8)$
$(P/F, 1\%, 16) \approx 13336.04(万元)$

$$PV - PV_0 = 13336.04 - 13265.45 = 70.59(万元)$$

投标人采用不平衡报价法后所得工程款现值差额为70.59万元。

2. 多方案报价法

多方案报价法是投标人针对招标文件中的某些不足，提出有利于业主的替代方案（又称备选方案），用合理化建议吸引业主争取中标的一种投标技巧。

多方案报价法具体做法是：按招标文件的要求报正式标价，在投标书的附录中提出替代方案，并说明如果被采纳，标价将降低的数额。

多方案报价法替代方案的种类：①修改合同条款的替代方案；②合理修改原设计的替

代方案等。

多方案报价法是投标人的"为业主服务"经营思想的体现,其要求投标人有足够的商务经验或技术实力。当招标文件明确表示不接受替代方案时,应放弃采用多方案报价法。

3. 计日工单价的报价

如果是单纯报计日工单价,而且不计入总价中,可以报高些,以便在业主额外用工或使用施工机具时可满足盈利需求。但如果计日工单价要计入总报价,则需具体分析是否报高价,以免抬高总报价。总之,要分析业主在开工后可能使用的计日工数量,再来确定报价方案。

4. 可供选择的项目的报价

有些工程项目的分项工程,业主可能要求按某一方案报价,而后再提供几种可供选择方案的比较报价。例如,某住房工程的地面水磨石砖,工程量表中要求按 $25cm \times 25cm \times 2cm$ 的规格报价;另外,还要求投标人用更小规格砖 $20cm \times 20cm \times 2cm$ 和更大规格砖 $30cm \times 30cm \times 3cm$ 作为可供选择项目报价。投标时,除对几种水磨石地面砖调查询价外,还应对当地习惯用砖情况进行调查。对于将来有可能被选择使用的地面砖应适当提高其报价;对于当地难以供货的某些规格地面砖,可将价格有意抬高得更多一些,以避免业主选用。但是,所谓"可供选择项目"并非由承包商任意选择,只有业主才有权进行选择。因此,虽然适当提高了可供选择项目的报价,并不意味着一定可以取得较高的利润,只是提供了一种可能性,一旦业主今后选用,承包商即可得到额外加价的收益。

5. 暂定工程量的报价

暂定工程量有三种:第一种是业主规定了暂定工程量的分项内容和暂定总价款,并规定所有投标人都必须在总报价中加入这笔固定金额,但由于分项工程工程量不是很准确,允许将来按投标人所报单价和实际完成的工程量付款;第二种是业主列出了暂定工程量的项目的数量,但并没有限制这些工程量的估价总价款,要求投标人既要列出单价,也要按暂定项目的数量计算总价,当将来结算付款时可按实际完成的工程量和所报单价支付;第三种是只有暂定工程的一笔固定总金额,将来这笔金额做什么用,由业主确定。

第一种情况,由于暂定总价款是固定的,对各投标人的总报价水平竞争力没有任何影响,因此投标时应对暂定工程量的单价适当提高。这样做,既不会因今后工程量变更而吃亏,也不会削弱投标报价的竞争力。第二种情况,投标人必须慎重考虑。如果单价定得高了,同其他工程量计价一样,将会提高总报价,影响投标报价的竞争力;如果单价定得低了,将来这类工程量增大,将会影响收益。一般来说,这类工程量可以采用正常价格。如果承包商估计今后实际工程量肯定会增大,则可适当提高单价,弥补实际工程量增大后的收益。第三种情况对投标竞争没有实际意义,按招标文件要求将规定的暂定款列入总报价即可。

6. 增加建议方案

有时招标文件中规定,可以提一个建议方案,即可以修改原设计方案,提出投标者的方案。这时投标人应抓住机会,组织一批有经验的设计和施工工程师,对原招标文件的设计和施工方案仔细研究,提出更为合理方案以吸引业主,促进自己的方案中标。这种新建议方案可以降低总造价或缩短总工期,或使工程运用更为合理。但要注意对原招标方案一定也要报价。建议方案不要写得太具体,要保留方案的技术关键,防止业主将此方案交给其他承包商。同时要强调的是,建议方案一定要比较成熟,有很好的可操作性。

7. 分包商报价的采用

由于现代工程的综合性和复杂性,总承包商不可能将全部工程内容完全独家包揽,特别是有些专业性较强的工程内容,需分包给其他专业工程公司施工,还有些招标项目,业主规定某些工程内容必须由其指定的几家分包商承担。因此,总承包商通常应在投标前先取得分包商的报价,并增加总承包商摊入的一定的管理费,而后作为自己投标总价的一个组成部分一并列入报价单中。应当注意,分包商在投标前可能同意接受总承包商压低其报价的要求,但等到总承包商得标后,他们常以种种理由要求提高分包价格,这将使总承包商处于十分被动的地位。解决办法是,总承包商在投标前找 2~3 家分包商分别报价,而后选择其中一家信誉较好、实力较强和报价合理的分包商签订协议,同意该分包商作为本分包工程的唯一合作者,并将分包商的姓名列到投标文件中,但要求该分包商相应地提交投标保函。这种把分包商的利益同投标人捆在一起的做法,不但可以防止分包商事后反悔和涨价,还可能迫使分包商报出较合理的价格,以便共同争取得标。

8. 无利润算标

缺乏竞争优势的承包商,在不得已的情况下,只好在投标报价中不考虑利润。这种办法一般是处于以下条件时采用。

(1) 有可能在得标后,将大部分工程分包给索价较低的一些分包商。

(2) 对于分期建设的项目,先以低价获得首期工程,而后赢得第二期工程中的竞争优势,并在以后的实施中赚得利润。

(3) 较长时期内,承包商没有在建的工程项目,如果再不得标,就难以维持生存。因此,虽然本工程无利可图,但只要能有一定的管理费用维持公司的日常运转,就可设法渡过暂时的困难,以谋求将来的发展。

5.5 施工合同种类详解

建设工程项目通过招投标方式确定发承包关系后,发包人和承包人应本着公平、公正、诚实、信用的原则通过签订合同来明确双方的权利和义务,而合同价款的约定是实现项目预期建设目标的核心内容。

 证书在线 5-6

关于合同文件的解释顺序,正确的是( )。(2022年真题)

A. 中标通知书,投标函及附录,专用合同条款

B. 投标函及附录,中标通知书,专用合同条款

C. 专用合同条款,中标通知书,投标函及附录

D. 中标通知书,专用合同条款,投标函及附录

【解析】合同协议书与下列文件一起构成构成合同文件:①中标通知书;②投标函及投标函附录;③专用合同条款;④通用合同条款;⑤发包人要求;⑥勘察费用清单;⑦勘察纲要;⑧其他合同文件。上述合同文件互相补充和解释,如果合同文件之间存在矛盾或

不一致之处，以上以上述文件的排列顺序在先者为准。

【本题答案】 A

招标人组织评标委员会对合格的投标文件进行评审，确定中标候选人或中标人，经过评审修正后的中标人的投标报价即为中标价。招标人和中标人依照《招标投标法》和《招标投标法实施条例》签订合同，依据中标价确定合同价，并在合同中载明，完成合同价款的约定过程。

5.5.1 合同价款的确定

1. 合同签订的时间及规定

招标人和中标人应当自中标通知书发出之日起30天内，根据招标文件和中标人的投标文件订立书面合同。中标人无正当理由拒签合同的，招标人取消其中标资格，其投标保证金不予退还；给招标人造成的损失超过投标保证金数额的，中标人还应当对超过部分予以赔偿。发出中标通知书后，招标人无正当理由拒签合同的，招标人向中标人退还投标保证金；给中标人造成损失的，还应当赔偿损失。招标人与中标人签订合同后5个工作日内，应当向中标人和未中标的投标人退还投标保证金。

2. 合同价款的类型

建设工程承包合同的计价方式一般分为总价合同、单价合同和成本加酬金合同。

1）总价合同

总价合同是指合同当事人约定以施工图、已标价工程量清单或预算书及有关条件进行合同价格计算、调整和确认的建设工程施工合同，在约定的范围内合同价格不做调整。通常采用这种合同时，必须明确工程承包合同标的物的详细内容及各种技术经济指标，承包商在投标报价时要仔细分析风险因素，需要在报价中考虑风险费用，招标人也要考虑到使投标人承担的风险是可以承受的，以获得合格又有竞争力的投标人。

（1）固定总价合同。

固定总价合同的价格计算是以设计图纸、工程量及规范等为依据，承发包双方就承包工程协商一个固定总价。即承包方按投标时发包方接受的合同价格实施工程，并一笔包死，无特定情况不做变化。采用这种合同时，合同总价只有在设计和工程范围发生变更的情况下才能随之做相应的变更。

（2）可调总价合同。

可调总价合同的总价一般也是以设计图纸及规定、规范为基础，在报价及签约时，按招标文件的要求和当时的物价计算合同总价。但合同总价是一个相对固定的价格，在合同执行过程中，由于通货膨胀而使所用的工料成本增加，可对合同总价进行相应的调整。这种合同会在合同专用条款中列出有关调价的条款，当出现了约定调价的情形时，合同总价就按照约定的调价条款做相应的调整。

2）单价合同

单价合同是指合同当事人约定以工程量清单及其综合单价进行合同价格计算、调整和确认的建设工程施工合同，在约定的范围内合同单价不做调整。

根据《建筑工程施工发包与承包计价管理办法》规定,合同价可以采用以下方式。

(1) 固定单价合同。

固定单价合同是以工程量清单和工程单价表为依据来计算合同价格,也被称作估算工程量单价合同。固定单价合同通常是由发包方提出工程量清单,列出分部分项工程量,由承包方以此为基础填报相应单价,累计计算后得出合同价格。但最后的工程结算价应按照实际完成的工程量来计算。

(2) 可调单价合同。

可调单价合同是有的工程在招标或签约时,因某些不确定因素而在合同中暂定某些分部分项工程的单价,在工程结算时,再根据实际情况和合同约定对合同单价进行调整,确定实际结算单价。合同单价的可调,一般需在工程招标文件中进行规定。

 技能在线 5-7

【背景资料】某旅游区游客中心项目,建筑工程的招标工程量清单中 Φ12 现浇构件钢筋为 98.462t,承包商报价为人工费 735.89 元/t,材料费 2723.5 元/t(其中钢筋价格采用投标期间工程造价管理部门公布的信息价格 2540 元/t),施工机具使用费 73.02 元/t,企业管理费 147.18 元/t,利润 117.74 元/t。甲乙双方签订了单价合同,合同中规定:综合单价包含的风险范围为主要材料市场价格在±8%幅度区间内变动的风险,当施工期间材料价格相对于已标价工程量清单中的材料价格涨/降幅超过±8%时允许调整合同价格,调整方法为按施工时当期政府部门发布的信息价调整综合单价。在工程施工期间钢材大幅涨价,当地工程造价管理部门公布的造价信息中钢筋价格为 2800 元/t。

问题:

1. 投标报价中清单项目 Φ12 现浇构件钢筋的分部分项工程费为多少?

2. 工程实施过程中,Φ12 现浇构件钢筋的实际工程量为 98.462t,与原招标工程量清单中工程量一致,该工程结算时清单项目 Φ12 现浇构件钢筋的分部分项工程费为多少?

【技能分析】

1. 投标报价 Φ12 现浇构件钢筋项目的综合单价为

$$735.89+2723.5+73.02+147.18+117.74=3797.33(元/t)$$

Φ12 现浇构件钢筋项目的分部分项工程费为

$$3797.33\times98.462\approx373892.71(元)$$

2. 钢筋涨幅

$$(2800-2540)/2540\times100\%\approx10\%>8\%$$

所以依据合同调价条款,该清单项目可以调整综合单价,调整后的综合单价为

$$735.89+(2723.5-2540+2800)+73.02+147.18+117.74=4057.33(元/t)$$

工程结算时清单项目 Φ12 现浇构件钢筋的分部分项工程费为

$$4057.33\times98.462\approx399492.83(元)$$

3) 成本加酬金合同

成本加酬金是将工程项目的实际投资划分成为直接成本费和承包人完成工作后应得酬金两部分。工程实施过程中发生的直接成本费由发包人实报实销,再按照合同约定的

方式另外支付给承包商相应的报酬。这种计价方式主要适用于工程内容及技术经济指标尚未全面确定，投标报价依据尚不充分的情况下，发包人因工期要求紧迫，必须发包的工程，或者发包人与承包人之间有高度信任，承包人在某些方面具有独特的技术、特长或经验。

按照酬金的计算方式不同，这种合同形式又可以分为成本加固定百分比酬金、成本加固定酬金、成本加奖惩和最高限额成本加固定最大酬金4类。

3. 合同价款的确定

实行招标的工程合同价款应由招投标双方依据招标文件和中标人的投标文件在书面合同中约定。合同约定不得违背招投标文件中关于工期、造价、质量等方面的实质性内容。招标文件与中标人投标文件不一致的地方，以投标文件为准。

不实行招标的工程合同价款，在发承包双方认可的合同价款基础上，由发承包双方在合同中约定。

发承包双方在确定合同价款时，应当考虑市场环境和生产要素价格变化对合同价款的影响。

根据《建筑工程施工发包与承包计价管理办法》（住房和城乡建设部令第16号），实行工程量清单计价的建设工程，鼓励发承包双方采用单价方式确定合同价款。建设规模较小，技术难度较低，工期较短的建设工程，发承包双方可以采用总价方式确定合同价款。紧急抢险、救灾及施工技术特别复杂的建设工程，发承包双方可以采用成本加酬金方式确定合同价款。

证书在线 5-7

民法典合同编，典型合同分篇中，建设工程合同包括的合同类型有（　　）。（2022年真题）

A. 保证合同　　　B. 勘察合同　　　C. 设计合同

D. 租赁合同　　　E. 施工合同

【解析】民法典合同编典型合同分篇中，对建设工程合同（包括工程勘察、设计、施工合同）内容做了专门规定。

【本题答案】B、C、E

5.5.2　签约合同价与中标价的关系

签约合同价是指合同双方签订合同时在协议书中列明的合同价格。对于以单价合同形式招标的项目，工程量清单中各种价格的总计即为签约合同价。签约合同价就是中标价，因为中标价是指评标时经过算术修正的，并在中标通知书中申明招标人接受的投标价格。法理上，经公示后招标人向投标人所发出的中标通知书（投标人向招标人回复确认中标通知书已收到），中标的中标价就受到法律保护，招标人不得以任何理由反悔。

第5章 招投标阶段控制：博弈中的造价平衡

特别提示

《招标投标法》第四十六条规定："招标人和中标人应当自中标通知书发出之日起三十日内，按照招标文件和中标人的投标文件订立书面合同。招标人和中标人不得再行订立背离合同实质性内容的其他协议。"

本章小结

本章主要介绍了建设工程招投标的概念和性质，详细阐述了建设工程招标的范围、种类与方式，建设工程招标工程量清单、最高投标限价、投标报价的编制及合同价款的确定。最高投标限价是《清单计价标准》中的术语，其编制内容为分部分项工程费、措施项目费、其他项目费和税金。我国投标报价模式有定额计价模式和工程量清单计价模式两种。报价策略有不平衡报价、多方案报价等。建设工程承包合同的计价方式一般分为总价合同、单价合同和成本加酬金合同。

习 题

一、单选题

1. 依据《招标投标法》规定，允许的招标方式有公开招标和（　　）。
   A. 秘密招标　　　　　　　　　B. 邀请招标
   C. 竞争性谈判　　　　　　　　D. 协议招标

2. 招投标监督机构应会同工程造价管理机构对投诉进行处理，当最高投标限价误差（　　）时，应责成招标人修改。
   A. >±2%　　　　　　　　　　B. >±3%
   C. <±4%　　　　　　　　　　D. <±3%

3. 编制分部分项工程量清单时，除了确定项目编码、项目名称、计量单位和工程量之外还应确定（　　）。
   A. 项目特征描述　B. 总说明　　C. 综合工程内容　D. 措施项目清单内容

4. 分部分项工程量清单的项目编码由12位组成，其中的（　　）位由清单编制人设置。
   A. 8~10　　　　　　　　　　B. 9~11
   C. 9~12　　　　　　　　　　D. 10~12

5. 分部分项工程量清单是指表示拟建工程分项实体工程项目名称和相应数量的明细清单，应包括的要件是（　　）。
   A. 项目编码、项目名称、计量单位和工程量
   B. 项目编码、项目名称、项目特征和工程量
   C. 项目编码、项目名称、项目特征、计量单位和工程单价
   D. 项目编码、项目名称、项目特征、计量单位和工程量

6. 下列项目属于可调整清单的是（　　）。

A. 分部分项工程量清单　　　　　　B. 其他项目清单
C. 税金项目清单　　　　　　　　　D. 措施项目清单

7. 在措施项目清单中，采用分部分项工程量清单的方式编制的是（　　）。
A. 大中型机械进出场及安拆　　　　B. 安全文明施工
C. 已完工程及设备保护费　　　　　D. 二次搬运费

8. 下列关于其他项目清单的说法，正确的是（　　）。
A. 暂列金额是指招标人暂定并包括在合同中的一笔款项，预留时把各专业的暂列金额合计列一项即可
B. 由于计日工是为解决现场发生的零星工作的计价而设立，只要填报单价，不用估暂定数量，与实际操作结果完全一样即可
C. 其他项目清单的具体内容可根据实际情况补充
D. 暂列金额一般按合同约定价款的 10%～15% 确定

9. 最高投标限价的分部分项工程费应由各单位工程的招标工程量清单乘以（　　）汇总而成。
A. 工料单价　　　　　　　　　　　B. 综合单价
C. 定额直接费　　　　　　　　　　D. 直接费＋人工费

10. 投标人应填报工程量清单计价格式中列明的所有需要填报的单价和合价，如未填报则（　　）。
A. 招标人应要求投标人及时补充
B. 招标人可认为此项费用已包含在工程量的清单的其他单价和合价中
C. 投标人应该在开标之前补充
D. 投标人可以在中标后提出索赔

11. 对工程量清单中各项目的单价，按投标人预定的策略做上下浮动，但不变动按中标要求确定的总报价，使中标后能获取较好收益的报价技巧是（　　）。
A. 多方案报价法
B. 计日工单价的报价
C. 不平衡报价
D. 可供选择的项目的报价

12. 建设规模较小、工期较短、施工图设计已审查批准的建设工程可以采用（　　）。
A. 单价合同　　　　　　　　　　　B. 总价合同
C. 成本加酬金合同　　　　　　　　D. 固定单价合同

13. 紧急抢险、救灾及施工技术特别复杂的建设工程可以采用（　　）。
A. 不变总价合同　　　　　　　　　B. 可调值不变总价合同
C. 固定总价合同　　　　　　　　　D. 成本加酬金合同

二、多选题

1. 《招标投标法》指出，（　　）项目必须实行招标。
A. 大型基础设施、公用事业等关系社会公共利益、公众安全的项目
B. 全部或者部分使用国有资金投资或者国家融资的项目
C. 质量要求高的项目

D. 使用国际组织或者外国政府贷款、援助资金的项目
E. 法律或国务院对必须进行招标的其他项目的范围有规定的则依照其规定
2. 按照工程建设项目的构成分类，建设工程招标可分为（   ）。
   A. 建设项目招标   B. 单项工程招标
   C. 单位工程招标   D. 主体工程招标
   E. 附属工程招标
3. 我国工程建设施工招标的方式有（   ）。
   A. 公开招标   B. 单价招标
   C. 总价招标   D. 成本加酬金招标
   E. 邀请招标
4. 下列对分部分项工程量清单项目编码的阐述正确的有（   ）。
   A. 一、二、三、四级编码为全国统一编码
   B. 第五级编码为清单项目名称顺序码
   C. 第三级表示专业工程分类顺序码（分二位）
   D. 第一级表示专业工程代码（分二位）
   E. 第五级表示工程量清单项目名称顺序码（分四位）
5. 下列单位中可能成为分部分项工程量清单计量单位的有（   ）。
   A. t   B. 10m   C. 组
   D. 1000m^3 E. 樘
6. 下列选项属于其他项目清单的内容有（   ）。
   A. 计日工   B. 材料购置费
   C. 暂列金额   D. 工程设备暂估单价
   E. 材料暂估单价
7. 最高投标限价的编制依据有（   ）。
   A. 国家或省级、行业建设主管部门颁发的计价定额和计价办法
   B. 建设工程设计文件及相关资料
   C. 拟定的招标文件及招标工程量清单
   D. 与建设项目相关的标准、规范、技术资料
   E. 投标文件
8. 工程量清单计价的投标报价包括（   ）。
   A. 分部分项工程费   B. 直接费
   C. 间接费   D. 措施项目费
   E. 其他项目费
9. 中标人的投标应符合（   ）条件。
   A. 投标书未密封
   B. 投标价格低于成本
   C. 投标单位未参加开标会
   D. 能够满足招标文件的实质性要求，并经评审的投标价格最低
   E. 能够最大限度地满足招标文件中规定的各项综合评价标准

10. 建设工程承包合同的计价方式一般分为（　　）。
A. 综合单价合同　　　　　　B. 总价合同
C. 综合总价合同　　　　　　D. 单价合同
E. 总承包合同

三、简答题

1. 我国规定的必须招投标的项目范围包括哪些？
2. 工程合同价有哪几种形式？各有何特点和其使用范围有何不同？
3. 建设工程招标的种类有哪些？
4. 最高投标限价的作用有哪些？
5. 建设工程施工投标的程序是怎样的？

四、案例题

某市近郊欲新建一条"城市型"公路，总长18km、总宽30m，业主委托某招标代理机构代理施工招标。在发布的招标公告中规定：①投标人必须为国家一级总承包企业，且近三年至少获得两项优质工程奖；②若采用联合体形式投标，必须在投标文件中明确并提交联合体投标协议，注明联合体各自份额，确定主要负责企业。在招标文件中规定采用固定总价合同，要求签订合同后60天以内开工，开工后22个月竣工；工程材料到达现场并经化验合格后可支付该项材料款的60%，每月按工程进度付款，凭现场工程师审定的付款单在60天以内支付。

某承包商欲参与上述项目投标。总成本约为2300万元，其中材料费约为60%。

预计该工程在施工过程中建筑材料涨价10%的概率为0.3，涨价5%的概率为0.5，不涨价的概率为0.2。

问题：

1. 该工程的招标活动有无不妥之处？为什么？
2. 按预计发生的成本计算，若希望中标后实现5%的利润，不含税报价应为多少？
3. 若承包商以2400万元中标，合同工期22个月，试计算因物价变化对利润的影响。

第5章 招投标阶段控制：博弈中的造价平衡

工作任务单一　工程清单的编制

任务名称	土方工程招标工程量清单的编制
任务目标	能依据给定施工图、《建设工程工程量清单计价标准》（GB/T 50500—2004）、《建筑与装饰工程工程量计算标准》（GB/T 50854—2024）计算土方工程量，编制土方工程招标工程量清单
任务内容	根据以下资料计算该建筑土方工程量并编制土方工程招标工程量清单。（招标文件中明示：由于工作面和放坡引起的土方增加部分不计入清单工程量中） 呼和浩特市某建筑工程招标项目，设计采用带形基础，建筑中心部位有一独立柱。基础工程施工图如图5.1所示，断面1-1（2-2）、J-1。图中标高以m计，其余尺寸均以mm计。垫层采用C10混凝土，带形基础和独立柱基采用C20混凝土，砖基础部分采用M5.0水泥砂浆砌筑标准砖。根据地质勘察资料，土质为二类土。 图5.1　基础工程
任务分配 （由学生填写）	小组　　　　　　　　　任务分工
任务实施 （由学生填写）	

续表

任务小结 （由学生填写）	

任务完成评价

评分表

评价内容	评价标准	自评	小组互评	教师评价		
				任课教师	企业导师	增值评价
职业素养	（1）学习态度积极，能主动思考，能有计划地组织小组成员完成工作任务，有良好的团队合作意识，遵章守纪，计20分； （2）学习态度较积极，能主动思考，能配合小组成员完成工作任务，遵章守纪，计15分； （3）学习态度端正，主动思考能力欠缺能配合小组成员完成工作任务，遵章守纪，计10分； （4）学习态度不端正，不参与团队任务，计0分。					
成果	计算或成果结论（校核、审核）无误，无返工，表格填写规范，设计方案计算准确，字迹工整，如有错误按以下标准扣分，扣完为止。 （1）计算列表按规范编写，正确得10分，每错一处扣2分； （2）方案计算过程中每处错误扣5分。					
综合得分	综合得分＝自评分＊30％＋小组互评分＊40％＋老师评价分＊30％					

注：根据各小组的职业素养、成果给出成绩（100分制），本次任务成绩将作为本课程总成绩评定时的依据之一。

日期：　　年　月　日

工作任务单二 分部分项费的分析计算

任务名称	基础工程分部分项费的计算
任务目标	能依据给定的基础工程量清单、基础工程施工图、《建设工程工程量清单计价标准》（GB/T 50500—2024）、《建筑与装饰工程工程量计算标准》（GB/T 50854—2024）分析基础分部分项工程项目综合单价，计算分部分项工程费。
任务内容	某工程独立柱9根，采用如图5.2所示杯型基础，C15混凝土垫层，C20混凝土基础。根据常规施工方案，垫层、基础全部采用预拌混凝土，塑料薄膜养护，钢模板木支撑。 该基础工程分部分项工程量清单如表5-16所示，分析该项目综合单价，计算分部分项工程费用。

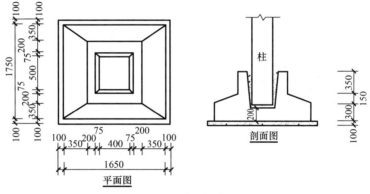

图 5.2 独立柱基础

工程名称：杯型基础 标段：

表 5-16 分部分项工程工程量清单与计价表

序号	项目编码	项目名称	项目特征描述	计量单位	工程量	金额(元) 综合单价	合价
1	010501003001	独立基础	1. 杯型基础 2. 混凝土强度等级：C20	m³	11.97		

任务分配 （由学生填写）	小组	任务分工

续表

任务实施 （由学生填写）	
任务小结 （由学生填写）	

任务完成评价

评分表

评价内容	评价标准	组别：	姓名：			
		自评	小组互评	教师评价		
				任课教师	企业导师	增值评价
职业素养	（1）学习态度积极，能主动思考，能有计划地组织小组成员完成工作任务，有良好的团队合作意识，遵章守纪，计20分； （2）学习态度较积极，能主动思考，能配合小组成员完成工作任务，遵章守纪，计15分； （3）学习态度端正，主动思考能力欠缺能配合小组成员完成工作任务，遵章守纪，计10分； （4）学习态度不端正，不参与团队任务，计0分。					
成果	计算或成果结论（校核、审核）无误，无返工，表格填写规范，设计方案计算准确，字迹工整，如有错误按以下标准扣分，扣完为止。 （1）计算列表按规范编写，正确得10分，每错一处扣2分； （2）方案计算过程中每处错误扣5分。					
综合得分	综合得分＝自评分＊30％＋小组互评分＊40％＋老师评价分＊30％					

注：根据各小组的职业素养、成果给出成绩（100分制），本次任务成绩将作为本课程总成绩评定时的依据之一。

日期： 年 月 日

第6章 施工阶段控制：技术与成本的双重把控之术

思维导图

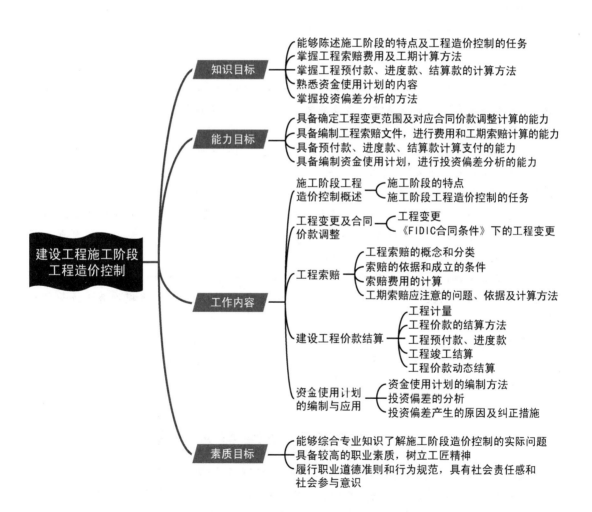

引例

　　某市商业楼工程建设单位甲与某施工单位乙签订了工程施工合同，明确了合同主体的权利和义务。在施工阶段，乙施工单位应如何确定造价控制目标，如何编制资金使用计划，以及制定造价控制措施呢？在施工承包合同中双方协商，如果混凝土工程量估算为 2000m³，单价为 400 元/m³；土方工程量估算为 25000m³，单价为 30 元/m³；当混凝土或土方的任何一项超过该项原估算工程量的 15% 时，则超出部分的结算单价可进行调整，调整系数为 0.9。在工程进行一段时间后，业主提出增加一项工作 N，其土方量为 4000m³，混凝土量为 400m³，施工单位应得到这笔签证费用是多少？该工程施工到第 4 个月时，监理工程师发现工程质量有缺陷，经查实是混凝土养护不到位导致的，此时，工期和费用应该如何计算？

素养拓新

　　港珠澳大桥是我国一座连接香港、珠海和澳门的桥隧工程，位于广东省珠江口伶仃洋海域内，为珠江三角洲地区环线高速公路南环段。港珠澳大桥于 2009 年 12 月 15 日动工建设；于 2017 年 7 月 7 日实现主体工程全线贯通；2018 年 2 月 6 日完成主体工程验收；同年 10 月 24 日上午 9 时开通运营。这座在"一国两制"框架下，由粤港澳三地首次合作共建的超大型跨海通道，以其设计建设的技术难度之大、工程量之多、协调管理之复杂而举世瞩目。

　　自 2009 年 12 月动工以来，港珠澳大桥的建设者们不仅面临世界级的技术难题，更面对着来自自然界的"刁难"。港珠澳大桥主体工程深入外海，同时要面对复杂多变的海洋气候和海底地质条件，存在深水深槽、大径流、强回淤等不利因素。2015 年，港珠澳大桥沉管隧道的安置对接经历多次无功而返；其中 E15 节沉管历经三次浮运两次返航用了 156 天才最终完成安装。这些情况对施工质量、工期无疑都会产生重大影响，同时也说明建设工程施工阶段的控制与监管异常重要。

　　面对重重考验，港珠澳大桥的建设者们运用多项尖端科技，攻坚克难推进工程建设，取得了 500 多项专利技术，解决了最长沉管隧道、外海人工岛、超大规模外海钢桥等世界性难题。

　　建设工程施工阶段是一个非常重要的阶段，众多的不可抗因素都会影响到这一阶段的造价，因此，做好施工准备、严把施工质量关、规范合同管理等一系列措施和手段必不可少，攻坚克难、一丝不苟的工匠精神更是必不可少！

6.1　施工阶段控制要点总览

　　相对于建设工程决策阶段的投资估算、设计阶段的投资概算以及招投标阶段的施工图预算，施工阶段工程造价控制的工程结算金额则更为具体。由于工程项目管理是在市场竞争下进行的，因此建设工程施工阶段工程造价控制显得尤为重要。

第6章 施工阶段控制：技术与成本的双重把控之术

6.1.1 施工阶段的特点

建设工程施工过程是根据图纸设计将工程设计者的意图建设成为各种建筑的过程，因此建设工程施工阶段的特点如下。

（1）施工阶段工作量最大。在建设项目周期内，施工期的工作量最大，监理内容最多，工作量最繁重。在工程建设期间，70%～80%的工作量均是在此期间完成。

（2）施工阶段资金投入量最大。从资金投放量上说，施工阶段是资金投放量最大的阶段。该阶段中所需的各种材料、机具、设备、人员全部要进入现场，投入工程建设的实质性工作中去形成工程产品。

（3）施工阶段持续时间长、动态性强。施工阶段合同数量多，存在频繁和大量的支付关系。由于对合同条款理解上的差异，以及合同中不可避免地存在着含糊不清或矛盾的内容，再加上外部环境变化引起的分歧等，合同纠纷会经常出现，各种索赔事件不断发生，矛盾增多，使得该阶段表现为时间长、动态性强。

（4）施工阶段是形成工程建设项目实体的阶段，需要严格地进行系统过程控制。施工是由小到大将工程实体"做出来"的过程。施工之前各阶段工作做得如何，在施工阶段全部要接受检验，各项工作中存在的问题会大量地暴露出来。因为在形成工程实体过程中，前道工序工程质量对后道工序工程质量有直接影响，所以需要进行严格的系统过程控制。

（5）施工阶段涉及的单位数量多。在施工阶段，不但有建设单位、施工单位、材料供应单位、设备厂家、设计单位等直接参加建设的单位，而且涉及政府工程质量监督管理部门、工程毗邻单位等工程建设项目组织外的有关单位。因此在施工过程中，要做好与各方的组织协调关系。

（6）施工阶段工程信息内容广泛、时间性强、数量大。在施工阶段，工程状态时刻在变化，各种工程信息和外部环境信息的数量大、类型多、周期短、内容杂。因此，在施工过程中是伴随着控制而进行的计划调整和完善，应尽量以执行计划为主，不要更改计划，以免造成索赔。

（7）施工阶段存在着众多影响目标实现的因素。在施工阶段往往会遇到众多因素的干扰，影响目标的实现，其中以人员、材料、设备、机具、设计方案、工作方法和工作环境等方面的因素较为突出。面对众多因素干扰，要做好风险管理，减少风险的发生。

6.1.2 施工阶段工程造价控制的任务

施工阶段是实现建设工程价值的主要阶段，也是资金投入量最大的阶段。在实践中往往把施工阶段作为工程造价控制的重要阶段。在施工阶段工程造价控制的主要任务是通过工程付款控制、工程变更费用控制，预防并处理好费用索赔，挖掘节约工程造价潜力来实现实际发生费用不超过计划投资。施工阶段工程造价控制的工作内容包括组织工作、技术工作、经济工作、合同工作等几个方面。

1. 在组织工作方面

（1）在项目管理班子中落实从工程造价控制角度进行施工跟踪的人员分工、任务分工和职能分工等。

（2）编制本阶段工程造价的工作计划和详细的工作流程图。

2. 在技术工作方面

（1）对设计变更进行技术系统比较，严格控制设计变更。

（2）继续寻找通过设计挖掘节约造价的可能性。

（3）审核承包人编制的施工组织设计方案，对主要施工方案进行技术经济分析。

3. 在经济工作方面

（1）编制资金使用计划，确定、分解工程造价控制目标。

（2）对工程项目造价控制目标进行风险分析，并确定防范性对策。

（3）进行工程计量。

（4）复核工程付款账单，签发付款证书。

（5）在施工过程中进行工程造价跟踪控制，定期进行造价实际支出值与计划目标的比较。发现偏差并分析产生偏差的原因，采取纠偏措施。

（6）协商确定工程变更的价款。

（7）审核竣工结算。

（8）对工程施工过程中的造价支出做好分析与预测，经常或定期向建设单位提交项目造价控制及其存在的问题。

4. 在合同工作方面

（1）做好工程施工记录，保存各种文件和图纸（特别是注意有实际变更情况的图纸）等，为可能发生的索赔提供依据。

（2）参与索赔事宜。

（3）参与合同修改、补充工作，着重考虑它对造价控制的影响。

> **特别提示**
>
> 考虑施工阶段工作的特点时，要注意哪些属于经济工作方面，哪些属于组织和技术工作方面。

6.2 工程变更与价款调整应对与实践

6.2.1 工程变更

工程变更是合同实施过程中由发包人提出或由承包人提出，经发包人批准的对合同工程的工作内容、工程数量、质量要求、施工顺序与时间、施工条件、施工工艺或其他特征及合同条件等的改变。工程变更指令发出后，应当迅速落实指令，全面修改相关的各种文件。承包人也应当抓紧落实，如果承包人不能及时全面落实变更指令，则扩大的损失应当由承包人承担。

1. 工程变更的范围

根据《建设工程施工合同(示范文本)》(GF—2017—0201)（简称《示范文本》）的规定，工程变更的范围和内容包括以下几点。

(1) 增加或减少合同中任何工作，或追加额外的工作。

(2) 取消合同中任何工作，但转由他人实施的工作除外。

(3) 改变合同中任何工作的质量标准或其他特性。

(4) 改变工程的基线、标高、位置和尺寸。

(5) 改变工程的时间安排或实施顺序。

根据国家发改委、财政部等九部委发布的《标准施工招标文件》（2007年版）中的通用条款15.1"变更的范围和内容"，工程变更包括以下五个方面。

(1) 取消合同中任何一项工作，但被取消的工作不能转由发包人或其他人实施。

(2) 改变合同中任何一项工作的质量或其他特性。

(3) 改变合同工程的基线、标高、位置或尺寸。

(4) 改变合同中任何一项工作的施工时间或改变已批准的施工工艺或顺序。

(5) 为完成工程需要追加的额外工作。

2. 工程变更的程序

工程施工过程中出现的工程变更可分为监理人指示的工程变更和承包人申请的工程变更两类。

1) 监理人指示的工程变更

监理人根据工程施工的实际需要或建设单位要求实施的工程变更，可以进一步划分为监理人直接指示的工程变更和通过与承包人协商后确定的工程变更两种情况。

(1) 监理人直接指示的工程变更。此种变更情况属于必须的变更，如按照发包人的要求提高质量标准、设计错误需要进行设计修改、协调施工中的交叉干扰等情况。这些情况不需要征求承包人意见，监理人经过建设单位同意后发出变更指令，承包人按要求完成变更工作。

(2) 通过与承包人协商后确定的工程变更。此种变更情况属于可能发生的变更，与承包人协商后再确定是否实施变更，如增加合同范围外的某项新工作等，这些情况下的工程变更程序如下。

① 监理人须先向承包人发出变更意向书，说明变更的具体内容和发包人对变更的时间要求等，并附必要的图纸和相关资料。

② 承包人收到监理人的变更意向书后，如果同意实施变更，则向监理人提出书面变更建议。建议书的内容包括提交拟实施变更工作的计划、措施、竣工时间等内容的实施方案及费用要求。若承包人收到监理人的变更意向书后认为难以实施此项变更，也应立即通知监理人，说明原因并附详细依据。如不具备实施变更项目的施工资质、无相应的施工机具等原因或其他理由。

③ 监理人审查承包人的建议书，承包人根据变更意向书要求提交变更实施方案并经发包人同意后，发出变更指示。如果承包人不同意变更，监理人与承包人和建设单位协商后确定撤销、改变或不改变原变更意向书。

④ 变更建议应阐明要求变更的依据，并附必要的图纸和说明。监理人收到承包人书面建议后，应与发包人共同研究，确认存在变更的，应在收到承包人书面建议后的 14 天内做出变更指示。不同意作为变更的，应由监理人书面答复承包人。

2）承包人提出的工程变更

承包人提出的工程变更一般涉及承包人建议的变更和承包人要求的变更。

（1）承包人建议的变更。

承包人对发包人提供的图纸、技术要求和标准等，提出了可能降低合同价格、缩短工期或提高工程经济效益的合理化建议，均应以书面形式提交监理人。合理化建议书的内容应包括建议工作的详细说明、进度计划、效益，以及与其他工作的协调等，并附必要的设计文件。

监理人与发包人协商是否采纳承包人提出的建议。建议被采纳并构成变更的，由监理人向承包人发出工程变更指示。

承包人提出合理化建议使发包人获得工程造价降低、工期缩短、工程运行效益提高等实际利益的，应按专用条款中的约定给予奖励。

（2）承包人要求的变更。

承包人收到监理人按合同约定发出的图纸和文件，经检查认为其中存在属于变更范围的情形，如提高质量标准、增加工作内容、改变工程的位置或尺寸等，可向监理人提出书面变更建议。变更建议应阐明要求的依据，并附必要的图纸和说明。

监理人收到承包人的书面建议后，应与发包人共同研究，确认同意变更的，应在收到承包人书面建议后的 14 天内做出变更指示。经研究后不同意作为变更的，应由监理人书面答复承包人。

> **特别提示**
>
> 注意发生变更的对象和处理时间要求。

3. 工程变更的价款调整方法

1）分部分项工程费的调整

工程变更引起分部分项工程项目发生变化的，应按照下列规定调整。

（1）采用单价合同的工程，因工程变更或工程量清单缺陷引起分部分项工程的清单项目变化（项目增减），或清单工程量发生变化且工程量变化不超出 15%（含 15%）时，发承包双方应依据确认的工程变更或工程量清单缺陷引起变化的工程量，按下列规定确定综合单价并计价，调整合同价格。

① 相同施工条件下实施相同项目特征的清单项目，应采用相应的合同单价。

② 相同施工条件下实施类似项目特征的清单项目或类似施工条件下实施相同项目特征的清单项目，应采用类似清单项目的合同单价换算调整后的综合单价。

③ 相同施工条件下实施不同项目特征的清单项目或不同施工条件下实施相同项目特征的清单项目，可依据工程实施情况，结合类似项目的合同单价计价规则及报价水平，协商确定市场合理的综合单价。

④ 不同施工条件下实施不同项目特征的清单项目，可依据工程实施情况，结合同类

工程类似清单项目的综合单价,协商确定市场合理的综合单价。

⑤ 因减少或取消清单项目的工程变更显著改变了实施中的工程施工条件,可根据实施工程的具体情况、市场价格、合同单价计价规则及报价水平协商确定工程变更的综合单价。

(2) 采用单价合同的工程,因工程变更或工程量清单缺陷引起分部分项工程的清单工程量发生变化,且工程量变化超出 15%(不含 15%),发承包双方应按确认的工程变更或工程量清单缺陷引起变化的工程量,按下列规定调整合同价格。

① 如工程变更或工程量清单缺陷引起增加清单项目及相应清单项目工程量的,可依据上述没有超出 15% 的规定,并结合因增加工程数量引起的人工及材料采购价格优惠的影响,在合理下调其合同单价及新增综合单价后,计算相应清单项目价格,调整合同价格。

② 如工程变更或工程量清单缺陷引起减少清单项目及相应清单项目工程量的,可依据上述没有超出 15% 的规定,并结合因减少工程数量引起的人工及材料采购价格失去优惠的影响,在合理上调其合同单价及新增综合单价后,计算相应清单项目价格,调整合同价格。

2) 措施项目费的调整

工程变更引起措施项目发生变化的,承包人提出调整措施项目费的,应事先将拟实施的方案提交发包人确认,并详细说明与原方案措施项目相比的变化情况。拟实施的方案经发承包双方确认后执行,并应按照下列规定调整措施项目费。

(1) 安全文明施工费,按照实际发生变化的措施项目调整,不得浮动。

(2) 采用单价计算的措施项目费,按照实际发生变化的措施项目按前述分部分项工程费的调整方法确定单价。

(3) 按总价(或系数)计算的措施项目费,除安全文明施工费外,按照实际发生变化的措施项目调整。

如果承包人未事先将拟实施的方案提交给发包人确认,则视为工程变更不引起措施项目费的调整或承包人放弃调整措施项目费的权利。

3) 承包人报价偏差的调整

如果工程变更项目出现承包人在工程量清单中填报的综合单价与发包人最高投标限价或施工图预算相应清单项目的综合单价偏差超过 15% 的,工程变更项目的综合单价可由发承包双方协商调整。具体的调整方法,由双方当事人在合同专用条款中约定。

4) 删减工作或工程的补偿

非承包人原因,发包人提出的工程变更取消了合同中的某项原定工作或工程,且承包人发生的费用或(和)应得的收益没有包括在其他已支付或应支付的项目中或在任何替代的工作或工程中,发包人应补偿承包人的损失费用及合理的预期收益。

6.2.2 《FIDIC 合同条件》下的工程变更

素养拓新

FIDIC 是国际咨询工程师联合会的法文缩写,中文音译为"菲迪克",于 1913 年由欧洲 3 国(比利时、法国和瑞士)独立的咨询工程师协会在比利时根特成立。FIDIC 是国际上被世界银行认可的咨询工程师组织。目前,FIDIC成员来自全球60多个国家和地区,是世界上多数独立的咨询工程师的代表,它推动着全球范围内高质量、高水平的工程咨询服务业的发展。

FIDIC合同最大的优点是构架清晰,条款之间具有很强的逻辑性,承包人和发包人之间遵循"风险共担"的原则,去除模棱两可的模糊词汇,使任何一方都无法找到合同的漏洞。对承包人和发包人的权利、责任、义务以及工程师职责权限都有明确的规定,使合同双方的义务权利界限分明,工程师职责权限清楚,并起到相互制约的作用,避免在工程执行过程中,因合同条款产生纠纷。《FIDIC合同条件》被大多数国家采用,为大多数国际承包人所熟悉,而且也被世界银行和其他金融机构认可,有利于实行国际竞争性招标。同时,其便于合同管理,对保证工程质量、合理地控制工程费用和工期都有良好的效果。

《FIDIC合同条件》具有严密的逻辑性和极强的可操作性,受到国际建筑市场的广泛认可。近年来,"一带一路"倡议的大幕开启,其以和平、发展、合作、共赢为核心主题,坚持共商、共建、共享原则,积极推进沿线国家发展和战略的对接,深入进行不同文明之间的交流。其中,"设施联通"作为合作重点,给中国工程公司在基础建设领域带来重大机遇。

党的二十大报告指出,中国坚持对外开放的基本国策,坚定奉行互利共赢的开放战略,不断以中国新发展为世界提供新机遇,推动建设开放型世界经济,更好惠及各国人民。我国建筑企业积极拓展建筑行业的海外市场,发挥自身优势,打造中国品牌,就要熟知《FIDIC合同条件》,掌握国际建筑市场的游戏规则,学会用国际惯例和通用文本去处理问题,在理念上树立服务意识,使双方的思维方式逐步达到统一;将单纯的技术、进度、质量管理,扩充到合同、公关、服务方面,注重合同的地位,做到有法可依、有章可循。青年学生更要怀揣梦想,刻苦学习,有所作为。

根据《FIDIC合同条件》的约定,在颁发工程接收证书前的任何时间,工程师可通过发布指令或要求承包人提交建议书的方式提出变更;承包人应遵守并执行,除非承包人在规定的时间内向工程师发出通知说明承包人难以取得变更所需的货物;工程师接到此通知后,应取消、确认或改变原指令。发包人提供的设计一般较为粗略,有的设计(施工图)是由承包人完成的,因此设计变更少于我国施工合同条件下的施工方法变更。

1. 工程变更的范围

由于工程变更属于合同履行过程中的正常管理工作,工程师可以根据施工进展的实际情况,在认为必要时就可以就以下几个方面发布变更指令。

(1) 对合同中任何工程量的改变。为了便于合同管理,当事人双方应在专用条款内约定工程量变化大可以调整单价的百分比(视工程具体情况,可在15%~25%范围内确定)。

(2) 任何工作质量或其他特性的变更。

(3) 工程任何部分标高、位置和尺寸的改变。

(4) 删减任何合同的约定工作内容,但要交由他人实施的工作除外。

(5) 新增工程按单独合同对待。这种变更指令是增加与合同工作范围性质一致的工作内容,而且不应以变更指令的形式要求承包人使用超过其他目前正在使用或计划使用的施工设备范围去完成新增工程。除非承包人同意此项工作按变更对待,一般应将新增工程按一个单独的合同来对待。

（6）改变原定的施工顺序或时间安排。

2. 变更程序

颁发工程接收证书前的任何时间，工程师可以通过发布变更指令或以要求承包人递交建议书的任何一种方式提出变更。

1）指令变更

工程师在发包人授权范围内根据施工现场的实际情况，在确属需要时有权发布变更指令。变更指令的内容应包括详细的变更内容、变更工程量、变更项目的施工技术要求和有关部门的文件图纸，以及变更处理的原则。

2）要求承包人递交建议书后再确定的变更

变更的程序如下。

（1）工程师将计划变更事项通知承包人，并要求承包人递交实施变更的建议书。

（2）承包人应尽快予以答复。一种情况是通知工程师由于受到某些自身原因的限制而无法执行此项变更；另一种情况是承包人依据工程师的指令递交实施此项变更的说明，内容包括以下方面。

① 将要实施的工作的说明书以及该工作实施的进度计划。

② 承包人依据合同规定对进度计划和竣工时间做出任何必要修改的建议，提出工期顺延要求。

③ 承包人对变更估价的建议，提出变更费用要求。

（3）工程师做出是否变更的决定，尽快通知承包人说明批准与否或提出意见。在这一过程中应注意以下问题。

① 承包人在等待答复期间，不应延误任何工作。

② 工程师发出每一项实施变更的指令，都应要求承包人记录支出的费用。

③ 承包人提出的变更建议书，只是作为工程师决定是否实施变更的参考。除了工程师做出指示或批准以总价方式支付的情况外，每一项变更都应依据计量工程量进行估价和支付。

3. 变更估价

1）变更估价原则

承包人按照工程师的变更要求工作后，往往会涉及对变更工程的估价问题，变更工程的价格或费率往往是双方协商时的焦点。计算变更工程应采用的费率或价格可分为以下3种情况。

（1）变更工作在工程量表中有同种工作内容的单价，应以该费率计算变更工程费用。

（2）工程量表中虽然列有同类工作单价或价格，但对具体变更工作而言已不适用，则应在原单价和价格的基础上制定合理的新单价或价格。

（3）变更工作的内容在工程量表中没有同类工作的费率和价格，应按照与合同单价水平一致的原则确定新的费率或价格。

2）可以调整合同工作单价的原则

具备以下条件时，允许对某一项工作规定的费率或单价加以调整。

（1）此项工作实际测量的工程量比工程量表或其他报表中规定的工程量的变动大

于 10%。

(2) 工程量的变更与对该项工作规定的具体费率的乘积超过了接受的合同款额的 0.01%。

(3) 由此工程量的变更直接造成该项工作每单位工程量费用的变动超过 1%。

3) 删减原定工作后对承包人的补偿

工程师发布删减工作的变更指令后承包人不再实施部分工作，合同价格中包括的直接费部分没有受到损害，但分摊在该部分的间接费、利润和税金实际不能合理回收。此时承包人可以就其损失向工程师发出通知并提供具体的证明资料，工程师与合同双方协商后确定一笔补偿金额加入合同价内。

> **特别提示**
>
> 注意《FIDIC 合同条件》下的工程变更和我国建设合同文本下的工程变更的处理程序和处理价格的区别。

✅ 证书在线 6-1

关于工程变更的说法，错误的是（　　）。(2015 真题)

A. 监理人要求承包人改变已批准的施工工艺或顺序属于变更
B. 发包人通过变更取消某项工作从而转由他人实施
C. 监理人要求承包人为完成工程需要追加的额外工作属于变更
D. 承包人不能全面落实变更指令而扩大的损失由发包人承担
E. 工程变更指令发布后，应当迅速落实指令，全面修改相关的各种文件

【解析】本题考查的是工程变更类合同价款调整事项。工程变更的范围和内容包括：(1) 增加或减少合同中任何工作，或追加额外的工作；(2) 取消合同中任何工作，但转由他人实施的工作除外；(3) 改变合同中任何工作的质量标准或其他特性；(4) 改变合同工程的基线、标高、位置或尺寸；(5) 改变工程的时间安排或实施顺序。

【本题答案】BD

6.3 工程索赔攻防实战

素养拓新

鲁布革水电站位于云贵两省交界处，距昆明市约 320km。电站装机容量 60 万千瓦，年平均发电量 27.5 亿千瓦时，工程投资 8.9 亿元。整个工程由枢纽工程、引水系统工程、地下厂房工程三部分组成。布鲁格水电站是我国在 20 世纪 80 年代初首次利用世界银行贷款并实行国际招投标，引进国外先进设备和技术建设的水电站。1981 年该工程向世界银行申请贷款，1983 年获得世界银行董事会批准，贷款总额近 1.5 亿美元。

鲁布革水电站引水工程是我国的第一个土建施工国际承包项目，我们也首次认识到了工程索赔管理的重要性和复杂性。工程中的索赔款项涉及业主违约、不利自然条件、工程

师指令增加等7大类别。共发生21起单项费用索赔和1起工期索赔，索赔总额为229.10万元人民币，占合同总额的2.83%。

党的二十大报告指出，必须完整、准确、全面贯彻新发展理念，坚持社会主义市场经济改革方向，坚持高水平对外开放，加快构建以国内大循环为主体、国内国际双循环相互促进的新发展格局。鲁布革水电站建成至今已有40余年的历史，为我国工程领域带来了新的工作理念，树立了新的意识，更加激励着一代又一代的工程师们，主动践行新发展理念，把创新作为引领转型发展的动力，这条路我们必须得传承着走下去，还要走得更好。

6.3.1 工程索赔的概念和分类

1. 工程索赔的概念

工程索赔是在工程承包合同履行中，当事人一方由于另一方未履行合同所规定的义务或者出现了应当由对方承担的风险而遭受损失时，向另一方提出赔偿要求的行为。在实际工作中，"索赔"是双向的，《示范文本》中的索赔就是双向的，既包括承包人向发包人的索赔，也包括发包人向承包人的索赔。但在工程实践中，发包人索赔数量较小，而且处理方便，可以通过冲账、扣拨工程款、扣保证金等来实现对承包人的索赔；而承包人对发包人的索赔比较困难一些。通常情况下，索赔是指承包人（施工单位）在合同实施过程中，对非自身原因造成的工程延期、费用增加而要求发包人给予补偿损失的一种权利要求。

索赔有较广泛的含义，可以概括为以下3个方面。

（1）一方违约使另一方蒙受损失，受损方向对方提出赔偿损失的要求。

（2）发生应由发包人承担责任的特殊风险或遇到不利自然条件等情况，使承包人蒙受较大损失而向发包人提出补偿损失要求。

（3）承包人应获得的正当利益，由于没能及时得到工程师的确认和发包人应给予的支付而以正式函件向发包人索赔。

> **特别提示**
>
> 工程索赔是双向的，承包人提出的索赔习惯称为索赔，发包人提出的索赔称为反索赔。

2. 工程索赔产生的原因

1）当事人违约

当事人违约常常表现为没有按照合同约定履行自己的义务。发包人违约常常表现为没有为承包人提供合同约定的施工条件、未按照合同约定的期限和数额付款等。工程师未能按照合同约定完成工作，如未能及时发出图纸、指令等也视为发包人违约。承包人违约的情况则主要是没有按照合同约定的质量、期限完成施工，或者由于不当行为给发包人造成其他损害。

技能在线 6-1

【背景资料】

某工程项目,合同规定发包人为承包人提供三级路面标准的现场公路。由于发包人选定的工程局在修路中存在问题,现场交通道路在相当一段时间内未达到合同标准。承包人的车辆只能在路面块石垫层上行驶,造成轮胎严重超常磨损,承包人提出对 208 条轮胎及其他零配件的索赔。你认为合理吗?

【技能分析】

合理。这是因发包人违约而导致的轮胎严重超常磨损。工程师批准了对 208 条轮胎及其他零配件的费用补偿共计 1900 元。

2)不可抗力

不可抗力又可以分为自然事件和社会事件。自然事件主要是不利的自然条件和客观障碍,这是任何一个有经验的承包人都无法预测的不利自然条件和客观障碍,包括在施工过程中遇到了经现场调查无法发现、发包人提供的资料中也未提到的、无法预料的情况等,如地下水、地质断层等;社会事件则包括国家政策、法律、法令的变更,战争、罢工等。

技能在线 6-2

【背景资料】

某承包人投标获得一项铺设管道工程,根据标书中介绍的情况算标。工程开工后,当挖掘深 7.5m 的坑时,遇到了严重的地下渗水,不得不安装抽水系统,并开动了长达 35 天之久。承包人认为这是发包人提供的地质资料不实造成的,对不可预见的额外成本要求索赔。你认为合理吗?

【技能分析】

不合理。发包人认为地质资料是真实的,钻探是在 5 月中旬进行,这意味着是旱季季尾,而承包人的挖掘工程是在雨季中期进行的,承包人应预先考虑到会有一较高的水位,这种风险是一个有经验的承包人能合理预见的。根据承包人投标时也已承认考察过现场并了解现场情况,包括地表、地下条件和水文条件等,发包人认为安装抽水机是承包人自己的事,因此拒绝补偿任何费用。

3)合同缺陷

合同缺陷表现为合同条件规定不严谨甚至矛盾、合同中的遗漏或错误。在这种情况下,工程师应当给予解释,如果这种解释将导致成本增加或工期延长,发包人应当给予补偿。

4)合同变更

合同变更表现为设计变更、施工方法变更、追加或者取消某些工作、合同规定的其他变更等。

5)工程师指令

工程师指令有时也会产生索赔,如工程师指令承包人加速施工、进行某项工作、更换某些材料、采取某些措施等。

6)其他第三方原因

其他第三方原因常常表现为与工程有关的第三方的问题而引起的对工程的不利影响。

3. 工程索赔的分类

1) 按索赔的合同依据分类

按索赔的合同依据可以将索赔分为合同中明示的索赔和合同中默示的索赔。

(1) 合同中明示的索赔。合同中明示的索赔是指承包人所提供的索赔要求,在该工程项目的合同中有文字依据,承包人可以据此提出索赔要求,并取得经济补偿。这些在合同文件中有文字规定的合同条款,称为明示的索赔。

(2) 合同中默示的索赔。合同中默示的索赔,即承包人的该项索赔要求,虽然在工程项目的合同条款中没有专门的文字叙述,但可以根据该合同的某些条款的含义,推论出承包人有索赔权。这种索赔要求,同样具有法律效力,有权得到相应的经济补偿。这种有经济补偿含义的条款,在合同管理工作中被称为"默示索赔"或称为"隐含条款"。默示索赔是一个广泛的合同概念,它包含合同明示条款中没有写入,但符合双方签订合同时设想的愿望和当时环境条件的一切条款。这些默示索赔,或者从明示条款所表述的设想愿望中引申出来,或者从合同双方在法律上的合同关系中引申出来,或者经双方协商一致,或者被法律和法规所指明,都成为合同条件的有效条款,要求合同双方遵照执行。

2) 按索赔目的分类

按索赔目的不同,可以将工程索赔分为工期索赔和费用索赔。

(1) 工期索赔。由于非承包人责任的原因而导致施工进程延误,要求批准顺延合同工期的索赔,称为工期索赔。工期索赔形式上是对权利的要求,以避免在原定合同竣工日不能完工时,被发包人追究违约责任。一旦获得批准合同工期顺延后,承包人不仅免除了承担拖期违约赔偿费的严重风险,而且可能会因提前工期而得到奖励,最终仍反映在经济收益上。

(2) 费用索赔。费用索赔的目的是要求经济补偿。当施工的客观条件改变导致承包人增加开支,要求对超出计划成本的附加开支给予补偿,以挽回不应由承包人承担的经济损失。

3) 按索赔事件的性质分类

按索赔事件的性质不同,可以将工程索赔分为以下几种。

(1) 工程延误索赔。因发包人未按合同要求提供施工条件,或因发包人指令工程暂停或不可抗力事件等原因造成工期拖延的,承包人可以向发包人提出索赔;如果由于承包人原因导致工期拖延,发包人可以向承包人提出索赔。

(2) 加速施工索赔。由于发包人指令承包人加快施工速度,缩短工期,引起承包人的人力、物力、财力的额外开支,承包人可提出的索赔。

(3) 工程变更索赔。由于发包人指令增加或减少工程量,或增加附加工程、修改设计、变更工程顺序等,造成工期延长和(或)费用增加,承包人可就此提出索赔。

(4) 合同终止的索赔。由于发包人违约或发生不可抗力事件等原因造成合同非正常终止,承包人因其遭受经济损失而提出索赔。如果由于承包人的原因导致合同非正常终止,或者合同无法继续履行,发包人可以就此提出索赔。

(5) 不可预见的不利条件索赔。承包人在工程施工期间,施工现场遇到一个有经验的承包人通常不能合理预见的不利施工条件或外界障碍,例如地质条件与发包人提供的资料不符,出现不可预见的地下水、地质断层、溶洞、地下障碍物等,承包人可以就因此遭受的损失提出索赔。

（6）不可抗力事件的索赔。工程施工期间因不可抗力事件的发生而遭受损失的一方，可以根据合同中对不可抗力风险分担的约定，向对方当事人提出索赔。

（7）其他索赔。如因货币贬值、汇率变化、物价上涨、政策法令变化等原因引起的索赔。

4）按索赔的当事人分类

按索赔的当事人不同，可以将工程索赔分为以下两种。

（1）承包人与发包人之间的索赔。该类索赔发生在建设工程设置合同的双方当事人之间，既包括承包人向发包人的索赔，也包括发包人向承包人的索赔。但是在工程实践中，经常发生的索赔事件，大多是承包人向发包人提出的，书中所提及的索赔，如果未做特别说明，即指此类情形。

（2）总承包人和分包人之间的索赔。在建设工程分包合同履行过程中，索赔事件发生后，无论是发包人的原因还是总承包人的原因所致，分包人都只能向总承包人提出索赔要求，而不能直接向发包人提出。

> **特别提示**
>
> 《示范文本》的规定中，按照引起索赔事件的原因不同，对一方当事人提出的索赔可能给予合理补偿工期、费用和（或）利润的情况，分别做出了相应的规定。

6.3.2 索赔的依据和成立的条件

1. 索赔的依据

提出索赔和处理索赔都要依据下列文件或凭证。

（1）工程施工合同文件。工程施工合同是工程索赔中最关键和最主要的依据，工程施工期间发承包双方关于工程的洽商、变更等书面协议或文件是索赔的重要依据。

（2）国家法律、法规。国家制定的相关法律、行政法规，是工程索赔的法律依据。工程项目所在地的地方性法规或地方政府规章，也可以作为工程索赔的依据，但应当在施工合同专用条款中约定为工程合同的适用法律。

（3）国家、部门和地方有关的标准，规范和定额。对于工程建设的强制性标准，是合同双方必须严格执行的；对于非强制性标准，必须在合同中有明确规定的情况下，才能作为索赔的依据。

（4）工程施工合同履行过程中与索赔事件有关的各种凭证。这是承包人因索赔事件所遭受费用或工期损失的事实依据，它反映了工程的计划情况和实际情况。

2. 索赔成立的条件

承包人工程索赔成立的基本条件包括以下3项。

（1）索赔事件已造成了承包人的直接经济损失或工期延误。

（2）费用增加或工期延误的索赔事件是非承包人的原因发生的。

（3）承包人已经按工程施工合同规定的期限和程序提交了索赔意向通知书及相关证

明材料。

 证书在线 6-2

支持承包人工程索赔成立的基本条件有（　　）。（2016年真题）
A. 合同履行过程中承包人没有违约行为
B. 索赔事件已造成承包人直接经济损失或工期延误
C. 索赔事件是因非承包人的原因引起的
D. 承包人已按合同规定提交了索赔意向通知、索赔报告及相关证明材料
E. 发包人已按合同规定给予了承包人答复

【解析】承包人工程索赔成立的基本条件包括：（1）索赔事件已造成了承包人直接经济损失或工期延误；（2）造成费用增加或工期延误的索赔事件是非因承包人的原因发生的；（3）承包人已经按照工程施工合同规定的期限和程序提交了索赔意向通知、索赔报告及相关证明材料。

【正确答案】BCD

6.3.3 索赔费用的计算

1. 索赔费用的组成

对于不同原因引起的索赔，承包人可索赔的具体费用内容是不完全一样的。但归纳起来，索赔费用的要素与工程造价的构成基本类似，一般可归结为人工费、材料费、施工机具使用费、现场管理费、总部（企业）管理费、保险费、保函手续费、利息、利润、分包费用。

1）人工费

人工费的索赔包括由于完成合同之外的额外工作所花费的人工费用，超过法定工作时间加班劳动，法定人工费增长，非因承包人原因导致工效降低所增加的人工费用，非因承包人原因导致工程停工人员窝工费和工资上涨费等。在计算停工损失中的人工费时，通常采取人工单价乘以折算系数计算。

2）材料费

材料费的索赔包括由于索赔事件的发生造成材料实际用量超过计划用量而增加的材料费，由于发包人原因导致工程延期期间的材料价格上涨费和超期储存费用。材料费中应包括运输费、仓储费以及合理的损耗费用。如果由于承包人管理不善，造成材料损坏失效，则不能列入索赔款项内。

3）施工机具使用费

施工机具使用费的索赔包括由于完成合同之外的额外工作所增加的施工机具使用费，非因承包人原因导致工效降低所增加的施工机具使用费，由于发包人或工程师指令错误或迟延导致机械设备停工的台班停滞费。在计算机械设备台班停滞费时，不能按机械设备台班费计算，因为台班费中包括机械设备使用费。如果机械设备是承包人自有的，一般按台班折旧费计算；如果是承包人租赁的设备，一般按台班租金加上每台班分摊的机械设备进退场费计算。

4) 现场管理费

现场管理费的索赔包括承包人完成合同之外工作的补偿,以及由于发包人的原因导致工期延期期间的现场管理费,包括管理人员工资、办公费、通信费、交通费等。

现场管理费索赔金额的计算公式为

$$现场管理费索赔金额 = 索赔的直接成本费用 \times 现场管理费率 \quad (6.1)$$

式中现场管理费率的确定可以选用下面的方法:①合同百分比法,即管理费率比率在合同中规定;②行业平均水平法,即采用公开认可的行业标准费率;③原始估价法,即采用投标报价时确定的费率;④历史数据法,即采用以往相似工程的管理费率。

5) 总部(企业)管理费

总部(企业)管理费的索赔主要指的是发包人原因导致工程延期期间所增加的承包人向公司总部提交的管理费,包括这期间的总部职工工资、办公大楼折旧、办公用品、财务管理、通信设施以及总部领导人员赴工地检查指导工作等开支。总部(企业)管理费索赔金额的计算,目前还没有统一的方法,通常可采用以下几种方法。

(1) 按总部(企业)管理费的比率计算。

$$总部(企业)管理费索赔金额 = (直接费索赔金额 + 现场管理费索赔金额) \times 总部(企业)管理费比率(\%) \quad (6.2)$$

式中总部(企业)管理费比率可以按照投标书中的总部(企业)管理费比率计算(一般为3%~8%),也可以按照承包人公司总部统一规定的管理费比率计算。

(2) 按已获补偿的工程延期天数为基础计算。该方法是在承包人已经获得工程延期索赔的批准后,进一步获得总部(企业)管理费索赔的计算方法,计算步骤如下:

① 计算延期工程应当分摊的总部(企业)管理费。

$$延期工程应分摊的总部(企业)管理费 = 同期公司计划总部(企业)管理费 \times \frac{延期工程合同价格}{同期公司所有工程合同总价} \quad (6.3)$$

② 计算延期工程的日平均总部(企业)管理费。

$$延期工程的日平均总部(企业)管理费 = 延期工程应分摊的总部(企业)管理费 / 延期工程计划工期 \quad (6.4)$$

③ 计算索赔的总部(企业)管理费。

$$索赔的总部(企业)管理费 = 延期工程的日平均总部(企业)管理费 \times 工程延期的天数 \quad (6.5)$$

6) 保险费

因发包人原因导致工程延期时,承包人必须办理工程保险、施工人员意外伤害保险等各项保险的延期手续,对于由此而增加的费用,承包人可以提出索赔。

7) 保函手续费

因发包人原因导致工程延期时,承包人必须按照相关履约保函申请延期手续,对于因此而增加的手续费,承包人可以提出索赔。

8) 利息

利息的索赔包括发包人拖延支付工程款利息,发包人延迟退还工程保留金的利息,承包人垫资施工的垫资利息,发包人错误扣款的利息等。至于具体的利率标准,双方可以在合同中明确约定，没有约定或约定不明的，可以按照中国人民银行发布的同期同类贷款利率计算。

9）利润

一般来说，由于工程范围的变更、发包人提供的文件有缺陷或错误、发包人未能提供施工场地，以及因发包人违约导致即合同终止等事件引起的索赔，承包人都可以列入利润。比较特殊的是，根据《示范文本》第11.3款的规定，对于因发包人原因暂停施工导致的工期延误，承包人有权要求发包人支付合理的利润。索赔利润的计算通常是与原报价单中的利润百分率保持一致。但是应当注意的是，由于工程量清单中的单价是综合单价，已经包含了人工费、材料费、施工机具使用费、企业管理费、利润以及一定范围内的风险费用，上述费用在索赔计算中不应重复计算。

同时，由于一些引起索赔的事件，同时也可能是合同中约定的合同价款调整因素（如工程变更、法律法规的变化以及物价波动等），因此，对于已经进行了合同价款调整的索赔事件，承包人在费用索赔的计算时，不能重复计算。

10）分包费用

由于发包人的原因导致分包工程费用增加时，分包人只能向总承包人提出索赔，但分包人的索赔款项应当列入总承包人对发包人的索赔款项中。分包费用索赔指的是分包人的索赔费用，一般也包括与上述费用类似的内容索赔。

2. 索赔费用的计算方法

索赔费用的计算应以赔偿实际损失为原则，包括直接损失和间接损失。索赔费用的计算方法通常有三种，即实际费用法、总费用法和修正的总费用法。

（1）实际费用法。实际费用法又称分项法，即根据索赔事件所造成的损失或成本增加，按费用项目逐项进行分析、计算索赔金额的方法。这种方法比较复杂，但能客观地反映施工单位的实际损失，比较合理，易于被当事人接受，在国际工程中被广泛采用。

由于索赔费用组成的多样化，由不同原因引起的索赔，承包人可索赔的具体费用内容有所不同，必须具体问题具体分析。

（2）总费用法。总费用法也被称为总成本法，就是当发生多次索赔事件后，重新计算工程的实际总费用，再从该实际总费用中减去投标报价时的估算总费用，即为索赔金额。总费用法计算索赔金额的公式为

$$索赔金额＝实际总费用－投标报价估算总费用 \qquad (6.6)$$

但是，在总费用法的计算方法中，没有考虑实际总费用中可能包括由于承包人的原因（如施工组织不善）而增加的费用，投标报价估算总费用也可能产生承包人为谋取中标而导致报价过低的情况，因此，总费用法并不十分科学。只有在难于精确地确定某些索赔事件导致的各项费用增加额时，总费用法才得以采用。

（3）修正的总费用法。修正的总费用法是对总费用法的改进，即在总费用计算的原则上，去掉一些不合理的因素，使其更为合理。修正的内容如下。

① 将计算索赔款的时段局限于受到索赔事件影响的时间，而不是整个施工期。

② 只计算受到索赔事件影响时段内的某项工作所受影响的损失，而不是计算该时段内所有施工工作所受的损失。

③ 与该项工作无关的费用不列入总费用中。

④ 对投标报价费用重新进行核算，即按受影响时段内该项工作的实际单价进行核算，乘以实际完成的该项工作的工程量，得出调整后的报价费用。

按修正后的总费用计算索赔金额的公式为

$$索赔金额=某项工作调整后的实际总费用-该项工作的报价费用 \qquad (6.7)$$

修正的总费用法与总费用法相比,有了实质性的改进,它的准确程度已接近于实际费用法。

 技能在线 6-3

【背景资料】某施工合同约定,施工现场主导施工机械一台,由施工企业租得,台班单价为 300 元/台班,租赁费为 100 元/台班,人工费为 40 元/工日,窝工补贴为 10 元/工日,以人工费为基数的综合费率为 35%。在施工过程中,发生了如下事件:①出现异常恶劣天气导致工程停工 2 天,人员窝工 30 个工日;②因恶劣天气导致场外道路中断,抢修道路用工 20 个工日;③场外大面积停电、停工 2 天,人员窝工 10 个工日。为此,施工企业可向业主索赔费用为多少?

【技能分析】各事件处理结果如下。
(1) 异常恶劣天气导致的停工通常不能进行费用索赔。
(2) 抢修道路用工的索赔额=20×40×(1+35%)=1080(元)
(3) 停电导致的索赔额=2×100+10×10=300(元)

$$总索赔费用=1080+300=1380(元)$$

6.3.4　工期索赔应注意的问题、依据及计算方法

1. 工期索赔中应当注意的问题

(1) 划清施工进度拖延的责任。因承包人的原因造成施工进度滞后,属于不可原谅的延期;只有承包人不应承担任何责任的延误,才是可原谅的延期。有时工程延期的原因中可能包含双方责任,工程师应进行详细分析,分清责任比例,只有可原谅延期部分才能批准顺延合同工期。可原谅延期又可细分为可原谅并给予补偿费用的延期和可原谅但不给予补偿费用的延期。后者是指非承包人责任的,影响并未导致施工成本的额外支出,大多属于发包人应承担风险责任事件的影响,如异常恶劣的气候条件影响的停工等。

(2) 被延误的工作应是处于施工进度计划关键线路上的施工内容。只有位于关键线路的工作内容滞后,才会影响到竣工日期。但有时也应注意,既要看被延误的工作是否在批准进度计划的关键线路上,又要详细分析这一延误对后续工作的可能影响。若对非关键线路工作的影响时间较长,超过了该工作可用于自由支配的时间,也会导致进度计划中非关键线路转化为关键线路,其滞后将影响总工期的拖延,此时应充分考虑该工作的自由时间,给予相应的工期顺延,并要求承包人修改施工进度计划。

2. 工期索赔的依据

承包人向发包人提出工期索赔的具体依据主要包括:
(1) 合同约定或双方认可的施工总进度计划;
(2) 合同双方认可的详细进度计划;
(3) 合同双方认可的对工期的修改文件;

(4) 施工日志、气象资料;
(5) 发包人或工程师的变更指令;
(6) 影响工期的干扰事件;
(7) 受干扰后的实际工程进度等。

3. 工期索赔的计算方法

1) 直接法

如果某干扰事件直接发生在关键线路上,造成总工期的延误,可以直接将该干扰事件的实际延误时间作为工期索赔值。

2) 比例计算法

如果干扰事件仅影响某单项工程、单位工程或分部分项工程的工期,要分析其对总工期的影响,可以采用比例计算法。

(1) 已知受干扰部分工程的延期时间:

$$工期索赔值 = 受干扰部分工期拖延时间 \times \frac{受干扰部分工程的价格}{原合同总价} \tag{6.8}$$

(2) 已知额外增加工程量的价格:

$$工期索赔值 = \frac{额外增加的工程量的价格}{原合同总价} \times 原合同总工期 \tag{6.9}$$

比例计算法虽然简单方便,但有时不符合实际情况,而且比例计算法不适用于变更施工顺序、加速施工、删减工程量等事件的索赔。

3) 网络图分析法

利用进度计划的网络图,分析其关键线路。延误的工作为关键工作,则延误的时间为索赔的工期;延误的工作为非关键工作,当该工作由于延误超过时差而成为关键工作时,可以索赔延误时间与时差的差值;若该工作延误后仍为非关键工作,则不存在工期索赔问题。

该方法通过分析干扰事件发生前和发生后网络计划的计算工期之差来计算工期索赔值,可以用于各种干扰事件和多种干扰事件共同作用所引起的工期索赔。

4. 共同延误的处理

在实际施工过程中,工期拖期很少是只由一方造成的,往往是两三方因两三种原因同时发生(或相互作用)而形成的,故称为"共同延误"。在这种情况下,要具体分析哪一种情况延误是有效的,应依据以下原则。

(1) 判断造成拖期的哪一种原因是最先发生的,即确定"初始延误者",一般初始延误者应对工程延期负责。在初始延误产生作用期间,其他并发的延误者不承担拖期责任。

(2) 如果初始延误者是发包人原因,则在发包人原因造成的延误期内,承包人既可得到工期延长,又可得到经济补偿。

(3) 如果初始延误者是客观原因,则在客观因素发生影响的延误期内,承包人可以得到工期延长,但很难得到费用补偿。

(4) 如果初始延误者是承包人,则在承包人原因造成的延误期内,承包人既不能得到工期延长,也不能得到费用补偿。

> **特别提示**
> 在处理工程索赔时，一定要注意谁是初始延误者或谁是初始责任者。

证书在线 6-3

关于工期"共同延误"的责任处理，下列说法正确的是（   ）。（2023年真题）

A. 由造成拖期的初始延误者对工程拖期负主要责任

B. 在初始延误发生作用期间，其他并发的延误者承担部分拖期责任

C. 初始延误者是发包人，可给予承包人工期和经济补偿

D. 初始延误是客观原因造成的，可给予承包人工期和经济补偿

【解析】选项 AB 错误，"初始延误"者，它应对工程拖期负责。选项 D 错误，初始延误者是客观原因，补偿工期，很难获得费用补偿。

【答案】C

技能在线 6-4

【背景资料】某工程项目采用单价合同，施工过程中发生了以下事件：1月10—14日由于乙方自有设备未能按时运到工地，致使工程停工；甲方于1月12日提出图纸做局部修改，修改后的图纸于1月20日送达工地；1月18日乙方发现甲方提供的地质报告与现场地质情况不符，致使乙方停止工作5天；1月21—25日该地区出现罕见的沙尘暴，致使乙方停止施工。上述事件发生后，乙方向甲方提出工期索赔16天，费用索赔每日3万元，共计48万元的索赔要求。

请问乙方的索赔要求是否合理？

【技能分析】1月10—14日的停工，是因为乙方原因造成的，这5天不能索赔工期，费用也不能索赔。

1月12日图纸修改，20日才送达工地，是因为甲方提出的修改，可以索赔工期和费用，但是12—14日这3天与设备未能按时到场的停工产生共同延误，按照乙方先发生承担责任，因此这3天不能提出索赔，该事件可以提出索赔工期的是15—19日，共计5天。

1月18日因地质报告与现场地质情况不符造成的乙方停工5天，是甲方提供资料不准确造成的，可以索赔工期和费用，但因与图纸延迟送达18日、19日2天产生共同延误，不能重复索赔，该事件可以索赔20—22日，共3天。

1月21—25日出现罕见的沙尘暴，致使乙方停止施工，是因为不可抗力造成的，可以索赔工期，但不能索赔费用，21日、22日与甲方提供资料不准确产生共同延误，该事件可以索赔的工期为23—25日，共3天。

综上，各项事件发生后，可以索赔的工期一共为：5+3+3=11(天)

可以索赔的费用为：(5+3)×3=24(万元)

知识链接

处理工程索赔的主要注意事项

(1) 非自身的责任才可进行工程索赔。

(2) 费用索赔时伴随工期索赔，工期索赔是否在关键线路上。

(3) 不可抗力事件主要是指当事人无法控制的事件。事件发生后当事人不能合理避免或克服的，即合同当事人不能预见、不能避免且不能克服的客观情况。

(4) 不可抗力后的责任处理如下。

① 工程本身的损害、第三方人员伤亡和财产损失，以及运至施工现场用于施工的材料和待安装的设备的损害，由发包人承担。

② 承发包双方人员伤亡由其所在单位负责，并承担相应费用。

③ 承包人机械设备损坏及停工损失由承包人承担。

④ 停工期间，承包人应工程师要求留在施工场地的必要的管理人员和保卫人员的费用由发包人承担。

⑤ 工程所需清理、修复的费用由发包人承担。

⑥ 延误的工期相应顺延。

证书在线 6-4

下列在施工合同履行期间由不可抗力造成的损失中，应由承包人承担的是（　　）。

A. 因工程损害导致的第三方人员伤亡
B. 因工程损害导致的承包人人员伤亡
C. 工程设备的损害
D. 应监理人要求承包人照管工程的费用

【本题答案】B

6.4 工程价款结算优化与精细化管控

建设工程价款结算是指承包商在工程实施过程中，依据承包合同中有关付款条款的规定和已经完成的工程量，并按照规定的程序向发包人收取工程款的一项经济活动。

6.4.1 工程计量

1. 工程计量的原则与范围

1) 工程计量的概念

所谓工程计量，就是发承包双方根据合同约定，对承包人完成合同工程的数量进行的计算和确认。具体地说，就是双方根据设计图纸、技术规范以及施工合同约定的计量方式和计算方法，对承包人已经完成的质量合格的工程实体数量进行测量与计算，并以物理计量单位或自然计量单位进行表示、确认的过程。

招标工程量清单中所列的数量，通常是根据设计图纸计算的数量，是对合同工程的估计工程量。工程施工过程中，通常会由于一些原因导致承包人实际完成工程量与工程量清单中所列工程量的不一致，比如：招标工程量清单缺项、漏项或项目特征描述与实际不符，工程变更，现场施工条件变化，现场签证，暂列金额中的专业工程发包等。因此，在工程合同价款结算前，必须对承包人履行合同义务所完成的实际工程进行准确的计量。

2）工程计量的原则

工程计量的原则包括下列3个方面。

（1）不符合合同文件要求的工程不予计量。即工程必须满足设计图纸、技术规范等合同文件对其在工程质量上的要求，同时有关的工程质量验收资料齐全、手续完备，满足合同文件对其在工程管理上的要求。

（2）按合同文件所规定的方法、范围、内容和单位进行计量。工程计量的方法、范围、内容和单位受合同文件所约束，合同文件中工程量清单（说明）、技术规范、合同条款均会从不同角度、不同侧面涉及这些方面的内容。在计量中要严格遵循这些文件的规定，并且一定要结合起来使用。

（3）承包人实施的下列工程及工作不应予计量：承包人为完成永久工程所实施的临时工程，合同约定应予计量的临时工程除外；承包人原因引起超出合同约定工程范围的工程；承包人所完成，但不符合合同图纸及合同规范要求的工程；承包人拆除及迁离不符合合同图纸及合同规范要求的工程或工作；承包人责任造成的其他返工。

3）工程计量的范围与依据

（1）工程计量的范围。工程计量的范围包括工程量清单及工程变更所修订的工程量清单的内容；合同文件中规定的各种费用支付项目，如费用索赔、各种预付款、价格调整、违约金等。

（2）工程计量的依据。工程计量的依据包括工程量清单及说明、合同图纸、工程变更令及其修订的工程量清单、合同条件、技术规范、有关计量的补充协议、质量合格证书等。

2. 工程计量的方法

工程量必须按照相关工程现行国家计量标准规定的工程量计算规则计算。工程计量可选择按月或按工程形象进度分段计量，具体计量周期在合同中约定。因承包人原因造成的超出合同工程范围施工或返工的工程量，发包人不予计量。通常区分单价合同和总价合同规定不同的计量方法，成本加酬金合同按照单价合同的计量规定进行计量。

1）单价合同计量

单价合同工程量必须以承包人完成合同工程应予计量的按照现行国家计量标准规定的工程量计算规则计算得到的工程量确定。施工中进行工程计量时，若发现招标工程量清单中出现缺项、工程量偏差，或因工程变更引起工程量的增减，应按承包人在履行合同义务中完成的工程量计算。

2）总价合同计量

采用经审定批准的施工图纸及其预算方式发包形成的总价合同，除按照工程变更规定引起的工程量增减外，总价合同各项目的工程量是承包人用于结算的最终工程量。总价合同约定的项目计量应以合同工程经审定批准的施工图纸为依据，发承包双方应在合同中约定工程计量的形象目标或时间节点进行计量。

✓ 证书在线 6-5

关于工程计量的说法，正确的有（　　）。（2022年真题）

A. 应按合同文件规定的方法、范围、内容和单位计量

B. 不符合合同文件要求的工程不予计量

C. 工程验收资料不齐全但满足工程质量要求的，应予计量

D. 因承包人原因超出合同工程范围施工，但有助于提高项目功能的工程量，发包人应予计量

E. 因承包人原因造成返工的工程量，经验收合格的，发包人应予计量

【解析】工程计量的原则包括下列三个方面：(1) 不符合合同文件要求的工程不予计量。(2) 按合同文件所规定的方法、范围、内容和单位计量。(3) 因承包人原因造成的超合同工程范围施工或返工的工程量，发包人不予计量。

【答案】AB

6.4.2 工程价款的结算方法

我国现行工程价款结算根据不同情况，可采取多种方式。

(1) 按月结算。实行旬末或月中预支，月终结算，竣工后清理结算的方式。

(2) 竣工后一次结算。建设项目或单项工程全部建筑安装工程建设期在 12 个月以内，或工程承包合同价在 100 万元以下的，可实行工程价款每月月中预支、竣工后一次结算，即合同完成后承包人与发包人进行合同价款结算，确认的工程价款为承发包双方结算的合同价款总额。

(3) 分段结算。当年开工当年不能竣工的单项工程或单位工程，按照工程形象进度划分不同阶段进行结算。分段标准由各省、自治区、直辖市规定。

(4) 目标结算方式。在工程合同中，将承包工程的内容分解成不同控制面（验收单元），当承包人完成单元工程内容并经工程师验收合格后，发包人支付单元工程内容的工程价款。控制面的设定在合同中应有明确的描述。在目标结算方式下，承包人要想获得工程款，必须按照合同约定的质量标准完成控制面工程内容；要想尽快获得工程款，承包人必须充分发挥自己的组织实施力，在保证质量的前提下，加快施工进度。

(5) 双方约定的其他结算方式。

6.4.3 工程预付款

发包人应按合同约定向承包人支付预付款，且不应向承包人收取预付款的利息。承包人应将预付款专用于合同工程，可用于为履行合同而预先采购材料、租赁或采购相关施工机具、搭设现场临时设施、组织施工人员进场等工程施工前发生的必要费用。

> **特别提示**
>
> 跨年度实施的重大工程的预付款，可按已获发包人批准的承包人施工组织设计及年度工程进度计划、合同清单的合同价款等，分解形成符合规定的相应年度计划中应完成工程的合同价款总额，并按合同约定的预付款支付比例逐年预付。

1. 工程预付款的支付

工程预付款的额度主要是保证施工所需材料和构件的正常储备。工程预付款一般根据施工工期、建筑安装工程量、主要材料和构件费用占建筑安装工程费的比例以及材料储备周期等因素经测算来确定。工程预付款的计算方法有以下几种。

（1）百分比法。发包人根据工程特点、工期长短、市场行情、供求规律等因素，招标时在合同条件中约定工程预付款的百分比。

$$工程预付款 = 年度建筑安装工程合同价 \times 工程预付款支付比例 \qquad (6.10)$$

（2）公式计算法。公式计算法是根据主要材料（含结构件）等占年度承包工程总价的比重，材料储备定额天数和年度施工天数等因素，通过公式计算工程预付款的一种方法。

施工单位常年应备的材料储备款，即工程预付款为：

$$工程预付款 = \frac{年度承包工程总价 \times 主要材料价占比重}{年度施工天数} \times 材料储备定额天数 \qquad (6.11)$$

式（6.11）中，材料储备定额天数由当地材料供应的在途天数、加工天数、整理天数、供应间隔天数、保险天数等因素决定。

✅ 技能在线 6-5

【背景资料】 某工程合同总额 350 万元，主要材料、构件所占比重为 60%，年度施工天数为 200 天，材料储备天数 80 天，则工程预付款是多少？

【技能分析】 工程预付款 $= \dfrac{350 \times 60\%}{200} \times 80 = 84$（万元）

2. 预付款的扣回

发包人拨付给承包人的备料款属于预支的性质。工程实施后，随着工程所需材料储备的逐步减少，应以抵充工程款的方式陆续扣回，即在承包人应得的工程进度款中扣回。扣回的时间称为起扣点，起扣点计算方法有两种。

（1）按公式计算。这种方法原则上是以未完工程所需材料的价值等于预付备料款时起扣。从每次结算的工程款中按材料比重抵扣工程价款，竣工前全部扣清。

$$未完工程材料款 = 预付备料款 \qquad (6.12)$$

$$未完工程材料款 = 未完工程价值 \times 主材比重 = (合同总价 - 已完工程价值) \times 主材比重 \qquad (6.13)$$

$$预付备料款 = (合同总价 - 已完工程价值) \times 主材比重 \qquad (6.14)$$

$$已完工程价值（起扣点）= 合同总价 - \frac{预付备料款}{主材比重} \qquad (6.15)$$

✅ 技能在线 6-6

【背景资料】 某工程合同价总额 200 万元，工程预付款 24 万元，主要材料、构件所占比重 60%，则该工程预付款的起扣点为多少？

【技能分析】 起扣点 $= 200 - \dfrac{24}{60\%} = 160$（万元）

（2）预付款应按合同约定在履行过程扣回，合同没约定或约定不明的，可选择当累计完成工程总值达到合同总价的一定比例后一次扣回或分次扣回的方式。选择分次扣回方式的，预付款可从每一个支付期应支付给承包人的工程进度款或施工过程结算款中按比例扣回，直到扣回的金额达到合同约定的预付款金额为止。提前解除合同的，尚未扣回的预付款应在合同终止结算时全部扣回。

3. 安全文明施工费

发包人应在工程开工后 28 天内预付不低于安全生产措施费总额的 50% 给承包人，其余部分应按照提前安排的原则进行分解，并与工程进度款同期支付。对跨年度实施的重大工程，预付的安全生产措施费总额可按年度工程进度计划分解计算。发承包双方在计算应付工程进度款时，不应扣回预付的安全生产措施费。

发包人未按合同约定的时间支付安全生产措施费的，承包人可催告发包人支付；发包人在催告后的约定时间内仍未支付的，承包人有权暂停施工，发包人应承担违约责任。

承包人对安全生产措施费应专款专用，不得挪作他用，并应在财务账目中单独列项备查，否则发包人有权责令其限期改正；逾期未改正的，可责令其暂停施工，由此增加的费用和（或）延误的工期由承包人承担。

6.4.4 工程进度款

工程进度款是指在施工过程中，根据合同约定的结算方式，承包人按月进度或形象进度将已完成的工程量和应该得到的工程款报给发包人，发包人支付给承包人部分工程款的行为。

> **特别提示**
>
> 施工企业在施工过程中，根据合同所约定的结算方式，按月或进度或控制界面，完成的工程量计算各项费用，向业主办理工程进度款结算。
>
> 以按月结算为例，业主在月中向施工企业预支半月工程款，施工企业在月末根据实际完成工程量向业主提供已完工程月报表和工程价款结算账单，经业主和工程师确认，收取当月工程价款，并通过银行结算，即承包商提交已完工程量报告→工程师确认→业主审批认可→支付工程进度款。

在工程进度款支付过程中，应遵循如下原则。

1. 工程量的确认

（1）承包人应以书面形式提交相关工程的计量成果给发包人核对，发包人收到承包人的计量成果后应在约定时间内将核对结果以书面形式通知承包人。发包人未在约定时间内提供核对结果的，可视为承包人提交的计量成果已获得发包人认可，除合同另有约定外，承包人提交的该计量成果可作为工程价款的计算依据，但不应作为相关工程已合格交付的依据。

（2）承包人收到发包人核对结果后应在约定的时间内以书面形式确认，或以书面形式向发包人提交复核结果存在偏差的意见和详细计算资料。承包人提交复核结果意见的，发包人收到后应在约定时间内以书面形式确认，或将复查结果以书面形式通知承包人，发包人未在约定时间内提供复查结果的，可视为承包人提交的复核结果意见已获得发包人认可,可按(1)的规定执行。

(3)承包人未在约定时间内对发包人核对的结果予以书面确认或提交复核意见的,可视为发包人核对的计量成果已获得承包人认可。除合同另有规定外,发包人提交的核对计量成果可作为工程价款的计算依据。

2. 工程进度款的支付

(1)发包人应在收到承包人进度款支付申请后在合理时间内对申请内容予以核对,确认后向承包人出具进度款支付证书并依时支付进度款。

(2)符合规定范围合同价款的调整,工程变更调整的合同价款及其他条款中约定的追加合同价款应与工程款同期支付。

(3)发包人超过约定时间不支付工程款,承包人可向发包人发出要求付款通知,发包人收到通知仍不能按要求付款的,可与承包人签订延期付款协议,经承包人同意后延期支付。

(4)发包人不按合同约定支付工程款,双方又未达成延期付款协议,导致施工无法进行的,承包人可停止施工,由发包人承担违约责任。

6.4.5 工程竣工结算

工程竣工后,发承包双方应按合同约定及结算依据相关规定,以及双方签署确认的全部施工过程结算文件在约定的时间内编制、核对,按相关规定办理工程竣工结算。

(1)工程竣工后,承包人应在经发承包双方确认的施工过程结算的基础上,补充完善相关质量合格验收证明等资料,按合同约定及相关规定编制并向发包人提交完整的工程竣工结算文件。

(2)承包人未在约定的时间内提交工程竣工结算文件,经发包人催告后仍未按要求提交或没有明确答复的,发包人可根据已有资料编制竣工结算文件,并提请承包人确认;承包人确认无异议或在约定时间内没有明确答复的,应视为发包人编制的结算文件已被承包人认可,可作为办理竣工结算和支付结算款的依据。

(3)发包人在收到承包人提交的竣工结算文件后,应在约定时间内予以核对。发包人经核对,认为承包人应进一步补充资料和修改结算文件的,应在约定时间内向承包人提出核对意见,承包人应在收到核对意见后,在约定时间内按发包人提出的合理要求补充资料,修改竣工结算文件,再次提交给发包人复核确认。

(4)发包人在收到承包人再次提交的竣工结算文件后,应在约定时间内予以复核,并将复核结果通知承包人。

(5)发包人在收到承包人竣工结算文件后约定时间内,未按合同约定核对竣工结算或未提出核对意见的,应视为承包人提交的竣工结算文件已被发包人认可,竣工结算确认完毕。承包人在收到发包人提出的核对(或复核)意见后,在约定的时间内未按合同约定确认也未提出异议的,应视为发包人提出的核对意见已被承包人认可,竣工结算确认完毕。

(6)发包人对工程质量有异议的,已竣工验收或已竣工未验收但发包人擅自使用的工程,其质量争议应按工程保修合同或合同中有关保修条款执行,竣工结算应按合同约定办理;已竣工未验收且未投入使用的工程以及停工、停建工程的质量争议,发承包双方可就有关争议部分委托有工程质量检测鉴定能力的检测鉴定机构进行检测,并应根据检测结果

第6章 施工阶段控制:技术与成本的双重把控之术

确定解决方案,或按工程质量监督机构的处理决定执行后办理竣工结算,无质量异议部分的竣工结算应按合同约定办理。

$$竣工结算工程价款 = 合同价款 + \frac{施工过程中预算}{或合同价款调整数额} - 预付及已结算工程价款 - 保修金$$

(6.16)

素养拓新

长江三峡水利枢纽工程(又称三峡工程)建设按照逐步与国际接轨的原则组织实施,通过竞争性招标,"公平、公开、公正"地选择国内外优秀承包商参与工程施工,公开选聘资质和信誉较高的监理单位进行工程监理,公正合理地解决合同执行过程中发生的问题。三峡工程在吸取鲁布格水电站、二滩水电站、小浪底水电站等世界银行贷款项目管理经验的基础上,根据我国的国情,形成了既以合同管理为基础,又符合我国现阶段发展水平,在诸多方面具有中国特色的管理模式。多年来的实践表明,三峡工程管理成效明显,工程建设质量、进度、投资得到了有效控制,工程施工进展较为顺利,确保了2003年通航发电目标的实现。

三峡工程以合同为纽带,以项目部为基本管理单元实行项目管理。其重点是对合同进行管理,加强对工程质量、进度、投资的有效控制。其中投资控制是一个难点,三峡工程采取了:①静态投资控制,根据批准的初步设计概算,按照"总量控制、合理调整"的原则编制执行概算,作为工程项目招标和工程实施过程中的控制目标;②动态投资管理,委托中介机构进行分年度价差测算,报经国务院三峡建设委员会批准后,向相关合同单位支付价差款,通过优选筹资方式与金融品种,降低筹资成本;③项目实施控制价,按照项目管理模式,根据各项目部负责管理的合同项目,编制项目实施控制价,由项目部在实施控制价内根据工程实际情况对工程投资进行控制和做适当调整,以保证工程在顺利实施的同时,工程投资不突破执行概算额度。

三峡工程通过科学的投资控制体系,实现了质量、进度与投资的有机统一,展现了我国工程管理的卓越水平。

党的二十大报告强调,高质量发展与创新驱动,三峡工程正是这一理念的生动实践,体现了精益求精的工匠精神和集中力量办大事的制度优势。作为新时代工程人,我们应以三峡精神为指引,坚守职业操守,勇于创新,在全面建设社会主义现代化国家的新征程中,以实际行动践行初心使命,书写新时代工程建设的辉煌篇章。

✓ 技能在线 6-7

【背景资料】某工程合同价款总额为300万元,施工合同规定工程预付款为合同价款的25%,主要材料所占比重为工程价款的62.5%,在每月工程款中扣留5%的保修金,每月实际完成工作量见表6-1。

表6-1 每月实际完成工作量

月 份	1	2	3	4	5	6
实际完成工作量/万元	20	50	70	75	60	25

求工程预付款、每月结算工程款。

【技能分析】相关计算如下。

$$工程预付款 = 300 \times 25\% = 75(万元)$$
$$起扣点 = 300 - 75/62.5\% = 180(万元)$$

1月份：累计完成20万元，结算工程款 $= 20 - 20 \times 5\% = 19(万元)$

2月份：累计完成70万元，结算工程款 $= 50 - 50 \times 5\% = 47.5(万元)$

3月份：累计完成140万元，结算工程款 $= 70 \times (1 - 5\%) = 66.5(万元)$

4月份：累计完成215万元，超过起扣点180万元

$$结算工程款 = 75 - (215 - 180) \times 62.5\% - 75 \times 5\% = 49.375(万元)$$

5月份：累计完成275万元

$$结算工程款 = 60 - 60 \times 62.5\% - 60 \times 5\% = 19.5(万元)$$

6月份：累计完成300万元

$$结算工程款 = 25 \times (1 - 62.5\%) - 25 \times 5\% = 8.125(万元)$$

6.4.6 工程价款的动态结算

工程建设项目周期长，在整个建设期内会受到物价浮动等多种因素的影响，其中主要是人工、材料、施工机具等的动态影响。

特别提示

工程价款结算时要充分考虑动态因素，把多种因素纳入结算过程，使工程价款结算能反映工程项目的实际消耗费用。

1. 采用价格指数调整价格差额

采用价格指数调整价格差额的方法，主要适用于施工中所用的材料品种较少，但每种材料使用量较大的土木工程，如公路、水坝等。

1）价格调整公式

因人工、材料、工程设备和施工机械台班等价格波动影响合同价款时，根据投标函附录中的价格指数和权重表约定的数据，按式(6.17)计算差额并调整合同价款。

$$\Delta P = P_0 \left[A + \left(B_1 \times \frac{F_{t1}}{F_{01}} + B_2 \times \frac{F_{t2}}{F_{02}} + B_3 \times \frac{F_{t3}}{F_{03}} + \cdots + B_n \times \frac{F_{tn}}{F_{0n}} \right) - 1 \right] \quad (6.17)$$

式中：
ΔP——需调整的价格差额。

P_0——约定的计量周期中承包人应得到的不含增值税合同价金额。此项金额不应包括价格调整、不计质量保证金的扣留和支付、预付款的支付和扣回。已按现行价格计价的变更及其他金额也不应计算在内，但工程量清单缺陷及按中标价的工料机单价计算的变更及其他金额应计算在内。

A——定值权重（即不调部分的权重）。

$B_1, B_2, B_3, \cdots, B_n$——各可调因子的变值占不含税签约合同价的权重（即可调部分

的权重)。

$F_{t1}, F_{t2}, F_{t3}, \cdots, F_{tn}$——各可调因子的现行价格指数。

$F_{01}, F_{02}, F_{03}, \cdots, F_{0n}$——各可调因子的基本价格指数,指基准日的各可调因子的价格指数。如合同约定允许价格波动幅度的,基本价格指数应予以考虑此波动幅度系数。

当确定定值部分和可调部分因子权重时,应注意由于以下原因引起的合同价款调整,其风险应由发包人承担。

(1) 省级或行业建设主管部门发布的人工费调整,但承包人对人工费或人工单价的报价高于发布的除外。

(2) 由政府定价或政府指导价管理的原材料等价格进行了调整的。

以上价格调整公式中的各可调因子、定值和变值权重,以及基本价格指数及其来源在投标函附录价格指数和权重表中约定。价格指数应首先采用工程造价管理机构提供的价格指数,当缺乏上述价格指数时,可采用工程造价管理机构提供的价格代替。

在计算调整差额时得不到现行价格指数的,可暂用上一次价格指数计算,并在以后的付款中再按实际价格指数进行调整。

2) 权重的调整

按变更范围和内容所约定的变更,导致原定合同中的权重不合理时,由承包人和发包人协商后进行调整。

3) 工期延误后的价格调整

由于发包人原因导致工期延误的,则对于计划进度日期(或竣工日期)后续施工的工程,在使用价格调整公式时,应采用计划进度日期(或竣工日期)与实际进度日期(或竣工日期)的两个价格指数中的较高者作为现行价格指数。

拓展案例1

由于承包人原因导致工期延误的,则对于计划进度日期(或竣工日期)后续施工的工程,在使用价格调整公式时,应采用计划进度日期(或竣工日期)与实际进度日期(或竣工日期)的两个价格指数中的较低者作为现行价格指数。

技能在线 6-8

【背景资料】

2023 年 3 月实际完成的某土方工程,按 2022 年签约时的价格计算工程价款为 10 万元,该工程固定系数为 0.2,各参加调值的因素除人工费的价格指数增长了 10% 外,其他都未发生变化,人工占调值部分的 50%,按调值公式完成该土方工程结算的工程价款为多少?

【技能分析】

$$工程价款 = 100000 \times \left[0.2 + 0.4 \times \frac{100 \times (1+10\%)}{100} + 0.4 \times \frac{100}{100} \right] = 104000(元)$$

注:调值部分为 0.8,其中人工占调值部分的 50%,即 0.4;其他因素占调值部分的 50%,即 0.4。

技能在线 6-9

【背景资料】

某土建工程，合同规定结算工程价款100万元，合同原始报价日期为2019年3月，工程于2020年5月建成交付使用，费用构成比例及有关价格指数见表6-2，计算实际结算工程价款。

表6-2 费用构成比例及有关价格指数

项目	人工费	钢材	水泥	集料	红砖	砂	木材	不调值费用
比例/(%)	45	11	11	5	6	3	4	15
2019年3月指数	100.0	100.8	102.0	93.6	100.2	95.4	93.4	
2020年5月指数	110.1	98.0	112.9	95.9	98.9	91.1	117.9	

【技能分析】

$$实际结算工程价款 = 100 \times \left(0.45 \times \frac{110.1}{100.0} + 0.11 \times \frac{98.0}{100.8} + 0.11 \times \frac{112.9}{102.0} + 0.05 \times \frac{95.9}{93.6} + 0.06 \times \frac{98.9}{100.2} + 0.03 \times \frac{91.1}{95.4} + 0.04 \times \frac{117.9}{93.4} + 0.15\right)$$

$$\approx 100 \times 1.064 = 106.4（万元）$$

2. 采用造价信息调整价格差额

采用造价信息调整价格差额的方法，主要适用于使用的材料品种较多，而每种材料使用量相对较小的房屋建筑与装饰工程。

施工合同履行期间，因人工、材料、工程设备和施工机械台班价格波动影响合同价格时，人工和施工机具使用费按照国家或省、自治区、直辖市建设行政管理部门，行业建设管理部门或其授权的工程造价管理机构发布的人工成本信息，施工机械台班单价或施工机具使用费系数进行调整；需要进行价格调整的材料，其单价和采购数应由发包人复核，发包人确认需调整的材料单价及数量，作为调整合同价款差额的依据。

1）人工单价的调整

人工单价发生变化时，发承包双方应按省级或行业建设主管部门或其授权的工程造价管理机构发布的人工成本文件调整合同价款。

2）材料和工程设备价格的调整

材料、工程设备价格变化的价款调整，按照承包人提供主要材料和工程设备一览表，根据发承包双方约定的风险范围，按以下规定进行调整。

（1）如果承包人投标报价中材料单价低于基准单价，工程施工期间材料单价涨幅以基准单价为基础超过合同约定的风险幅度值时，或材料单价跌幅以投标报价为基础超过合同约定的风险幅度值时，其超过部分按实调整。

（2）如果承包人投标报价中材料单价高于基准单价，工程施工期间材料单价跌幅以基准单价为基础超过合同约定的风险幅度值时，或材料单价涨幅以投标报价为基础超过合同约定的风险幅度值时，其超过部分按实调整。

（3）如果承包人投标报价中材料单价等于基准单价，工程施工期间材料单价涨、跌幅以基准单价为基础超过合同约定的风险幅度值时，其超过部分按实调整。

（4）承包人应当在采购材料前将采购数量和新的材料单价报发包人核对，确认用于本合同工程时，发包人应当确认采购材料的数量和单价。发包人在收到承包人报送的确认资料后3个工作日不予答复的，视为已经认可，作为调整合同价款的依据。如果承包人未报经发包人核对即自行采购材料，再报发包人确认调整合同价款的，如发包人不同意，则不予调整。

3）施工机械台班单价的调整

施工机械台班单价或施工机具使用费发生变化超过省级或行业建设主管部门或其授权的工程造价管理机构规定的范围时，按照其规定调整合同价款。

技能在线 6-10

【背景资料】某施工合同中约定，承包人承担的钢筋价格风险幅度为±5%，超出部分依据《清单计价标准》造价信息法调差。已知投标人投标价格、基准期发布价格分别为4000元/t、3500元/t，2022年12月、2023年7月的造价信息发布价分别为3200元/t、4400元/t。则该两月钢筋的实际结算价格应分别为多少？

【技能分析】（1）2022年12月信息价下降，应以较低的基准价基础计算合同约定的风险幅度值。

$3500 \times (1-5\%) = 3325$（元/t）

因此钢筋每吨应下浮价格 $= 3325 - 3200 = 125$（元/t）

2022年12月实际结算价格 $= 4000 - 125 = 3875$（元/t）

（2）2023年7月信息价上涨，应以较高的投标价格为基础计算合同约定的风险幅度值。

$4000 \times (1+5\%) = 4200$（元/t）

因此钢筋每吨应上调价格 $= 4400 - 4200 = 200$（元/t）

2023年7月实际结算价格 $= 4000 + 200 = 4200$（元/t）

> **特别提示**
>
> 在进行工程结算时，注意合同规定和起扣点要求。

素养拓新

工程价款结算的主要注意事项如下。

① 工程价款结算的方式。
② 工程价款约定的主要内容。
③ 工程预付款支付及扣回。
④ 工程进度款的支付。
⑤ 工程保证金的预留和返还。

拓展案例2

6.5 资金使用计划的精细筹划与高效运用实践

6.5.1 资金使用计划的编制方法

1. 资金使用计划编制的作用

施工阶段既是建设工程周期长、规模大、造价高,又是资金投入量最直接、最大,控制工程造价效果最明显的阶段。施工阶段资金使用计划的编制与控制在整个建设管理中处于重要的地位,它对工程造价有着重要的影响,其表现如下。

(1) 通过编制资金计划,合理地确定工程造价施工阶段目标值,使工程造价控制有依据,并为资金的筹集与协调打下基础。有了明确的目标值后,就能将工程实际支出与目标值进行比较,找出偏差,分析原因,采取措施纠正偏差。

(2) 通过资金使用计划,预测未来工程项目的资金使用和进度控制,消除不必要的资金浪费。

(3) 在建设项目的进行中,通过资金使用计划执行,有效地控制工程造价上升,最大限度地节约投资。

2. 资金使用计划编制

1) 按工程造价构成编制资金使用计划

比较适合于有大量经验数据的工程项目。

工程造价构成主要分为建筑安装工程费、设备工器具费和工程建设其他费三部分,按工程造价构成编制的资金使用计划也分为建筑安装工程费使用计划、设备工器具费使用计划和工程建设其他费使用计划。

2) 按不同子项目编制资金使用计划

一个建设项目往往由多个单项工程组成,每个单项工程可能由多个单位工程组成,而每个单位工程又由若干个分部分项工程组成。

对工程项目划分的粗细程度,根据具体实际需要而定,一般情况下,投资目标分解到各单项工程、单位工程。

投资计划分解到单项工程、单位工程的同时,还应分解到建筑工程费、安装工程费、设备购置、工程建设其他费等,这样有助于检查各项具体投资支出对象的落实情况。

3) 按时间进度编制资金使用计划

> **特别提示**
>
> 建设项目的投资总是分阶段、分期支出的,按时间进度编制资金使用计划将总目标按使用时间分解来确定分目标值。

按时间进度编制的资金使用计划通常采用横道图、时标网络图、S形曲线、香蕉图等形式。

(1) 横道图是用不同的横道图标识已完工程计划投资、实际投资及拟完工程计划投资，横道图的长度与其数据成正比。横道图的优点是形象直观，但信息量少，一般用于较高的管理层次。

(2) 时标网络图是在确定施工计划网络图的基础上，将施工进度与工期相结合而形成的网络图。

时标网络图和横标图将在偏差分析中详细介绍，本节主要介绍S形曲线。

(3) S形曲线即时间-投资累计曲线。S形曲线绘制步骤包括以下几步。

① 确定工程进度计划。

② 根据每单位时间内完成的实物工程量或投入的人力、物力和财力，计算单位时间（月或旬）的投资，见表6-3。

表6-3 单位时间的投资

时间/月	1	2	3	4	5	6	7	8	9	10	11	12
投资/万元	100	200	300	500	600	800	800	700	600	400	300	200

③ 将各单位时间计划完成的投资额累计，得到计划累计完成的投资，见表6-4。

表6-4 计划累计完成的投资

时间/月	1	2	3	4	5	6	7	8	9	10	11	12
投资/万元	100	200	300	500	600	800	800	700	600	400	300	200
计划累计投资/万元	100	300	600	1100	1700	2500	3300	4000	4600	5000	5300	5500

④ 绘制S形曲线如图6.1所示。

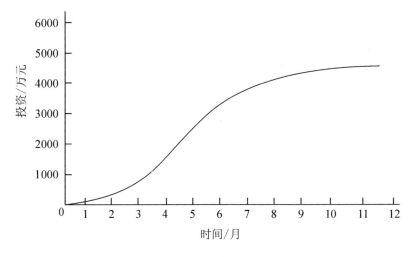

图6.1 S形曲线

每一条S形曲线对应于某一特定的工程进度计划。

(4) 香蕉图绘制方法同S形曲线，不同在于香蕉图需分别绘制按最早开工时间和最迟开工时间的曲线，两条曲线形成类似香蕉的曲线图，如图6.2所示。

S形曲线必然包括在香蕉图曲线内。

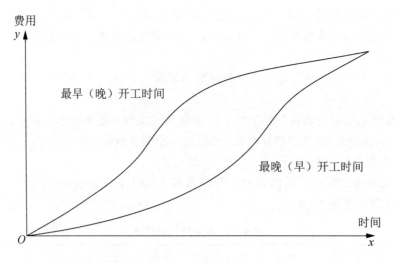

图 6.2 香蕉图

6.5.2 投资偏差的分析

1. 偏差

在项目实施过程中,由于各种因素的影响,实际情况往往会与计划出现偏差,把投资的实际值与计划值的差异称为投资偏差,把实际工程进度与计划工程进度的差异称为进度偏差。

$$投资偏差 = 已完工程实际投资 - 已完工程计划投资 \quad (6.18)$$

$$进度偏差 = 已完工程实际时间 - 已完工程计划时间 \quad (6.19)$$

进度偏差也可表示为

$$进度偏差 = 拟完工程计划投资 - 已完工程计划投资 \quad (6.20)$$

> **特别提示**
>
> 拟完工程计划投资是指"计划进度下的计划投资",已完工程计划投资是指"实际进度下的计划投资",已完工程实际投资是指"实际进度下的实际投资"。

技能在线 6-11

【背景资料】某工程计划完成工作量 200m³,计划进度 20m³/天,计划投资 10 元/m³,到第 4 天实际完成 90m³,实际投资 1000 元。计算到第 4 天的投资偏差与进度偏差。

【技能分析】拟完工程计划投资 = 20×4×10 = 800(元)

已完工程计划投资 = 90×10 = 900(元)

已完工程实际投资:1000(元)

投资偏差 = 1000 - 900 = 100(元)

进度偏差 = 800 - 900 = -100(元)

其中：投资偏差为正表示投资增加，为负表示投资节约；进度偏差为正表示工程拖延，为负表示工期提前。

2. 偏差分析

常用的偏差分析方法有横道图法、时标网络图法、表格法、曲线法。

1) 横道图法

在实际工程中，有时需要在根据拟完工程计划投资和已完工程实际投资确定已完工程计划投资后，再确定投资偏差和进度偏差。

技能在线 6-12

【背景资料】某计划进度与实际进度横道图如图6.3所示，图中粗实线表示计划进度（上方的数据表示每周计划投资），点画线表示实际进度（上方的数据表示每周实际投资），假定各分项工程每周计划完成的工程量相等，试计算进度偏差。

分项工程	进度计划											
	1	2	3	4	5	6	7	8	9	10	11	12
A	5 (5) 5	5 (5) 5	5 (5) 5									
B		4	4 (4) 4	4 (4) 4	4 (4) 4	4 (4) 4	(4) 4					
C				9	9	9 (9) 8	9 (9) 7	(9) 7	(9) 7			
D						5	5 (4) 4	5 (4) 4	5 (4) 4	(4) 5	(4) 5	
E							3	3	3 (3) 3	(3) 3	(3) 3	(3) 3

图6.3 某计划进度与实际进度横道图

【技能分析】由横道图知拟完工程计划投资和已完工程实际投资，求已完工程计划投资。已完工程计划投资的进度应与已完工程实际投资一致，在图6.3画出进度线的位置如虚线所示，其投资总额应与计划投资总额相同。例如D分项工程，进度线同已完的实际进度7~11周，拟完工程计划投资为 $4\times5=20$（万元），已完工程计划投资为 $20\div5=4$（万元/周），如图6.3中虚线所示，其余类推。

根据上述分析,将每周的拟完工程计划投资、已完工程计划投资、已完工程实际投资进行统计见表6-5。

由表6-5可以求出每周的投资偏差和进度偏差,相关计算如下。

第6周周末,投资偏差＝已完工程实际投资－已完工程计划投资＝39－40＝－1(万元)
说明节约1万元。

进度偏差＝拟完工程计划投资－已完工程计划投资＝67－40＝27(万元)
说明进度拖后超支27万元。

表6-5 每周投资数据统计　　　　　　　单位:万元

项　目	投资数据											
	1	2	3	4	5	6	7	8	9	10	11	12
每周拟完工程计划投资	5	9	9	13	13	18	14	8	8	3		
累计拟完工程计划投资	5	14	23	36	49	67	81	89	97	100		
每周已完工程实际投资	5	5	9	4	4	12	15	11	11	8	8	3

续表

项　目	投资数据											
	1	2	3	4	5	6	7	8	9	10	11	12
累计已完工程实际投资	5	10	19	23	27	39	54	65	76	84	92	95
每周已完工程计划投资	5	5	9	4	4	13	17	13	13	7	7	3
累计已完工程计划投资	5	10	19	23	27	40	57	70	83	90	97	100

2) 时标网络图法

时标网络图以水平时间坐标尺度表示工作时间,时标的时间单位根据需要可以是天、周、月等。时标网络计划中,实箭线表示工作,实箭线的长度表示工作持续时间,虚箭线表示虚工作,波浪线表示工作与其今后工作的时间间隔。

技能在线 6-13

【背景资料】某工程的时标网络图如图6.4所示,工程进展到第5个月、第10个月、第15个月月底时,分别检查了工程进度,相应绘制了3条前锋线,见图6.4中的点画线。此工程每月投资数据统计见表6-6。分析第5个月和第10个月月底的投资偏差、进度偏差,并根据第5个月、第10个月的实际进度前锋线分析工程进度情况。

表6-6 某工程每月投资数据统计　　　　　　　单位:万元

月　份	1	2	3	4	5	6	7	8	9	10	11	12	13	14	15
累计拟完工程计划投资	5	10	20	30	40	50	60	70	80	90	100	106	112	115	118
累计已完工程实际投资	5	15	25	35	45	53	61	69	77	85	94	103	112	116	120

【技能分析】第5个月月底:已完工程计划投资＝2×5＋3×3＋4×2＋3＝30(万元)

第6章 施工阶段控制：技术与成本的双重把控之术

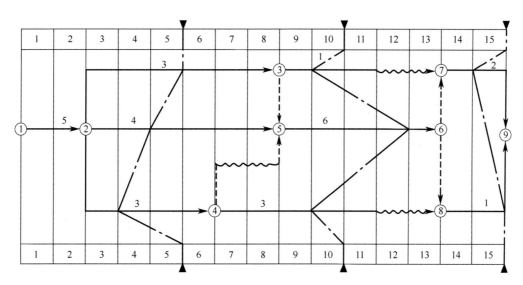

图6.4 某工程的时标网络图

投资偏差=已完工程实际投资－已完工程计划投资=45－30=15(万元)

说明投资增加15万元。

进度偏差=拟完工程计划投资－已完工程计划投资=40－30=10(万元)

说明进度拖延超支10万元。

第10个月：已完工程计划投资=5×2+3×6+4×6+3×4+1+6×4+3×3=98(万元)

投资偏差=已完工程实际投资－已完工程计划投资=85－98=－13(万元)

说明投资节约13万元。

进度偏差=拟完工程计划投资－已完工程计划投资=90－98=－8(万元)

说明进度提前8万元。

3) 表格法

表格法偏差分析见表6-7。

表6-7 表格法偏差分析　　　　　　　　　　　　　　单位:万元

序号				
(1)	项目编码	011	012	013
(2)	项目名称	土方工程	打桩工程	基础工程
(3)	计划单价			
(4)	拟完工程量			
(5)=(3)×(4)	拟完工程计划投资	50	66	80
(6)	已完工程量			
(7)=(6)×(4)	已完工程计划投资	60	100	60
(8)	实际单价			
(9)=(6)×(8)	已完工程实际投资	70	80	80

续表

序号				
(10)=(9)−(7)	投资偏差	10	−20	20
(11)=(5)−(7)	进度偏差	−10	−34	20

4) 曲线法

曲线法是用时间-投资累计曲线（S形曲线）进行分析的一种方法，通常有3条曲线，即已完工程实际投资曲线、已完工程计划投资、拟完工程计划投资曲线。如图6.5所示，已完实际投资与已完计划投资两条曲线之间的竖向距离表示投资偏差，拟完计划投资与已完计划投资曲线之间的水平距离表示进度偏差。

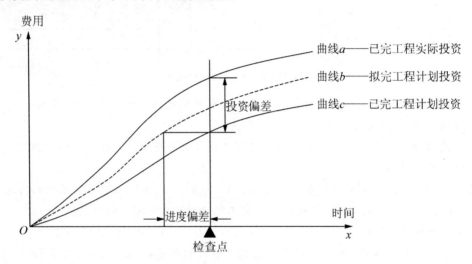

图 6.5　曲线法偏差分析

6.5.3　投资偏差产生的原因及纠正措施

1. 引起投资偏差的原因

（1）客观原因。人工、材料费涨价、自然条件变化、国家政策法规变化等。

（2）建设单位原因。投资规划不当、建设手续不健全、因建设单位原因变更工程、建设单位未及时付款等。

（3）设计原因。设计错误、设计变更、设计标准变更等。

（4）施工原因。施工组织设计不合理、质量事故等。

> **特别提示**
>
> 客观原因是无法避免的，施工原因造成的损失由施工单位负责，纠偏的主要对象是由于建设单位和设计原因造成的投资偏差。

2. 偏差类型

偏差分为以下 4 种类型。

（1）投资增加且工期拖延。这种类型是纠正偏差的主要对象。

（2）投资增加但工期提前。这种情况下要适当考虑工期提前带来的效益。若增加的资金值超过增加的效益，则要采取纠偏措施；若增加的收益与增加的投资大致相当甚至高于投资增加额，则未必需要采取纠偏措施。

（3）工期拖延但投资节约。这种情况下是否采取纠偏措施要根据实际需要。

（4）工期提前且投资节约。这种情况是最理想的，不需要采取任何纠偏措施。

3. 纠偏措施

通常把纠偏措施分为组织措施、经济措施、技术措施和合同措施。

（1）组织措施。组织措施是指从投资控制的组织管理方面采取的措施。例如，落实投资控制的组织机构和人员，明确各级投资控制人员的任务、职能分工、权利和责任，改善投资控制工作流程等。组织措施是其他措施的前提和保障。

拓展案例3

（2）经济措施。经济措施不能只理解为审核工程量及相应支付价款，应从全局出发来考虑，如检查投资目标分解的合理性，资金使用计划的保障性，施工进度计划的协调性。另外，通过偏差分析和未完工程预测可以发现潜在的问题，及时采取预防措施，从而取得造价控制的主动权。

（3）技术措施。不同的技术措施往往会有不同的经济效果。运用技术措施纠偏，对不同的技术方案进行技术经济分析后加以选择。

（4）合同措施。合用措施在纠偏方面指索赔管理。在施工过程中，索赔事件的发生是难免的，发生索赔事件后要认真审查索赔依据是否符合合同规定、计算是否合理等。

知识链接

处理资金使用计划的编制和应用的主要注意事项如下。

（1）施工阶段资金使用计划的编制方法。

拓展案例4

（2）施工阶段投资偏差分析中应注意拟完工程计划投资、已完工程计划投资和已完工程实际投资。

（3）常用偏差分析的方法：横道图法、时标网络图法、表格法和曲线法。

（4）产生投资偏差的原因：客观原因、建设单位原因、设计原因和施工原因。

（5）纠偏的控制措施：组织措施、经济措施、技术措施和合同措施。

本章小结

本章对建设工程施工阶段工程造价管理进行了较详细的阐述，包括施工阶段的特点及施工阶段工程造价控制的任务，工程变更及合同价款调整、工程索赔及建设工程价款结算，资金使用计划的编制与应用。

施工阶段是实现建设工程价值的主要阶段，也是资金投入量最大的阶段，其特点有工作量最大、资金投入最多、持续时间长、动态性强。施工阶段是形成工程建设项目实体的阶段，其涉及的单位数量多、工程信息内容广泛、时间性强、数量大，存在众多影响目标实现的因素。工程变更是合同实施过程中由发包人提出或由承包人提出，经发包人批准的对合同工程的工作内容、工程数量、质量要求、施工顺序与时间、施工条件、施工工艺或其他特征及合同条件等的改变。

建设工程价款结算主要是对工程预付款、工程进度款、工程竣工结算款，根据合同约定进行结算。

习　题

习题测试

一、单选题

1. 下列属于施工阶段工程造价控制技术工作方面任务的是（　　）。

A. 编制施工阶段造价工作计划

B. 参与索赔事宜

C. 审核承包人编制的施工组织设计

D. 审核竣工结算

2. 确定工程变更价款时，若合同中没有类似和适用的价格，则由（　　）。

A. 承包人和工程师提出变更价格，发包人批准执行

B. 工程师提出变更价格，发包人批准执行

C. 承包人提出变更价格，工程师批准执行

D. 发包人提出变更价格，工程师批准执行

3. 已知计算工程预付款起扣点的公式为 $T=P-M/N$，其中 M 的含义是（　　）。

A. 工程预付款总额

B. 承包工程价款总额

C. 主要材料及构件所占比重

D. 开始扣回预付款时累计完成工作量

4. 对于工期延误而引起的索赔，在计算索赔费用时，一般不应包括（　　）。

A. 人工费　　　　B. 工地管理费　　　　C. 总部管理费　　　　D. 利润

5. 当索赔事件持续进行时，乙方应（　　）。

A. 阶段性提出索赔报告

B. 事件终了后，一次性提出索赔报告

C. 阶段性提出索赔意向通知，索赔终止后 28 天内提出最终索赔报告

D. 视影响程度，不定期地提出中间索赔报告

6. 由于发包人原因导致工期延误的，对于计划进度日期后续施工的工程，在使用价格调整公式时，现行价格指数应采用（　　）。

A. 计划进度日期的价格指数　　　　　　B. 实际进度日期的价格指数

C. A 和 B 中的较低者　　　　　　　　　D. A 和 B 中的较高者

7. 某项目施工合同约定，承包人采购的水泥价格风险幅度为±5%，超出部分采用造价信息法调差。已知投标人投标价格、基准期发布价格分别为 440 元/t、450 元/t，2023 年 3 月的造价信息发布价为 430 元/t。则该月水泥的实际结算价格为（　　）元/t。

A. 418　　　　B. 427.5　　　　C. 430　　　　D. 440

8. 因不可抗力造成的下列损失,应由承包人承担的是(　　)。
   A. 工程所需清理、修复费用
   B. 运至施工场地待安装设备的损失
   C. 承包人的施工机械设备损坏及停工损失
   D. 停工期间,发包人要求承包人留在工地的保卫人员费用

9. 在工程费用监控过程中,明确费用控制人员的任务和职责分工,改善费用控制工作流程等措施,属于投资偏差纠正的(　　)。
   A. 合同措施　　　　　　　　　B. 技术措施
   C. 经济措施　　　　　　　　　D. 组织措施

10. 根据《标准施工招标文件》(2007年版)通用合同条款,下列引起承包人索赔的事件中,只能获得工期补偿的是(　　)。
    A. 发包人提前向承包人提供材料和工程设备
    B. 工程暂停后因发包人原因导致无法按时复工
    C. 因发包人原因导致工程试运行失败
    D. 异常恶劣的气候条件导致工期延误

11. 关于施工合同履行过程中共同延误的处理原则,下列说法中正确的是(　　)。
    A. 在初始延误发生作用期间,其他并发延误者按比例承担责任
    B. 若初始延误者是发包人,则在其延误期内,承包人可得到经济补偿
    C. 若初始延误者是客观原因,则在其延误期内,承包人不能得到经济补偿
    D. 若初始延误者是承包人,则在其延误期内,承包人只能得到工期补偿

12. 根据《清单计价标准》,关于工程计量的内容,下列说法中正确的是(　　)。
    A. 合同文件中规定的各种费用支付项目应予计量
    B. 因异常恶劣天气造成的返工工程量不予计量
    C. 成本加酬金合同应按照总价合同的计量规定进行计量
    D. 总价合同应按实际完成的工程量计算

13. 采用起扣点计算法扣回预付款的正确做法是(　　)。
    A. 从已完工程的累计合同额相当于工程预付款数额时起扣
    B. 从已完工程所用的主要材料及构件的价值相当于工程预付款数额时起扣
    C. 从未完工程所需的主要材料及构件的价值相当于工程预付款数额时起扣
    D. 从未完工程的剩余合同额相当于工程预付款数额时起扣

14. 已知某建筑工程施工合同总额为9000万元,工程预付款按合同总额的20%计取,主要材料及构件造价占合同总额的60%。工程预付款起扣点为(　　)万元。
    A. 1600　　　　　　　　　　B. 4000
    C. 4800　　　　　　　　　　D. 6000

15. 某工程合同总额为4000万元,合同工期150天,材料费占合同总额的60%,材料储备定额天数为25天。用公式计算法求得该工程的预付款应为(　　)万元。
    A. 400　　　　　　　　　　B. 527
    C. 694　　　　　　　　　　D. 833

二、多选题

1. 施工阶段工程造价控制经济工作方面的任务有（　　）。
   A. 进行工程计量
   B. 确定工程变更价款
   C. 对施工方案进行技术经济分析
   D. 保存各种文件和图纸
   E. 编制资金使用计划

2. 下列资料中，可以作为施工发承包双方提出和处理索赔直接依据的有（　　）。
   A. 未在合同中约定的工程所在地地方性法规
   B. 工程施工合同文件
   C. 合同中约定的非强制性标准
   D. 现场签证
   E. 合同中未明确规定的地方定额

3. 承包人工程索赔成立的基本条件有（　　）。
   A. 合同履行过程中承包人没有违约行为
   B. 索赔事件已造成承包人直接经济损失或工期延误
   C. 索赔事件是因非承包人的原因引起的
   D. 承包人已按合同规定提交了索赔意向通知、索赔报告及相关证明材料
   E. 发包人已按合同规定给予了承包人答复

4. 根据《建设工程施工合同（示范文本）》（GF—2013—0201），下列事项应纳入工程变更范围的有（　　）。
   A. 改变工程的标高
   B. 改变工程的实施顺序
   C. 提高合同中的工作质量标准
   D. 将合同中的某项工作转由他人实施
   E. 工程设备价格的变化

5. 关于工程变更的说法，错误的有（　　）。
   A. 监理人要求承包人改变已批准的施工工艺或顺序属于变更
   B. 发包人通过变更取消某项工作从而转由他人实施
   C. 监理人要求承包人为完成工程需要追加的额外工作属于变更
   D. 承包人不能全面落实变更指令而扩大的损失由发包人承担
   E. 工程变更指令发布后，应当迅速落实指令，全面修改相关的文件

6. 下列关于采用造价信息调整价格差额的表述，错误的有（　　）。
   A. 采用造价信息调整价格主要适用于使用的材料品种少、用量大的公路、水坝工程
   B. 人工价格发生变化，发承包双方按造价管理部门发布的人工成本文件调整合同价款
   C. 报价中材料单价低于基准单价，材料单价上涨以基准单价为基础，超过合同约定风险值以上部分据实调整
   D. 承包人未经发包人核对自行采购材料，再报发包人调整合同价款的，发包人不同意，不予调整
   E. 承包人应在采购材料前将采购数量和新的材料单价报发包人核对，发包人收到承

包人报送的确认资料后 5 个工作日内不答复，视为认可

7. 常用的投资偏差分析方法有（　　）。
   A. 横道图法　　　　　　　　B. 时标网络图法
   C. 表格法　　　　　　　　　D. 香蕉图法
   E. 曲线法
8. 进度偏差可以表示为（　　）。
   A. 已完工程计划投资－已完工程实际投资
   B. 拟完工程计划投资－已完工程实际投资
   C. 拟完工程计划投资－已完工程计划投资
   D. 已完工程实际投资－已完工程计划投资
   E. 已完工程实际进度－已完工程计划进度

三、简答题

1. 试述建设工程发生变更后，工程价款如何调整。
2. 建设工程价款索赔的程序有哪些？
3. 什么是工程价款结算？其结算方式有哪些？
4. 什么是投资偏差？偏差分析的方法有哪些？

四、案例题

某项工程发包人与承包人签订了施工合同，合同中含有两个子项目。工程量清单中，A 工作工程量为 2300m^3，B 工作工程量为 3200m^3，经协商合同价 A 工作 180 元/m^3，B 工作 160 元/m^3。

承包合同规定如下。
(1) 开工前发包人应向承包人支付合同价 20% 的预付款。
(2) 发包人自第 1 个月起，从承包人的工程款中，按 5% 的比例扣留保修金。
(3) 当子项目工程实际工程量超过估算工程量 10% 时，可进行调价，调整系数为 0.9。
(4) 动态结算根据市场情况规定价格调整系数平均按 1.2 计算。
(5) 工程师签发月度付款最低金额为 25 万元。
(6) 预付款在最后两个月扣除，每月扣 50%。

承包人每月实际完成并经工程师签证确认的工程量见表 6-8。

表 6-8　承包人每月实际完成并经工程师签证确认的工程量　　　　　单位：m^3

月份	3	4	5	6
A 工作	500	800	800	600
B 工作	700	900	800	600

问题：
1. 工作预付款是多少？
2. 每月工程量价款、工程师应签证的工程款、实际签发的付款凭证各是多少？

工作任务单一　工程索赔与索赔费用及工期的计算

任务名称	工程索赔与索赔费用及工期的计算
任务目标	能够根据给定项目背景资料，分析项目具体情况，判断能够进行索赔的事项，并准确计算可以索赔的费用与工期。
任务内容	**项目背景** 　　某工程项目采用了单价施工合同。工程招标文件参考资料中提供的用砂地点距工地4公里。但是开工后，检查该砂质量不符合要求，承包商只得从另一距工地20km的供砂地点采购。而在一个关键工作面上又发生了4项临时停工事件： 　　事件1：5月20日至5月26日承包商的施工设备出现了从未出现过的故障； 　　事件2：应于5月24日交给承包商的后续图纸直到6月10日才交给承包商； 　　事件3：6月7日到6月12日施工现场下了罕见的特大暴雨； 　　事件4：6月11日到6月14日该地区的供电全面中断。
	任务 　　1. 承包商的索赔要求成立的条件是什么？ 　　2. 由于供砂距离的增大，必然引起费用的增加，承包商经过仔细认真计算后，在业主指令下达的第3天，向业主的造价工程师提交了将原用砂单价每立方米提高5元的索赔要求。该索赔要求是否成立？为什么？ 　　3. 若承包商对因业主原因造成窝工损失进行索赔时，要求设备窝工损失按台班价格计算，人工的窝工损失按日工资标准计算是否合理？如不合理应怎样计算？ 　　4. 承包商按规定的索赔程序针对上述4项临时停工事件向业主提出了索赔，试说明每项事件工期和费用索赔能否成立？为什么？ 　　5. 试计算承包商应得到的工期和费用索赔是多少（如果费用索赔成立，则业主按2万元/天补偿给承包商）？ 　　6. 在业主支付给承包商的工程进度款中是否应扣除因设备故障引起的竣工拖期违约损失赔偿金？为什么？
任务分配 （由学生填写）	小组 ｜ 任务分工
任务解决过程 （由学生填写）	

续表

任务小结 (由学生填写)	

任务完成评价

评分表

组别：　　　　　　姓名：

评价内容	评价标准	自评	小组互评	教师评价		
				任课教师	企业导师	增值评价
职业素养	（1）学习态度积极，能主动思考，能有计划地组织小组成员完成工作任务，有良好的团队合作意识，遵章守纪，计20分； （2）学习态度较积极，能主动思考，能配合小组成员完成工作任务，遵章守纪，计15分； （3）学习态度端正，主动思考能力欠缺能配合小组成员完成工作任务，遵章守纪，计10分； （4）学习态度不端正，不参与团队任务，计0分。					
成果	计算或成果结论（校核、审核）无误，无返工，表格填写规范，设计方案计算准确，字迹工整，如有错误按以下标准扣分，扣完为止。 （1）文字分析描述有条理，合理，正确得10分，每错一处扣2分； （2）计算过程中每处错误扣5分。					
综合得分	综合得分＝自评分＊30％＋小组互评分＊40％＋老师评价分＊30％					

注：根据各小组的职业素养、成果给出成绩（100分制），本次任务成绩将作为本课程总成绩评定时的依据之一。

日期：　　年　月　日

工作任务单二 工程索赔与索赔费用及工期的计算

任务名称	工程索赔与索赔费用及工期计算
任务目标	能够根据给定项目背景资料，分析项目具体情况，判断能够进行索赔的事项，并准确计算可以索赔的费用与工期。
任务内容	**项目背景** 某工程的时标网络计划如图所示。工程进展到第5、第10和第15个月底时，分别检查了工程进度，相应绘制了三条实际进度前锋线，如图6.6中的点画线所示。

	1	2	3	4	5	6	7	8	9	10	11	12	13	14	15
(1)	5	10	20	30	40	50	60	70	80	90	100	106	112	115	118
(2)	5	15	25	35	45	53	61	69	77	85	94	103	112	116	120

图 6.6 某工程时标网络计划（单位：月）和投资数据（单位：万元）

注：1. 图中每根箭线上方数值为该项工作每月计划投资；
2. 图下方格内
(1) 栏数值为该工程计划投资累计值，
(2) 栏数值为该工程已完工程实际投资累计值。

任务
1. 计算第5和第10个月底的已完工程计划投资（累计值）各为多少？
2. 分析第5和第10个月底的投资偏差。 |
| 任务分配
（由学生填写） | <table><tr><td>小组</td><td>任务分工</td></tr><tr><td></td><td></td></tr><tr><td></td><td></td></tr></table> |
| 任务解决过程
（由学生填写） | |

续表

任务小结 (由学生填写)	

任务完成评价

评分表

评价内容	评价标准	组别：		姓名：		
		自评	小组互评	教师评价		
				任课教师	企业导师	增值评价
技能素养	（1）学习态度积极，能主动思考，能有计划地组织小组成员完成工作任务，有良好的团队合作意识，遵章守纪，计20分； （2）学习态度较积极，能主动思考，能配合小组成员完成工作任务，遵章守纪，计15分； （3）学习态度端正，主动思考能力欠缺能配合小组成员完成工作任务，遵章守纪，计10分； （4）学习态度不端正，不参与团队任务，计0分。					
成果	计算或成果结论（校核、审核）无误，无返工，表格填写规范，设计方案计算准确，字迹工整，如有错误按以下标准扣分，扣完为止。 （1）文字分析描述有条理，合理，正确得10分，每错一处扣2分； （2）计算过程中每处错误扣5分。					
综合得分	综合得分＝自评分＊30％＋小组互评分＊40％＋老师评价分＊30％					

注：根据各小组的职业素养、成果给出成绩（100分制），本次任务成绩将作为本课程总成绩评定时的依据之一。

日期： 年 月 日

第7章 竣工验收阶段控制：工程造价的终极试炼场

思维导图

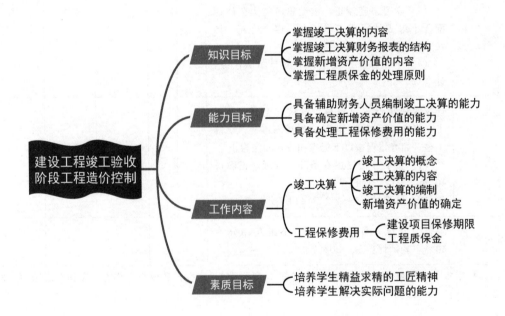

第7章 竣工验收阶段控制：工程造价的终极试炼场

引例

某建设单位根据建设工程的竣工及交付使用等工程完成情况，需要编制建设项目竣工决算。建设单位所掌握的资料包括该建设项目筹建过程中决策阶段经批准的可行性研究报告、投资估算书；设计阶段的设计概算、设计交底文件；招投标阶段的标底价格、开标、评标的相关记录文件；施工阶段与承包人所签订的承包合同，以及施工过程中按照工程进度与承包人进行的工程价款的结算资料、工程师签发的工程变更记录单、工程竣工平面示意图等文件。

该建设单位编制建设项目竣工决算所需要的资料是否完备？应该如何取得、管理编制竣工决算所需资料？竣工决算应该包括哪些内容？

7.1 竣工决算的编制决胜点

竣工决算是以实物量和货币指标为计量单位，综合反映竣工项目从筹建开始到项目竣工交付使用为止的全部建设费用、建设成果和财务情况的总结性文件，是竣工验收报告的重要组成部分。

7.1.1 竣工决算的概念

竣工决算是建设工程经济效益的全面反映，是项目法人核定建设工程各类新增资产价值、办理建设项目交付使用的依据。

1. 竣工决算的作用

竣工决算对建设单位而言具有重要作用，具体表现在以下几个方面。

（1）总结性。竣工决算能够准确反映建设工程的实际造价和投资结果，便于建设单位掌握工程投资金额。

（2）指导性。通过对竣工决算与概算、预算的对比分析，考核投资控制的工作成效，总结经验教训，积累技术、经济等方面的基础资料，提高未来建设工程的投资效益。另外竣工决算还是建设单位核定各类新增资产价值和办理其交付使用的依据。

2. 竣工决算与竣工结算的区别

竣工决算不同于竣工结算，区别在于以下几个方面。

（1）编制单位。竣工决算由建设单位的财务部门负责编制，竣工结算由施工单位的预算部门负责编制。

（2）反映内容。竣工决算是建设项目从开始筹建到竣工交付使用为止所发生的全部建设费用，竣工结算是施工单位承包施工的建筑安装工程的全部费用。

（3）性质。竣工决算反映建设单位工程的投资效益，竣工结算反映施工单位完成的施工产值。

（4）作用。竣工决算是建设单位办理交付、验收、各类新增资产的依据，是竣工报告的重要组成部分；竣工结算是施工单位与建设单位办理工程价款结算的依据，是编制竣工决算的重要资料。

> **特别提示**
>
> 　　本章引例中，某建设单位所掌握的资料是完备的，建设工程竣工阶段是建设项目从筹建到竣工验收交付使用的最后阶段，建设项目经过决策阶段、设计阶段、招投标阶段、施工阶段直至竣工验收。在这些阶段中，建设单位应该有步骤地收集整理资料，编制工程竣工决算报告，比较投资计划与实际造价，确定投资结果并总结经验，确认各类新增资产并核算资产价值。

7.1.2　竣工决算的内容

素养拓新

　　西汉董仲舒所著《春秋繁露·立元神》中写道："故为人君者，谨本详始，敬小慎微，志如死灰，形如委衣，安精养神，寂寞无为。"意思是做事一开始就要谨慎小心，考虑周详，对微小的事物也采取谨慎的态度，决不马虎。

　　东汉班固所著《汉书·霍光传》中写道："出入禁闼二十余年，小心谨慎，未尝有过，甚见亲信。"写的是西汉时期大臣霍光的生平故事。西汉时期，大将军霍去病的同父异母兄弟霍光被任命为光禄大夫，每当汉武帝出行，霍光就照管车马，回宫就侍奉在左右，出入宫门二十多年，总是处处小心，事事谨慎，从不出任何差错。汉武帝十分宠信他，认为只有霍光可以托付社稷，临终前封他为大司马、大将军。汉武帝死后，霍光与车骑将军金日磾、左将军上官桀、御史大夫桑弘羊一同辅佐汉昭帝刘弗陵执政。

　　霍光处事小心，谨本详始，对微小事情也能做到谨慎对待，从不出错。他正直不阿，忠心耿耿，因此得到汉武帝的信任。在建设工程竣工验收阶段，竣工决算也须做到谨本详始、细微处严谨求实。建设项目竣工决算作为全面反映项目建设情况的总结性文件，涉及内容非常多，是考察工程概算执行情况、衡量工程投资绩效的重要依据，为建设单位后续的工程管理提供宝贵经验。因此在决算阶段一定要谨本详始、敬小慎微，必须严把审核关，把专业态度、专业流程、专业手段发挥到极致。

　　竣工决算是建设项目从筹建到竣工交付使用为止所发生的全部建设费用。为了全面反映建设工程经济效益，竣工决算由竣工财务决算说明书、竣工财务决算报表、竣工工程平面示意图、工程造价比较分析4部分组成。

1. 竣工财务决算说明书

　　竣工财务决算说明书有时也称为竣工决算报告情况说明书。其主要反映竣工工程建设成果，是竣工财务决算的组成部分，主要包括以下内容。

　　（1）建设项目概况。从工程进度、质量、安全、造价和施工等方面进行分析和说明。

　　（2）资金来源及运用的财务分析。包括工程价款结算、会计账务处理、财产物资情况及债权、债务的清偿情况。

　　（3）建设收入、资金结余及结余资金的分配处理情况。

　　（4）项目概（预）算执行情况及分析，分析竣工实际完成投资与项目概（预）算之间的差异及其原因。

(5) 尾工工程情况。一般项目在竣工决算阶段不得预留尾工工程,对于特殊情况确实需要预留的,预留尾工工程要严格控制投资。

(6) 整个建设过程中所有的审计、检查、审核、稽查意见及整改的落实情况。

(7) 主要技术经济指标的分析、计算情况。例如,新增生产能力的效益分析等。

(8) 预备费的使用。

(9) 项目建设管理制度执行情况、政府采购情况、合同履行情况。

(10) 征地拆迁补偿及移民安置。

(11) 工程项目管理及决算中存在的问题,并提出建议。

(12) 需要说明的其他事项。

2. 竣工财务决算报表

根据财政部印发的有关规定和通知,竣工财务决算报表应按大、中型项目和小型项目分别编制。

(1) 大、中型项目需填报:建设项目竣工财务决算审批表,大、中型项目概况表,大、中型项目竣工财务决算表,大、中型项目交付使用资产总表,建设项目交付使用资产明细表。

(2) 小型项目需填报:建设项目竣工财务决算审批表(同大、中型项目),小型项目竣工财务决算总表,建设项目交付使用资产明细表。

知识链接

大、中型项目竣工财务决算报表中,大、中型项目概况表综合反映建成的大、中型项目的基本概况;大、中型项目竣工财务决算表反映竣工的大、中型项目全部投资来源和资金占用情况;大、中型项目交付使用资产总表反映工程项目建成后新增固定资产、无形资产、资产流动和其他资产价值,作为财产交接的依据;建设项目交付使用资产明细表反映交付使用资产及其价值的更详细的情况,是交付单位办理资产交接的依据,也是接收单位资产入账的依据。

3. 竣工工程平面示意图

竣工工程平面示意图(简称竣工图)是真实地反映各种地上和地下建筑物、构筑物等情况的技术文件,是工程进行交工验收、维护改建和扩建的依据。国家规定对于各项新建、扩建、改建的基本建设工程,特别是基础、地下建筑、管线、结构、港口、水坝、桥梁、井巷以及设备安装等隐蔽部位,都应该绘制详细的竣工图。为了提供真实可靠的资料,在施工过程中应做好这些隐蔽工程的检查记录,整理好设计变更文件。具体要求有以下几方面。

(1) 凡按原施工图竣工未发生变动的,由施工单位在原施工图上加盖"竣工图"标志后,作为竣工图。

(2) 凡在施工过程中,虽有一般性设计变更,但能将原施工图加以修改补充作为竣工图的,由施工单位负责在原施工图上注明修改部分,并附以设计变更通知和施工说明,加盖"竣工图"标志后作为竣工图。

(3) 凡结构形式发生改变、施工工艺发生改变、平面布置发生改变、项目发生改变等重大变化,不宜在原施工图上修改、补充的,应按不同责任分别由不同责任单位组织重新绘制竣工图，施工单位负责在新图上加盖"竣工图"标志，并附以有关记录和说明，作为竣工图。

(4) 为了满足竣工验收和竣工决算的需要，还要绘制反映竣工工程全部内容的工程设计平面示意图。

(5) 重大的改扩建项目涉及原有的工程项目变更时，应将相关项目的竣工图资料统一整理归档，并在原图案卷内增补必要的说明一起归档。

4. 工程造价比较分析

工程造价比较应侧重主要实物工程量、主要材料消耗量，以及项目建设管理费、建筑安装工程其他直接费、现场经费和间接费等方面的分析。对比整个项目的总概算，然后再将设备及工、器具购置费，建筑安装工程费和工程建设其他费用，逐一与竣工决算财务表中所提供的实际数据和经批准的概（预）算指标、实际的工程造价进行比较分析，以确定工程项目总造价是节约还是超支。

 证书在线 7-1

关于建设项目竣工决算编制中的工程造价对比分析，下列说法正确的是（   ）。（2022 年真题）

A. 应对工程建设其他费逐一对比
B. 分析时，第一步先对比整个项目的竣工结算
C. 应对全部实物工程量进行分析
D. 应对所有工程子目的单价和变动情况进行分析

【解析】在分析时，可先对比整个项目的总概算，然后将建筑安装工程费、设备工器具费和其他工程费用逐一与竣工决算表中所提供的实际数据和相关资料及批准的概算、预算指标、实际的工程造价进行对比分析，以确定竣工项目总造价是节约还是超支，并在对比的基础上，总结先进经验，找出节约和超支的内容和原因，提出改进措施。

【本题答案】A

> **特别提示**
>
> 引例中，竣工决算包括 4 部分内容：竣工财务决算说明书、竣工财务决算报表、竣工图和工程造价比较分析。

7.1.3　竣工决算的编制

《基本建设财务规则》

1. 竣工决算的编制依据

(1)《基本建设财务规则》等法律、法规和规范性文件。
(2) 项目计划任务书及立项批复文件。
(3) 项目总概算书、单项工程概算书文件及概算调整文件。
(4) 经批准的可行性研究报告、设计文件及设计交底、图纸会审资料。
(5) 招标文件、最高投标限价及招标、投标书。

（6）施工、代建、勘察设计、监理及设备采购等合同，政府采购审批文件、采购合同。

（7）工程结算资料。

（8）工程签证、工程索赔等合同价款调整文件。

（9）设备、材料调价文件记录。

（10）有关的会计及财务管理资料。

（11）历年下达的项目年度财政资金投资计划、预算。

（12）其他有关资料。

2. 竣工决算的编制步骤

根据财政部有关的通知要求，竣工决算的编制包括以下几步。

（1）收集、分析、整理有关原始资料。为了保证提供资料的完整性、全面性，从建设工程开始就按照编制依据的要求收集、整理、清点有关资料，包括所有的技术资料、工料结算的经济文件、施工图纸、施工记录和各种变更与签证资料、财产物资的盘点核实、债权的收回及债务的清偿等。在收集、整理原始资料时，应特别注意对建设工程容易损坏和遗失的各种设备，材料，工、器具，要逐项实地盘点、核查并填列清单，妥善保管或按照国家有关规定处理，杜绝任意侵占和挪用。

（2）对照、核实工程变动情况，重新核实各单位工程、单项工程工程造价。要做到将竣工资料与原设计图纸进行查对、核实，如有必要可实地测量，确认实际变更情况；根据经审定后的施工单位竣工结算等原始资料，按照有关规定对原概（预）算进行增减调整，重新核定建设项目工程造价。

（3）如实反映项目建设有关成本费用。将审定后的设备及工、器具购置费，建筑安装工程费，工程建设其他费及待摊费用等严格划分和核定后，分别记入相关的建设成本栏目中。

（4）编制建设工程竣工财务决算说明书。

（5）编制建设工程竣工财务决算报表。

（6）做好工程造价比较分析。

（7）整理、装订好竣工图。

（8）上报主管部门审查、批准、存档。

> **特别提示**
>
> 竣工财务决算由建设工程竣工财务决算说明书和建设工程竣工财务决算报表两部分组成，是工程决算的核心内容。

> **知识链接**
>
> 在编制竣工财务决算报表时，应注意以下几个问题。
>
> （1）资金来源中的资本金与资本公积金的区别。
>
> （2）项目资本金与借入资金的区别。
>
> （3）资金占用中的交付使用资产与库存器材的区别。

7.1.4 新增资产价值的确定

建设工程竣工投产运营后，建设期内支出的投资，按照国家财务制度和企业会计准则、税法的规定，形成相应的资产。按性质这些新增资产可分为固定资产、无形资产、流动资产和其他资产4类。

知识链接

在有些参考书中新增资产还包括递延资产。递延资产是指企业不能将其支出全部计入当年损益，需在以后年度分期摊销的各项费用。例如，企业租入固定资产的改良性工程（如为延长固定资产使用寿命的改装、翻修、改造）支出等。

1. 新增固定资产

1）新增固定资产价值的构成

（1）已经投入生产或者交付使用的建筑安装工程价值，主要包括建筑工程费、安装工程费。

（2）达到固定资产使用标准的设备及工、器具购置费。

（3）预备费，主要包括基本预备费和价差预备费。

（4）增加固定资产价值的其他费用，主要包括项目建设管理费、研究试验费、设计勘察费、工程监理费、联合试运转费、引进技术和进口设备的其他费用等。

（5）新增固定资产建设期间的融资费用，主要包括建设期利息和其他相关融资费用。

特别提示

固定资产是指同时具有两个特征的有形资产：为生产商品、提供劳务、出租或经营管理而持有的；使用寿命超过一个会计年度。

固定资产确认应同时满足两个条件：与该固定资产有关的经济利益很可能流入企业；该固定资产的成本能够可靠计量。

2）新增固定资产价值的计算

新增固定资产价值的确定是以能够独立发挥生产能力的单项工程为对象，当某单项工程建成，经有关部门验收合格并正式交付使用或生产时，即可确认新增固定资产价值。

新增固定资产价值的确定原则如下：一次交付生产或使用的单项工程，应一次计算确定新增固定资产价值；分期分批交付生产或使用的单项工程，应分期分批计算确定新增固定资产价值。

证书在线 7-2

关于新增固定资产价值的确定，下列说法正确的有（　　）。（2021年真题）

A. 以单项工程为核算对象

B. 单项工程建成经有关部门验收合格，即应计算新增固定资产价值

C. 单项工程中不构成生产系统的生活服务网点，在建成并交付后，也要计算新增固定资产价值

D. 随设备一起采购的但未达到固定资产标准的工器具，应随设备一起计算新增固定资产价值

E. 不需要安装的运输设备，一般仅计采购成本，不计分摊费用

【解析】选型 B 错误，单项工程建成经有关部门验收鉴定合格，正式移交生产或使用，即应计算新增固定资产价值。选项 D 错误，未达到固定资产标准的工器具不应计入新增固定资产。

【本题答案】ACE

在确定新增固定资产价值时要注意以下几种情况。

（1）对于为了提高产品质量、改善职工劳动条件、节约材料消耗、保护环境等建设的附属辅助工程，只要全部建成，正式验收合格并交付使用后，也作为新增固定资产确认其价值。

（2）对于单项工程中虽不能构成生产系统，但可以独立发挥效益的非生产性项目，例如职工住宅、职工食堂、幼儿园、医务所等生活服务网点，在建成、验收合格并交付使用后，应确认为新增固定资产并计算资产价值。

（3）凡企业直接购置并达到固定资产使用标准，不需要安装的设备、工器具，应在交付使用后确认新增固定资产价值；凡企业购置并达到固定资产使用标准，需要安装的设备、工器具，在安装完毕交付使用后应确认新增固定资产价值。

（4）属于新增固定资产价值的其他投资，应随同收益工程交付使用时一并计入。

（5）交付使用资产的成本，按下列内容确定。

① 房屋建筑物、管道、线路等固定资产的成本包括建筑工程成本和应由各项工程分摊的待摊费用。

② 生产设备和动力设备等固定资产的成本包括需要安装设备的采购成本（即设备的买价和支付的相关税费）、安装工程成本、设备基础支柱等建筑工程成本，或砌筑锅炉及各种特殊炉的建筑工程成本、应由各设备分摊的待摊费用。

③ 运输设备及其他不需要安装的设备及工、器具等固定资产一般仅计算采购成本，不包括待摊费用。

（6）共同费用的分摊方法。新增固定资产的其他费用，如果是属于整个建设项目或两个以上单项工程的，在计算新增固定资产价值时，应在各单项工程中按比例分摊。一般情况下，项目建设管理费按建筑工程、安装工程、需要安装设备价值占价值总额的一定比例分摊，而土地征用费、勘察设计费等费用则按建筑工程造价分摊。

技能在线 7-1

【背景资料】某工业建设项目及甲车间的项目费用见表 7-1。

表 7-1 项目费用表　　　　　　　　　　　　　　单位：万元

项目	建筑工程费	安装工程费	需安装设备费	建设单位管理费	土地征用费	勘察设计费
甲车间竣工决算	500	150	300			
项目竣工决算	1500	800	1000	60	120	40

要求：计算新增固定资产价值。

【技能分析】甲车间分摊项目建设管理费＝60×[(500＋150＋300)/(1500＋800＋1000)]
≈17.27(万元)

甲车间分摊土地征用费＝120×(500/1500)＝40(万元)

甲车间分摊勘察设计费≈40×(500/1500)＝13.33(万元)

甲车间新增固定资产价值＝(500＋150＋300)＋(17.27＋40＋13.33)
＝1020.6(万元)

3) 确定新增固定资产价值的作用

(1) 能够如实反映企业固定资产价值的增减情况，确保核算的统一性和准确性。

(2) 反映一定范围内固定资产的规模与生产速度。

(3) 核算企业固定资产占用金额的主要参考指标。

(4) 正确计提固定资产折旧的重要依据。

(5) 分析国民经济各部门技术构成、资本有机构成变化的重要资料。

特别提示

资本有机构成是指由资本的技术构成决定，并反映技术构成变化的资本价值构成。

2. 新增无形资产

1) 无形资产的定义

无形资产是指企业拥有或控制的没有实物形态的可辨认非货币性资产。无形资产包括：专利权、非专利技术、商标权、著作权、特许权、土地使用权等。

2) 无形资产的内容

(1) 专利权。专利权是指国家专利主管部门依法授予发明创造专利申请人对其发明在法定期限内享有的专有权利。专利权这类无形资产的特点是具有独占性、期限性和收益性。

(2) 非专利技术。非专利技术是指企业在生产经营中已经采用的、仍未公开的、享有法律保护的各种实用和新颖的生产技术与技巧等。非专利权这类无形资产的特点是具有经济性、动态性和机密性。

(3) 商标权。商标权是指经国家工商行政管理部门商标局批准注册，申请人在自己生产的产品或商品上使用特定的名称、图案的权利。商标权的内容包括两个方面：独占使用权和禁止使用权。

(4) 著作权。著作权是指国家版权部门依法授予著作者或者文艺作品的创作者和出版商在一定期限内发表、制作发行其作品的专有权利，如文学作品、工艺美术作品、音乐舞蹈作品等。

(5) 特许权。特许权又称特许经营权，是指企业通过支付费用而被准许在一定区域内，以一定的形式生产某种特定产品的权利。这种权利可以由政府机构授予，也可以由其他企业、单位授予。

(6) 土地使用权。土地使用权是指国家允许某企业或单位在一定期间内对国家土地享有开发、利用、经营等权利。企业根据《中华人民共和国城镇国有土地使用权出让和转让暂行条例》的规定向政府土地管理部门申请土地使用权所支付的土地使用权出让金，企业应将其资本化,确认为无形资产。

> **特别提示**
>
> 无形资产确认须同时满足两个条件:与该无形资产有关的经济利益很可能流入企业;该无形资产的成本能够可靠计量。

3) 企业核算新增无形资产确认原则

(1) 企业外购的无形资产。其价值包括购买价款、相关税费及直接归属与使该项资产达到预定用途所发生的其他支出。

(2) 投资者投入的无形资产。该无形资产应当按照投资合同或协议约定的价值确定,但合同或协议约定价值不公允的除外。

> **特别提示**
>
> 公允价值是指在公平交易中,熟悉情况的双方自愿交易的金额。

(3) 企业自创的无形资产。企业自创并依法确认的无形资产,应按照满足无形资产确认条件后至达到预定用途前所发生的实际支出确认。

(4) 企业接收捐赠的无形资产。该无形资产应按照有关凭证所记金额作为确认基础;若捐赠方未能提供结算凭证,则按照市场上同类或类似资产价值确认。

3. 新增流动资产

依据投资概算拨付的项目铺底流动资金,由建设单位直接移交使用单位。企业流动资产一般包括以下内容:货币资金,主要包括库存现金、银行存款、其他货币资金;原材料、库存商品;未达到固定资产使用标准的工器具的购置费用。企业应按照其实际价值确认流动资产。

> **特别提示**
>
> 其他货币资金按其用途可以划分为:外埠存款、银行汇票存款、银行本票存款、在途资金等。
>
> 应收和预付款项,一般情况下按应收和预付款项的企业销售商品或提供劳务时的实际交易金额或合同约定金额确认流动资产。

4. 新增其他资产

其他资产是指除固定资产、无形资产、流动资产以外的其他资产。形成其他资产原值的费用主要由生产准备费(包含职工提前进厂费和劳动培训费)、农业开荒费和样品样机购置费等费用构成。企业应按照这些费用的实际支出金额确认其他资产。

知识链接

关于新增资产的划分,要注意以下两点。

(1) 理解各类资产的概念,明确各类资产之间的区别。

(2) 对于土地使用权确认为无形资产的，只有在将土地使用权作为生产经营使用，并缴纳土地使用权出让金后，才可以将其确认为无形资产。

技能在线 7-2

【背景资料】

关于新增固定资产价值的确定，下列说法中正确的有（   ）。

A. 以单位工程为对象计算

B. 以验收合格、正式移交生产或使用为前提

C. 分期分批交付生产的工程，按最后一批交付时间统一计算

D. 包括达到固定资产标准已经交付使用的不需要安装的设备和工器具的价值

E. 是建设项目竣工投产所增加的固定资产价值

【技能分析】

本题考查的是新增固定资产价值的确定。选项 A 错误，新增固定资产价值的计算是以独立发挥生产能力的单项工程为对象的；选项 B 正确，单项工程建成经有关部门验收鉴定合格，正式移交生产或使用，即应计算新增固定资产价值；选项 C 错误，分期分批交付生产或使用的工程，应分期分批计算新增固定资产价值；选项 D 正确，凡购置达到固定资产标准不需安装的设备、工器具，应在交付使用后计入新增固定资产价值；选项 E 正确，新增固定资产价值是投资项目竣工投产后所增加的固定资产价值，即交付使用的固定资产价值。

7.2　保修费用的精算谋略

引例

施工单位与建设单位签订《建筑工程施工合同》，由施工单位承建该建设单位办公大楼。施工单位在施工过程中未能按照施工设计文件要求进行施工，私自进行了工程变更，而建设单位未知。工程经竣工验收并交付使用，投入使用一年半后，大楼出现诸多质量问题，建设单位遂停止支付剩余工程款。施工单位遂向法院提起诉讼，要求建设单位支付剩余款项。建设单位以工程存在质量问题为由予以拒绝。

经鉴定，工程存在以下质量问题：屋面、三层平台裂缝、渗漏；卫生间渗漏；墙面和窗边渗漏。质量问题系施工所致。修复费用鉴定为 15 万元。

该建设项目的渗漏问题是否处于合理的保修期限内？该建设项目进行维修的费用支出应由谁来承担？

保修费用是指对建设工程在保修期限和保修范围内所发生的维修、返工等各项费用支出。

建设工程保修是项目竣工验收交付使用后，在一定期限内施工单位对建设单位或用户进行回访，对于工程发生的确实是由于施工单位施工责任造成的建筑物使用功能不良或无法使用的问题，应由施工单位负责修理，直到达到正常使用的标准。

建设工程保修的具体意义在于：建设工程质量保修制度是国家确定的重要法律制度，建设工程质量保修制度对于完善建设工程保修制度、监督承包方工程质量、促进施工单位加强质量管理、保护消费者和用户的合法权益可起到重要的保障作用。

7.2.1 建设项目保修期限

建设工程保修期限是指建设项目竣工验收交付使用后,由于建筑物使用功能不良或无法使用的问题,应由相关单位负责修理的期限规定。

> **特别提示**
> 建设工程的保修期自建设项目竣工验收合格之日起计算。

素养拓新

中华人民共和国国务院令第279号发布《建设工程质量管理条例》,该条例第三十九条规定,建设工程实行质量保修制度。建设工程承包单位在向建设单位提交工程竣工验收报告时,应当向建设单位出具质量保修书。质量保修书中应当明确建设工程的保修范围、保修期限和保修责任等。

中华人民共和国主席令第二十九号《全国人民代表大会常务委员会关于修改〈中华人民共和国建筑法〉等八部法律的决定》已由中华人民共和国第十三届全国人民代表大会常务委员会第十次会议于2019年4月23日通过。

《中华人民共和国建筑法》第六十二条规定了建筑工程实行质量保修制度。建筑工程的保修范围应当包括地基基础工程、主体结构工程、屋面防水工程和其他土建工程,以及电气管线、上下水管线的安装工程,供热、供冷系统工程等项目;保修的期限应当按照保证建筑物合理寿命年限内正常使用,维护使用者合法权益的原则确定。

党的二十大报告指出,全面依法治国是国家治理的一场深刻革命,关系党执政兴国,关系人民幸福安康,关系党和国家长治久安。必须更好发挥法治固根本、稳预期、利长远的保障作用,在法治轨道上全面建设社会主义现代化国家。建设工程质量保修制度是国家确定的重要法律制度,对于完善建设工程保修制度、监督承包方工程质量、促进施工单位加强质量管理、保护消费者和用户的合法权益都有重要意义。

建设项目保修期限应当按照保证建筑物在合理寿命内正常使用、维护消费者合法权益的原则确定。

按照国务院颁布的279号令《建设工程质量管理条例》第四十条规定,建设项目在正常使用条件下,对建设工程的最低保修期限有以下规定。

(1) 基础设施工程、房屋建筑的地基基础工程和主体结构工程,为设计文件规定的该建设工程的合理使用年限。

《建设工程质量管理条例》

(2) 屋面防水工程、有防水要求的卫生间、房间和外墙面的防渗漏,期限为5年。
(3) 供热与供冷系统,期限为2个采暖期、供冷期。
(4) 电气管线、给排水管道、设备安装和装修工程,期限为2年。

其他项目的保修期限应由发包方与承包方约定。建设工程的保修期,自竣工验收合格之日起计算。

> **证书在线 7-3**

设备安装和装修工程保修期限为（　　）。（2022年真题）
A. 2 年　　　　B. 5 年　　　　C. 3 年　　　　D. 4 年
【解析】电气管道、排水管道、设备安装和装修工程，保修期限为2。
【本题答案】A

> **特别提示**
>
> 引例中，建设项目竣工验收交付使用后，在一定的时间内，本着对建设单位和建设项目使用者负责的原则，施工单位应该就建设项目出现的问题进行相应的处理。按照规定，屋面防水工程、有防水要求的卫生间、房间和外墙面的防渗漏的保修期限为5年，所以处于合理的保修期限内。

7.2.2　工程质保金

（1）发包人应按合同约定质量保证的方式预留质量保证金，累计预留的质量保证金或以担保保函替代保证金的保函金额不得超过工程结算总价的3%。承包人已经提供履约担保的，在工程项目竣工前发包人不应预留工程质量保证金。采用工程质量保证担保、工程质量保险等其他保证方式的，发包人不得再预留保证金。

（2）缺陷责任期内，因承包人原因造成的缺陷或（和）损坏，承包人应负责维修，并承担鉴定及维修费用。承包人负责维修并承担相应费用不应免除合同约定对工程损失的赔偿责任。

（3）缺陷责任期内，因承包人原因造成工程的缺陷或（和）损坏，承包人拒绝维修或未能在合理期限内修复缺陷或（和）损坏，且经发包人书面催告后仍未修复的，发包人可自行修复或委托第三方修复，承包人应承担修复的费用，发包人可从质量保证金或质量担保保函中扣除。

（4）缺陷责任期内，因非承包人原因造成的缺陷或（和）损坏，发包人应负责组织维修并承担费用，所发生的费用发包人不应从承包人的质量保证金中扣除。

> **特别提示**
>
> 引例中，建筑物雨季渗漏原因是施工单位在施工过程中未能按照施工设计文件要求进行施工，而是私自进行了工程变更造成的。按照规定在对建设项目的维修过程中发生的费用支出，应该根据"谁的责任，由谁负责"的原则，由相关单位承担，因此保修费用应由施工单位承担。

（5）缺陷责任期终止后，承包人应在约定时间内向发包人提交最终结清申请书和相关证明材料。最终结清申请书应列明预留的质量保证金或担保保函、缺陷责任期内发生的修复费用、最终结清款。发包人应将质量担保保函或剩余的质量保证金返还给承包人，不应计算利息。

(6) 最终结清款应为预留的质量保证金扣除缺陷责任期内发生的应由承包人承担的修复费用，如有尚未付清的工程结算价款也应在最终结清款中一并结清。预留的质量保证金或担保保函不足以扣减缺陷责任期内发生的应由承包人承担的修复费用的，承包人应承担不足部分的补偿责任。

(7) 发包人对最终结清申请书内容有异议的，可要求承包人进行修正和提供补充资料，承包人应向发包人提交修正后的最终结清申请书。

(8) 发包人在收到承包人提交的最终结清申请书后，应在约定时间内完成核对并向承包人签发最终结清支付证书。发包人逾期未完成核对，又未提出修改意见的，可视为发包人同意承包人提交的最终结清申请书，且视为已签发最终结清支付证书。

(9) 发包人应在签发最终结清支付证书后，在约定时间内完成支付。发包人逾期支付的，应按合同约定或法律法规规定承担违约责任。

证书在线 7-4

根据《建设工程质量保证金管理办法》，保证金总预留比例不得高于工程价款结算总额的（　　）。（2021年真题）

A. 2% 　　　　　　　　　　B. 3%
C. 4% 　　　　　　　　　　D. 5%

【解析】发包人应按合同约定方式预留保证金，保证金总预留比例不得高于工程价款总额的3%。

【本题答案】B

> **特别提示**
>
> 不可抗力或者其他无法预料的灾害主要包括地震、洪水、台风、泥石流、山体滑坡等。

综合应用案例

【案例概况】

某市A建设项目经过决策、设计、招投标、施工以及竣工验收等几个阶段后，建设单位准备就所掌握的资料对该项目进行竣工决算的编制。经过一段时间的工作形成了以下竣工决算文件，主要包括以下内容。

(1) 建设项目竣工财务决算说明书，包含以下内容。
① 建设项目概况。
② 资金来源及运用的财务分析，包括工程价款结算、会计账务处理、财产物资情况及债权债务的清偿情况。
③ 建设收入、资金结余及结余资金的分配处理情况。
④ 工程项目管理及决算中的经验和有待解决的问题。
⑤ 需要说明的其他事项。

(2) 建设项目竣工财务决算报表，包含以下内容。

① 建设项目竣工财务决算审批表。
② 大、中型项目概况表。
③ 大、中型项目竣工财务决算表。
④ 大、中型项目交付使用资产总表。
⑤ 小型项目概况表。
⑥ 小型项目竣工财务决算总表。
⑦ 建设项目交付使用资产明细表。
⑧ 主要技术经济指标的分析、计算情况。
(3) 工程造价比较分析，包含以下内容。
① 工程主要实物工程量、主要材料消耗量。
② 项目建设管理费、建筑安装工程其他直接费、现场经费和间接费使用分析。
③ 竣工图。

【问题】

(1) 对于建设单位编制的竣工财务决算报表，有哪些不合适的地方？怎样调整？
(2) 编制建设项目竣工决算的依据有哪些？应该如何编制？

【案例解析】

(1) "主要技术经济指标的分析、计算情况"应该是建设项目竣工决算报告说明书当中的内容；小型项目不需要填列"小型项目概况表"；"竣工图"应该单独作为建设项目竣工决算报告的一项内容加以反映，而不属于工程造价比较分析的内容。

(2) 编制建设项目竣工决算的依据有以下几个方面。
① 《基本建设财务规则》等法律、法规和规范性文件。
② 项目计划任务书及立项批复文件。
③ 项目总概算书、单项工程概算书文件及概算调整文件。
④ 经批准的可行性研究报告、设计文件及设计交底、图纸会审资料。
⑤ 招标文件、最高投标限价及招标、投标书。
⑥ 施工、代建、勘察设计、监理及设备采购等合同，政府采购审批文件、采购合同。
⑦ 工程结算资料。
⑧ 工程签证、工程索赔等合同价款调整文件。
⑨ 设备、材料调价文件记录。
⑩ 有关的会计及财务管理资料。
⑪ 历年下达的项目年度财政资金投资计划、预算。
⑫ 其他有关资料。

(3) 竣工决算的编制步骤如下。
① 收集、分析、整理有关原始资料。
② 对照、核实工程变动情况，重新核实各单位工程、单项工程造价。
③ 如实反映项目建设有关成本费用。
④ 编制建设工程竣工财务决算说明书。
⑤ 编制建设工程竣工财务决算报表。
⑥ 做好工程造价比较分析。
⑦ 整理、装订好竣工图。
⑧ 上报主管部门审查、批准、存档。

第7章 竣工验收阶段控制：工程造价的终极试炼场

本章小结

本章主要介绍了建设项目竣工决算和保修费用的处理。

竣工决算是建设项目竣工交付使用的最后一个环节，因此也是建设项目建设过程中进行工程造价控制的最后一个环节。竣工决算是建设项目经济效益的全面反映，是建设单位掌握建设项目实际造价的重要文件，也是建设单位核算新增固定资产、新增无形资产、新增流动资产和新增其他资产价值的主要资料。因此，竣工决算应包括竣工财务决算说明书、竣工财务决算报表、竣工图、工程造价比较分析4部分内容，其中竣工财务决算说明书和竣工财务决算报表是竣工决算的核心部分。编制竣工财务决算报表应该分别按照大、中型项目和小型项目的编制要求进行编写；在编制建设项目竣工决算时，应该根据编制依据、编制步骤进行编写，以保证竣工决算的完整性和准确性；在确定建设项目新增资产价值时，应根据各类资产的确认原则确认其价值。

建设项目竣工交付使用后，施工单位还应定期对建设单位和建设项目的使用者进行回访，如果建设项目出现质量问题应及时进行维修和处理。建设项目保修的期限应当按照保证建筑物在合理寿命内正常使用和维护消费者合法权益的原则确定。建设项目保修费用一般按照"谁的责任，由谁负责"的原则处理。

本章的教学目标是掌握建设项目竣工决算的作用，掌握新增固定资产、新增无形资产的价值确定原则，熟悉建设项目的最低保修期限，熟悉建设项目质保金的处理原则。

习　题

习题测试

一、单选题

1. 建设项目竣工结算是指（　　）。

A. 建设单位与施工单位的最后决算

B. 建设项目竣工验收时建设单位和承包商的结算

C. 建设单位从建设项目开始到竣工交付使用为止发生的全部建设支出

D. 建设单位与施工单位签订的建筑安装合同终结的凭证

2. 在建设项目交付使用资产总表中，融资费用应列入（　　）。

A. 固定资产　　　B. 无形资产　　　C. 流动资产　　　D. 其他资产

3. 建设项目竣工决算是建设工程经济效益的全面反映，是（　　）核定各类新增资产价值、办理交付使用的依据。

A. 建设项目主管单位　　　　　　B. 施工单位

C. 项目法人　　　　　　　　　　D. 国有资产管理部门

4. （　　）是施工单位将所承包的工程按照合同规定全部完工交付时，向建设单位进行最终工程价款结算的凭证。

A. 建设单位编制的竣工决算　　　B. 建设单位编制的竣工结算

C. 施工单位编制的竣工决算　　　D. 施工单位编制的竣工结算

5. 建设项目竣工决算是建设工程从筹建到竣工交付使用全过程中所发生的所有（　　）。

A. 计划支出　　　B. 实际支出　　　C. 收入金额　　　D. 费用金额

6. 在建设项目竣工决算中，作为无形资产入账的是（　　）。

   A. 项目建设期间的融资费用

   B. 为了取得土地使用权缴纳的土地使用权出让金

   C. 企业通过政府无偿划拨的土地使用权

   D. 企业的开办费和职工培训费

7. 建设项目竣工财务决算说明书和（　　）是竣工决算的核心部分。

   A. 竣工工程平面示意图

   B. 建设项目主要技术经济指标分析

   C. 竣工财务决算报表

   D. 工程造价比较分析

8. 以下不属于竣工决算编制步骤的是（　　）。

   A. 收集原始资料　　　　　　　B. 填写设计变更单

   C. 编制竣工财务决算报表　　　D. 做好工程造价比较分析

9. 根据《建设工程质量管理条例》的有关规定，电气管线、给排水管道、设备安装和装修工程的保修期为（　　）。

   A. 建设工程的合理使用年限　　B. 2年

   C. 5年　　　　　　　　　　　D. 按双方协商的年限

10. 在缺陷责任期内，由于承包人提供的施工材料质量不合格所造成的经济损失，（　　）应负责维修，并承担鉴定及维修费用。

    A. 设计单位　　　　　　　　B. 施工单位

    C. 建设单位　　　　　　　　D. 政府主管建设的部门

二、多选题

1. 竣工决算是建设工程经济效益的全面反映，具体包括（　　）。

   A. 竣工财务决算报表　　　　B. 工程造价比较分析

   C. 建设项目竣工结算　　　　D. 竣工图

   E. 竣工财务决算说明书

2. 建设项目建成后形成的新增资产按性质可划分为（　　）。

   A. 著作权　　　B. 无形资产　　　C. 固定资产

   D. 流动资产　　E. 其他资产

3. 在竣工决算中，以下属于建设项目新增固定资产价值的有（　　）。

   A. 生产准备费用　　B. 项目建设管理费用　　C. 研究试验费用

   D. 工程监理费用　　E. 土地使用权出让金

4. 建设项目竣工决算的主要作用有（　　）。

   A. 正确反映建设工程的计划支出

   B. 正确反映建设工程的实际造价

   C. 正确反映建设工程的实际投资效果

   D. 建设单位确定各类新增资产价值的依据

   E. 建设单位总结经验，提高未来建设工程投资效益的重要资料

5. 建设项目竣工决算的编制依据有（　　）。
   A. 经批准的可行性研究报告、投资估算书以及施工图预算等文件
   B. 设计交底或图纸会审纪要　　　　C. 竣工图、竣工验收资料
   D. 招投标标底价格、工程结算资料
   E. 施工记录、施工签证单及其他施工过程中的有关记录
6. 企业应该作为无形资产核算的内容包括（　　）。
   A. 著作权　　　　B. 商标权　　　　C. 非专利技术
   D. 政府无偿划拨给企业的土地使用权　　　E. 专利权
7. 小型项目竣工财务决算报表由（　　）构成。
   A. 工程项目交付使用资产总表　　　　B. 建设项目进度结算表
   C. 工程项目竣工财务决算审批表　　　D. 工程项目交付使用资产明细表
   E. 建设项目竣工财务决算总表
8. 关于竣工图的说法中，正确的有（　　）。
   A. 竣工图是构成竣工决算的重要组成内容之一
   B. 改建、扩建项目涉及原有工程项目变更的，应在原项目施工图上注明修改部分，并加盖"竣工图"标志后作为竣工图
   C. 凡按图竣工没有变动的，由施工单位在原施工图加盖"竣工图"标志后，即作为竣工图
   D. 当项目有重大改变需重新绘制时，不论何方原因造成，一律由施工单位负责重新绘图
   E. 平面布置发生重大改变的，一律由设计单位负责重新绘制竣工图
9. 根据国务院颁布的《建设工程质量管理条例》的有关规定，对建设工程的最低保修期限描述正确的有（　　）。
   A. 基础设施工程、房屋建筑的地基基础工程，期限为10年
   B. 供热与供冷系统，期限为2个采暖期、供冷期
   C. 给排水管道、设备安装和装修工程，期限为3年
   D. 屋面防水工程、有防水要求的卫生间，期限为5年
   E. 涉及其他项目的保修期限应由施工单位与建设单位在合同中规定
10. 关于建设项目工程质保金的说法正确的是（　　）。
    A. 工程质保金的累计预留金额不得超过工程结算总价的3%
    B. 在缺陷责任期内，因承包人原因造成的工程质量缺陷，承包人应承担相应维修费用
    C. 在缺陷责任期内，因承包人原因造成的工程质量缺陷，承包人拒绝维修的，且发包人书面催告后仍未修复的，发包人可委托第三方修复，所产生的费用发包人可从工程质保金中扣除
    D. 在缺陷责任期内，因不可抗力造成的工程部分结构损坏，承包人应承担相应维修及鉴定的费用
    E. 在缺陷责任期内，因发包人使用不当造成的工程部分结构损坏，承包人应承担相应维修及鉴定的费用

三、判断题

1. 竣工结算由建设单位负责编制,竣工决算由施工单位负责编制。( )
2. 竣工决算是建设项目从筹建到竣工交付使用为止所发生的全部建设费用。( )
3. 竣工决算的编制步骤中,第三步为收集、分析、整理有关原始资料。( )
4. 建设项目新增资产,按性质分为固定资产、流动资产、无形资产和其他资产四类。( )
5. 企业在取得土地使用权时,在缴纳了土地使用权出让金后,应将土地确认为企业的固定资产。( )
6. 企业的著作权,商标权,专利权,非专利技术,工、器具等均确认为企业的无形资产。( )
7. 确定新增固定资产价值能够反映一定范围内固定资产的规模与生产速度。( )
8. 建设项目保修的期限中,供热系统为 5 个采暖期。( )
9. 在缺陷责任期内,由非承包人原因造成的工程构件损坏,应由发包人承担相应维修费用。( )
10. 在缺陷责任期内由于不可抗力对建设项目造成的质量问题,由建设单位承担经济责任。( )

四、简答题

1. 简述建设工程竣工决算的作用。
2. 简述建设工程竣工决算与竣工结算的区别。
3. 简述新增固定资产的价值构成及确定价值的作用。
4. 简述建设工程项目保修期的规定。
5. 简述在缺陷责任期内,发生哪些情况会引起工程质保金的变化。

五、案例题

某建设项目办理竣工结算交付使用后,办理竣工决算。实际总投资为 50000 万元,其中建筑安装工程费 30000 万元;设备购置费 4500 万元;工器具购置费 200 万元;项目建设管理费及勘察设计费 1200 万元;土地使用权出让金 1600 万元;开办费及劳动培训费 1000 万元;专利开发费 1600 万元;库存材料 150 万元。

问题:
按资产性质分类并计算新增固定资产、无形资产、流动资产、其他资产的价值。

六、实训题

H 市某饭店工程竣工交付使用后,经有关部门审计,饭店实际投资为 50800 万元,分别为:设备购置费 4500 万元;建筑安装工程费 35000 万元;工器具购置费 300 万元;土地使用权出让金 4000 万元;企业开办费 2500 万元;专利技术开发及申报登记费 650 万元;垫支的流动资金 3900 万元。

经项目可行性研究结果预计,项目交付使用后年营业收入为 31000 万元,年总成本为 24000 万元,年销售税金及附加 950 万元。

根据以上所给资料,按照资产性质划分项目的新增资产类型,分别计算新增资产的价值,确定项目的年投资利润率和年投资利税率。

第7章 竣工验收阶段控制：工程造价的终极试炼场

工作任务单　新增资产价值的确定与计算

任务名称	新增资产价值的确定与计算
任务目标	能够根据给定项目背景资料，分析项目具体情况，能够判断新增资产类型，并准确计算新增资产的价值。
任务内容	某工业建设项目及其总装车间的建筑工程费、安装工程费，需安装设备费以及应摊入费用如下表所示，计算总装车间新增固定资产价值。 表　分摊费用计算表　　　　　　　　　　单位：万元<table><tr><th>项目名称</th><th>建筑工程</th><th>安装工程</th><th>需安装设备</th><th>建设单位管理费</th><th>土地征用费</th><th>建筑设计费</th><th>工艺设计费</th></tr><tr><td>建设项目竣工决算</td><td>5000</td><td>1000</td><td>1200</td><td>105</td><td>120</td><td>60</td><td>60</td></tr><tr><td>总装车间竣工决算</td><td>1000</td><td>500</td><td>600</td><td>—</td><td>—</td><td>—</td><td>—</td></tr></table>
任务分配 （由学生填写）	<table><tr><th>小组</th><th>任务分工</th></tr><tr><td></td><td></td></tr><tr><td></td><td></td></tr></table>
任务实施 （由学生填写）	
任务小结 （由学生填写）	

续表

任务完成评价

评分表

		组别：		姓名：			
评价内容	评价标准			自评	小组互评	教师评价		
						任课教师	企业导师	增值评价
职业素养	（1）学习态度积极，能主动思考，能有计划地组织小组成员完成工作任务，有良好的团队合作意识，遵章守纪，计20分； （2）学习态度较积极，能主动思考，能配合小组成员完成工作任务，遵章守纪，计15分； （3）学习态度端正，主动思考能力欠缺能配合小组成员完成工作任务，遵章守纪，计10分； （4）学习态度不端正，不参与团队任务，计0分。							
成果	计算或成果结论（校核、审核）无误，无返工，字迹工整，如有错误按以下标准扣分，扣完为止。 （1）计算列表按规范编写，正确得10分，每错一处扣2分； （2）方案计算过程中每处错误扣5分。							
综合得分	综合得分＝自评分＊30％＋小组互评分＊40％＋老师评价分＊30％							

注：根据各小组的职业素养、成果给出成绩（100分制），本次任务成绩将作为本课程总成绩评定时的依据之一。

日期：　　年　月　日

第8章　BIM 技术用于造价管理：数字造价的拓展

思维导图

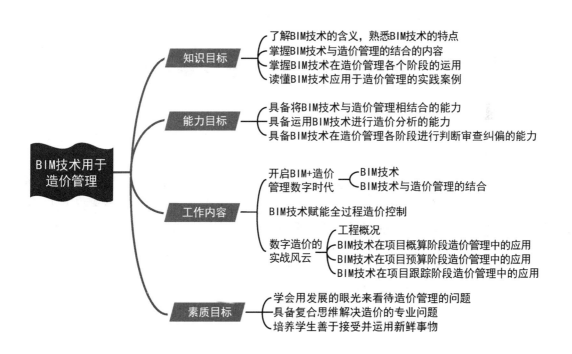

引例

某工程作为学校大型项目,规模宏大,涵盖地下室、教学楼、宿舍楼和艺体馆四个分项工程,总建筑面积达 65190.18m^2。鉴于项目工期仅 15 个月,时间紧迫、任务繁重,对项目管理和成本控制提出了极高要求。

在此背景下,我公司创新性地引入"BIM+造价跟审"工作模式,以投资控制为核心,开展全过程精细化项目管理,旨在最大化提升财政资金使用效益与项目管理水平。通过全面应用 BIM 技术进行造价辅助协审管理,我们在项目前期设计阶段便深度介入,采用技术性图纸审核与 BIM 模型三维审核相结合的方式,对施工图进行固化,从源头上减少项目签证变更及二次返工情况,有效控制项目成本与工期。

BIM 技术在本项目中成效显著,共优化设计问题 458 个,直接节约成本 249 万元,实现成本优化 42 万元;按照 2 万元/天估算,工期节约折合 34 万元,累计节约成本达 325 万元。这些数据充分彰显了 BIM 技术与造价管理深度融合的巨大优势。

(特别说明:项目数据仅用于教学目的,不构成任何承诺或其他用途)

在当今建筑行业数字化转型的浪潮下,如何更有效地将 BIM 技术与造价管理深度融合,如何将 BIM 技术全面应用于全过程造价管理,已成为亟待深入探讨的关键问题。

8.1 开启 BIM+造价管理数字时代

8.1.1 BIM 技术

1. BIM 技术的含义

BIM(Building Information Modeling),又称建筑信息化模型技术,是一种基于三维数字技术的建筑工程数据模型,它通过对建筑项目的物理和功能特性进行数字化表达,作为一种创新工具,已成为现在建筑工程领域的一项关键技术。它通过集成项目的信息、流程和管理,在设计、施工及维护阶段提供了高效的解决方案。

在传统的项目管理中,各专业之间的信息传递往往存在滞后或误差,导致设计修改频繁、施工延误和资源浪费。而 BIM 技术是一个集成的数字信息模型,涵盖了建筑项目的几何信息、空间关系、地理信息、建筑构件的属性信息(如材料、性能、成本等)以及项目全生命周期中的时间信息(如施工进度、运维计划等)。通过 BIM,建筑项目的各个参与单位(包括建设单位、设计单位、监理单位、审计单位、物业运维单位等)可以在一个共享的数字环境中协同工作,实现信息的高效传递和共享。使得各专业人员可以在同一平台上进行协同工作,及时发现并解决潜在的设计问题,从而避免了不必要的返工和浪费。

✅ 证书在线 8-1

为了实现工程造价的模拟计算和动态控制,可应用建筑信息建模(BIM)技术,在包含进度数据的建筑模型上加载费用数据而形成(　　)模型。(2017 年真题)

A. 三维可视化　　B. 五维(5D)　　C. 四维(4D)　　D. 六维(6D)

【解析】BIM 5D 模型是在 3D 建筑信息模型的基础上,融入"时间进度信息"与"成本造价信息",形成由 3D 模型＋1D 进度＋1D 造价的五维建筑信息模型。具体来说：

- 三维（3D）：是基础，表示建筑物的几何形状和空间布局。
- 四维（4D）：在 3D 基础上增加时间维度，用于模拟施工进度和工期计划。
- 五维（5D）：在 4D 基础上增加成本维度，将成本信息与 3D 模型和施工进度相结合，实现对建筑工程的成本估算和控制。

因此，当需要在包含进度数据的建筑模型上加载费用数据时，形成的模型是 BIM 5D 模型，即五维模型。

【答案】B

2. BIM 技术的特点

（1）可视化

① 设计可视化。设计师通过 BIM 软件创建的三维建筑模型，可以直观地展示建筑的外观和内部空间布局。例如，一个建筑物的三维模型，展示出建筑的外立面、内部房间的分布以及各种建筑构件的位置。

② 施工可视化。BIM 模型可以用于施工模拟，展示施工过程中的各个步骤。例如，通过动画展示建筑从基础施工到主体结构完成的过程。

③ 碰撞检查可视化。BIM 模型中的碰撞检测功能可以直观地显示管道、结构等构件之间的碰撞点。例如，一张图展示了机电管线与建筑结构之间的碰撞点，用不同颜色标注出碰撞位置。

④ BIM 算量可视化。BIM 计算工程量不只是简单的数字显示，而是可以通过工量程和模型相互推导，通过模型的查看，提高算量精度。

（2）协同化

① 多专业协同设计。不同专业的设计人员可以在同一个 BIM 模型上进行协同设计，实时共享信息，减少信息传递误差，提高设计效率。

② 施工协同管理。施工阶段，BIM 模型可用于施工进度管理、施工模拟等，帮助施工团队优化施工工艺，提高施工效率。

③ 全生命周期协同。BIM 技术贯穿建筑项目的全生命周期，从设计到施工再到运维，各阶段的信息可以无缝传递和共享。

（3）降本化

① 设计降本优化。BIM 技术可以对设计方案进行模拟和分析，帮助设计团队优化空间布局、材料及工艺工法等，提高设计质量，降低资金投入。

② 施工降本优化。通过施工模拟和碰撞检测，BIM 技术能够优化施工工艺和施工计划，减少施工过程中的返工和延误。

③ 运维降本优化。在运维阶段，BIM 模型结合运维管理系统可以优化维护计划，降低维护成本。

（4）仿真化

① 设计仿真模拟。在设计阶段，BIM 可以对建筑物的光照、能耗、通风等性能进行仿真模拟分析，帮助设计团队做出更科学的决策。

② 施工仿真模拟。BIM 技术可以仿真模拟施工过程中的各个环节，包括施工进度、

施工工艺等，优化施工方案。

(5) 集成化

BIM 模型集成了建筑项目的几何信息、材料信息、成本信息、时间信息等多种数据，方便各参与方进行查询和分析。BIM 技术可以实现从设计到施工再到运营的全生命周期一体化管理。它将建筑项目的各种信息整合到一个模型中，方便各参与方进行信息共享和协同工作。

(6) 持续化

BIM 模型可以根据项目的需求进行持续扩展，支持多种应用，如设计方案优化、能耗分析、碰撞检测、施工模拟、运维管理等。

素养拓新

在建筑行业蓬勃发展的浪潮中，BIM 技术作为一项极具变革性的创新力量，正深刻地改变着工程造价管理的模式与格局。BIM 技术，即建筑信息模型技术，凭借其构建智能三维模型的强大功能，为建筑项目从规划设计到施工建设，再到运营维护的全生命周期提供了高效协同的工作平台。

自 2011 年起，国家层面就高度重视 BIM 技术的推广应用，相继出台了如《关于推进建筑信息模型应用的指导意见》等一系列政策文件，为 BIM 技术的发展指明方向、提供政策支持。各省市也积极响应，纷纷制定并发布地方性的应用指南和技术标准，从地方层面助力 BIM 技术落地生根。在政策的有力推动下，中国 BIM 市场规模一路高歌猛进，2020 年已达到约 200 亿元人民币，且同比增长率超 30%，按照这样的发展趋势，预计到 2025 年市场规模将突破 600 亿元人民币。如今，BIM 技术在建筑行业的应用愈发普及，全国超 70% 的一级及以上资质施工企业在项目中运用 BIM 技术，设计阶段更是有 85% 以上的项目借助其优势。从产业链角度来看，我国已成功构建起涵盖软件开发、咨询服务、教育培训等多个环节的完整产业链，国内外知名企业在其中占据主导地位，同时众多中小企业也纷纷投身其中，积极布局，共同推动产业链的不断完善与发展。

我国 BIM 技术从起步探索到如今蓬勃发展，这背后是无数科研人员、行业从业者对科技突破的执着追求，彰显出我国在建筑科技领域自主创新、追求卓越的精神。在推进建筑行业高质量发展的征程中，像 BIM 技术这样的创新力量至关重要。通过推广应用此类先进技术，实现建筑行业的绿色、智能、可持续发展，既是响应国家战略号召，也是行业实现转型升级、迈向高质量发展的必由之路。

8.1.2 BIM 技术与造价管理的结合

知识链接

传统造价管理的局限性

1. 信息共享与协同效率低

传统造价管理中，各参与方（如设计、施工、造价等）之间的信息传递主要依赖于纸质文件或电子表格，信息更新不及时，导致信息孤岛。各专业之间的协同设计和沟通效率低下，容易出现误解和重复工作。

2. 工作效率低

传统造价管理主要依靠人工计算工程量，工作量大且容易出错，效率较低。并且无法实时更新工程进度和成本数据，难以对项目进行动态监控，导致项目超预算问题频发。

3. 数据准确性差

人工计算和核对工程量容易出现漏项、错算等问题，尤其是在复杂项目中，这些问题更加突出。而且传统方法无法直观展示工程的三维结构和施工过程，难以准确评估设计方案和施工进度。

4. 风险控制能力弱

传统造价管理难以在设计和施工阶段提前识别潜在风险，导致项目实施过程中出现大量变更和成本增加。而且传统方法在项目实施过程中难以及时调整预算策略，无法有效应对市场变化和施工过程中的不确定性。

5. 数据管理复杂

传统造价管理中，数据存储分散，难以进行统一管理和分析，导致信息查找和调用效率低下。各阶段的数据之间缺乏有效关联，难以实现全生命周期的成本管理。

6. 结算过程复杂

传统结算过程中，需要大量人工核对工程量和费用，耗时耗力且容易产生争议。结算过程缺乏可视化支持，各方难以直观了解实际施工情况，容易引发纠纷。

7. 初期规划不足

传统方法在项目初期难以准确估算工程量和造价，导致预算编制不够精细。而且难以有效利用历史数据进行分析和预测，无法为项目决策提供有力支持。

相比之下，BIM技术能够有效解决上述问题，通过信息共享、动态监控、精确计算和可视化展示等功能，显著提升造价管理的效率和准确性。

1. BIM 技术与造价管理的结合

BIM技术指的是一种利用计算机技术辅助进行建筑信息管理的新技术。它是建立在建筑工程信息数据基础上的一个完整的、高度集合的信息模型。BIM技术包含动态信息数据库，它可以根据建筑过程的变化进行有效的调整。在混凝土施工设计项目和BIM技术的应用中，建立了项目资源计划的编制，降低了资金风险、成本、能源损耗和对环境的污染，提高了项目建设的效率。具体而言，BIM技术的基础是建筑项目下的相关信息和数据模型。它具有可视化、仿真、优化、协调、绘图等优点，实现了数字信息仿真技术，为建筑物的真实模拟提供了依据。

在现代，BIM技术已经能够作为辅助，运用于工程造价管理的各个阶段，BIM技术多维分析了大量的信息成本在项目评价与审查中的作用。在工程承包阶段，施工企业和业主主要是在合同中确认部分工程造价，并建立项目的BIM模型。在施工阶段，施工企业主要采用BIM模型控制施工成本，实现物资采购、施工部署和统计工作的高效有序实施。在过去的造价管理中，招投标阶段的工程量清单计价主要是由成本手册法计算的。然而，随着建筑工程的实施和建筑工程的日益复杂，采用BIM软件进行建模，可以对工程进行更准确的分析，并具有非常明显的优势。它可以更好的减少计算量，更积极的参与细节优化和协调工作。

BIM 技术作为一种新的管理技术，他表现出他的独特性。在实际应用中，具有其他管理技术不可与之比拟的优点。从科学发展的角度看，精细化管理是一种企业理念与企业文化。在分工更加精细、服务质量优良的过程中，现代管理是核心技术要求。在现代工程造价管理的过程中，精细化管理是非常关键的。在精细化管理的过程中，要注意学习先进的 BIM 技术，注重相关细节，提高工程造价管理的效率，同时加强信息技术的建设。

通过整合建筑的数据化、信息化模型，BIM 技术使得项目策划、运行和维护的全生命周期过程中的信息共享和传递更加高效。这种数据化和信息化的方法，使工程技术人员能够对各种建筑信息作出正确理解和高效应对，从而显著提高工作效率。

✓ 证书在线 8-2

建筑信息模型（BIM）技术在强化工程造价管理中可发挥作用（　　）。（2024 年真题）

A. 控制工程设计变更　　　　　　B. 实现可视化漫游
C. 优化施工组织设计　　　　　　D. 进行管线碰撞检查

【解析】控制工程设计变更直接关系到工程造价的数额，而其他选项 B、C、D 虽然也是 BIM 技术的重要应用，但它们与"强化工程造价管理"没有直接关联。

【本题答案】A

2. BIM 在造价管理中的价值

（1）宏观方面的价值

① 帮助工程造价单位进入实时、动态、准确分析的时代。
② 建设、施工、咨询单位的造价管理能力提升，大量节约投资。
③ 整个建筑业的透明度将大幅度提高，招投标和采购腐败大为减少。
④ 有利于低碳建造，建造过程能更加精细。
⑤ 基于 BIM 的自动化算量方法将造价工程师从繁琐的劳动中解放出来，为造价工程师节省更多的时间和精力用于更有价值的工作，如询价、评估风险等，并可以利用节约的时间编制更精彩的预算。

（2）微观方面的价值

① 提高工程量计算的准确性。
② 合理安排资源、加快项目进度。
③ 有效控制设计变更。
④ 对项目多算对比有效支撑。
⑤ 实现历史数据积累和共享。

✓ 技能在线 8-1

【背景资料】某工程高 668m，总建筑面积 80 万 m^2，地下 6 层，地上 120 层。先通过 BIM 技术对其进行全生命周期全过程管理协同管理。其中在该项目的 BIM 应用点主要有：深化设计、进度管理、预算管理、工作面管理、场地管理、碰撞检查、工程量计算、图纸管理、合同管理、劳务管理。

请问题中所述应用点中与基于 BIM 技术成本管理的有直接影响的有哪些？

【技能分析】题中所述应用点中属于基于 BIM 技术的成本管理的有直接影响的是预算管理、工程量计算。因为影响成本的两大因素是"量"和"价"，工程量计算直接关系到"量"，预算管理直接关系到"价"，题中深化设计、进度管理、工作面管理、场地管理、碰撞检查、图纸管理、合同管理、劳务管理都属于间接影响。

8.2　BIM 技术赋能全过程造价控制

BIM 技术在造价管理的各个阶段都有广泛的应用，以下是其在不同阶段的具体应用情况。

8.2.1　决策阶段

在项目决策阶段，准确的投资估算至关重要。BIM 技术可整合多源数据，构建包含项目规模、功能需求、场地条件等信息的三维模型。通过模型分析，能快速模拟不同建设方案，对工程量、材料用量、设备选型等进行初步估算。例如在某商业综合体项目决策时，利用 BIM 模型对比不同建筑布局和结构形式，快速得出各方案的造价差异，为投资决策提供精准的数据支持，避免决策失误导致的资金浪费。

BIM技术的发展趋势

8.2.2　设计阶段

在设计阶段，各专业设计常出现冲突。BIM 技术能进行多专业模型整合，通过碰撞检查发现设计中的问题，如管道与结构梁冲突、电气线路与通风管道交叉等。某医院项目借助 BIM 碰撞检查，发现并解决了 500 多处设计冲突，避免施工阶段因设计变更产生的高额费用。

基于 BIM 模型，可自动准确计算工程量，结合造价信息库，快速生成准确的造价文件。设计师在修改设计时，模型关联的造价数据同步更新，实时反馈设计变更对造价的影响，便于及时调整设计方案，实现限额设计。

8.2.3　招标阶段

在招投标阶段，利用 BIM 模型输出准确的工程量清单，减少传统手工算量的误差和漏项。同时，模型中的构件信息详细，如材质、规格等，使清单描述更精准，避免后期因清单歧义引发的造价纠纷。

投标方可以通过 BIM 模型直观展示施工方案，包括施工进度、资源配置等，让评标专家更清晰了解项目实施计划。同时，基于 BIM 的造价分析能快速给出合理的投标报价，增强投标竞争力。

8.2.4 施工阶段

在施工阶段，可将 BIM 模型与施工进度计划关联，形成 4D 模型，实时监控施工进度和成本。通过对比实际进度与计划进度，及时发现偏差并调整资源分配，避免因工期延误导致成本增加。例如某住宅项目通过 4D 模型管理，提前发现关键线路上的进度滞后问题，及时调配资源，使项目按时完工，节约了赶工成本。

施工过程中设计变更不可避免。利用 BIM 模型分析变更对造价的影响，提前评估变更的合理性和经济性。通过模型可视化，各方能清晰了解变更内容，快速达成共识，减少变更审批时间和成本。

8.2.5 竣工阶段

在竣工阶段，基于 BIM 模型的竣工结算资料更完整、准确。模型包含了实际施工过程中的所有信息，如工程量变更、材料替换等，审核人员可快速核对结算数据，提高结算效率和准确性，减少结算争议。

通过对项目全过程 BIM 数据的分析，总结成本控制的经验教训，为后续项目提供参考。例如分析各阶段成本偏差原因，找出成本控制的薄弱环节，优化成本管理流程。

素养拓新

杭州湾跨海大桥作为世界最长跨海大桥之一，以 36 公里的雄姿横跨钱塘江入海口。项目所处海域平均潮差达 7.6 米，年均遭遇台风 2.8 次，复杂的海洋环境对工程设计、施工和运维提出严峻挑战。建设团队创造性引入建筑信息模型（BIM）技术，在工程全生命周期中实现技术创新与成本控制的有机统一，创造了我国跨海大桥建设的多项新纪录。

面对 200 年一遇的台风威胁，项目团队构建三维地质模型，集成 50 年海洋环境观测数据，通过流体动力学仿真系统，对 12 种桩基设计方案进行虚拟测试。经过 137 次模拟迭代，最终优化后的斜拉桥主墩桩基深度减少 8 米，单墩混凝土用量节省 2600 立方米，总体节约材料成本 1.2 亿元。这种基于数字孪生的设计方法，将《工程做法则例》"视材量力"的传统智慧转化为现代参数化设计语言。

大桥运营后，BIM 资产管理系统整合了 12000 个传感器数据，建立结构健康监测数字驾驶舱。系统能提前 72 小时预警关键构件疲劳损伤，智能规划养护路线。通过机器学习算法优化养护方案，使支座更换周期延长 40%，年度维护成本降低 1800 万元。这种全生命周期管理思维，实现了《考工记》"审曲面势"营国理念的现代转化。

项目创造性地将 BIM 技术与传统营造智慧结合：在桩基设计中借鉴《营造法式》"筑基之法"，在材料管理上发展《天工开物》"惜材如金"理念。这种"以古人之规矩，开自己之生面"的创新实践，生动诠释了守正与创新的辩证统一。

新时代工程建设既要秉承"如履薄冰，如临深渊"的工匠精神，又要掌握"致广大而尽精微"的系统思维。当数字技术遇上传统营造智慧，当 BIM 模型承载生态文明理念，中国建造正在书写着传统与现代交融、发展与保护共生的新篇章，这正是当代中国工程师对党的二十大"推动绿色发展，促进人与自然和谐共生"战略部署的生动答卷。

8.3 数字造价的实战风云

8.3.1 工程概述

1. 工程名称：某房建项目
2. 建设地点：江苏省 xx 市 xx 区。
3. 项目批准文号：有。
4. BIM 试点工作文件：有。
5. 参建单位：略。
6. 投资规模：约 145000 万元。
7. 建设规模：占地面积为 4.6 万 m^2，总建筑面积约 15 万 m^2，容积率 2.447。该工程包括：地上 9 栋单体建筑（房号为 1♯—8♯住宅，9♯为商业配套），外加配套服务用房、配电房、门卫、消控及监控室和地下汽车库（含人防地库）等项目土建、安装施工总承包工程。地下室地下 1 层，地上最高 27 层。
8. 结构类型：主体结构为钢筋混凝土框架结构；基础类型：桩基础。
9. 合同工期：850 日历天。
10. 工作软件清单

该项目的工作软件清单见表 8-1 某房建项目工作软件清单表。

表 8-1 某房建项目工作软件清单表

序号	名称	项目需求	功能分配
1	Revit2018	三维建模、土建深化、模型集合	建模/动画
2	Civil 3D	原始场地建模及土方工程量计算	
3	Tekla	钢结构深化	
4	Navisworks2018	各专业集成、漫游、动画制作	
5	PKPM（BIMBaseKIT2022）	预制构件深化	
6	Lumion	视频制作、录像、剪辑	视频处理
7	会声会影		
8	Photoshop cs6	图片处理	
9	720yun	项目可视化展示、航拍数据处理	
10	5D 协同管理平台	模型、资料、进度、安全、质量、信息、物资管理等	平台

8.3.2 BIM 技术在项目概算阶段造价管理中的应用

本项目概算阶段，造价管理的具体事项包括概算编制和初步设计概算审查。其中 BIM 技术参与了初步设计概算审查，主要成果有 BIM 模型建模报告、BIM 概算工程量校验报告等。

1. BIM 概算模型创建

本阶段 BIM 模型建模精度为 LOD200，建模内容包括但不限于 1#至 9#楼梁、墙、板、柱、门、窗、外墙装饰、内部抹灰、屋面、管道、桥架、风管等元素。概算模型如图 8-1 所示。

图 8-1 BIM 概算模型

2. BIM 概算工程量校验

本项目概算总金额为 91249.37 万元，其中工程建设费用 62154.37 万元，校验金额为 13058.5 万元，校验率 21.01%。主要内容包括土建和安装两大专业，涵盖地下和地上全部区域，模型元素包括墙梁板柱、垫层、门窗、管道、桥架、风管、设备等。校验成果如表 8-2 至表 8-4 所示。

表 8-2 无相互扣减关系或者以个数为计量单位校验后无偏差的工程量

序号	名称	单位	概算量	模型实物量	量偏差	偏差率
1	土建地下构造柱	m³	70.58	70.58	0	0.00%
2	土建地下圈梁	m³	45.14	45.14	0	0.00%
3	土建地下过梁	m³	13.64	13.64	0	0.00%
4	其他略…					

表8-3 有相互扣减关系合并校对后基本吻合的工程量

序号	名称	单位	概算量	模型实物量	量偏差	偏差率
1	土建地上剪力墙	m³	17521.74	17923.49	401.75	2.24%
2	土建地上屋面女儿墙	m³	522.2	517.37	−4.84	−0.94%
3	其他略…					
7	合计		54993.85	54981.57	−12.28	−0.02%

表8-4 无相互扣减关系校对后偏差较大并且修正的工程量

序号	名称	单位	概算量	模型实物量	量偏差	偏差率	偏差原因
1	安装地上不锈钢管	m	2596.08	2290.16	−305.92	−13.36%	BIM模型给水干管绘制到地坪下−1m处,住宅地下室的给水干管绘制在地下模型中,不在地上模型中,故有量差。
2	安装地上PPR管	m	59177.94	57772.58	−1405.36	−2.43%	由于BIM模型中Revit明细表出的量是已扣除管件长度,与清单计算规则不符,故有量差。
3	其他略…						

从以上三张表格可以得出如下结论:

(1) 无相互扣减关系或以个数为计量单位的工程量,校验后无偏差数值。

(2) 有相互扣减关系的工程量,将扣减的构件和被扣减的构件工程量合并计算后总量基本吻合。

(3) 无相互扣减关系的工程量,有部分工程量偏差较大的,经修正后基本吻合,满足概算要求。

由此可知,通过工程量校验对比分析,BIM建模的实物量和造价算量软件计算的工程量较为接近,保障了概算阶段造价的准确性。

8.3.3 BIM技术在项目预算阶段造价管理中的应用

本项目预算阶段,造价管理的具体事项包括招投标及设计预算造价。其中BIM技术参与了设计预算造价,主要成果有BIM预算模型创建报告、工程量校验报告等。

1. BIM预算模型

本阶段BIM模型建模精度为LOD300,在概算BIM模型的基础上,增建内容包括但不限于墙梁板柱、门窗等元素,其BIM模型搭建流程如图8.2所示。

BIM模型使用的族库包括门、窗、百叶窗、机电设备等,如表8-5所示。

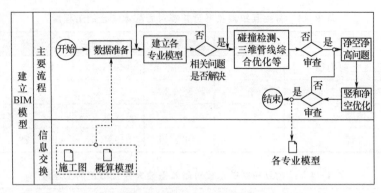

图 8.2 BIM 模型搭建流程

表 8-5 BIM 部分族列表

名称	族样式		
门	单扇门	双扇防火门	地下室防火门
窗	窗（1）	窗（2）	百叶窗
机电安装设备	水泵	湿式报警阀	气压泵
	闸阀	喷淋头	电动蝶阀

BIM 预算模型效果图如图 8.3 所示。

图 8.3 BIM 预算模型效果图

2. BIM 预算工程量校验

本项目预算总金额 50749.06 万元，校验范围为 BIM 分部分项和预算分部分项进行校验，措施费和税金不在本次校验范围内。BIM 校验金额为 21640.7 万元，预算分部分项金额为 33347.84 万元，校验率 64.389%。主要内容包括土建和安装两大专业，涵盖地下和地上全部区域，模型元素包括墙梁板柱、垫层、装饰层、门窗、管道、桥架、风管、设备等。校验成果如表 8-6 至表 8-9 所示。

表 8-6 无相互扣减关系或者以个数为计量单位校验后无偏差的工程量

序号	名称	单位	预算量	模型实物量	量偏差	偏差率
1	地上门	m^2	18458.52	18458.52	0	0.00%
2	地上窗	m^2	24928.81	24928.81	0	0.00%
3	门	樘	389.00	389.00	0	0.00%
4	其他略…					

表 8-7 存在相互扣减关系的工程量

序号	名称	单位	预算量	BIM 量	量偏差	偏差率
1	结构柱	m^3	289.77	287.02	−2.75	−0.95%
2	剪力墙	m^3	20203.67	20291.88	88.21	0.44%
3	有梁板	m^3	12861.69	12778.65	−83.04	−0.65%
4	其他略…					
13	合计	m^3	56115.18	56008.21	−106.97	−0.19%

表 8-8 基本吻合的工程量

序号	名称	单位	预算量	模型实物量	量偏差	偏差率
1	热浸锌钢管 DN150	m	358.48	357.78	0.70	0.20%
2	热浸锌钢管 DN100	m	206.88	204.96	1.92	0.94%
3	热浸锌钢管 DN80	m	89.11	86.98	2.13	2.45%
4	其他略…					

表 8-9　无相互扣减关系校对后偏差较大并且修正的工程量

序号	名称	单位	预算量	模型实物量	量偏差	偏差率
1	PP-R De25	m	5407.05	5017.29	389.76	7.77%
2	UPVC 冷凝水管 De50	m	2100.53	1908.90	191.63	10.04%
3	UPVC 管 排水管 De75 粘接	m	2136.72	1984.00	152.72	7.70%
4	UPVC 管 排水管 De50 粘接	m	2633.40	2388.68	244.72	10.24%
5	其他略…					

经过如上对比分析可知，主体结构总量无偏差，但是剪力墙和有梁板偏差较大，主要一方面是因为软件扣减规则不同，另一方面是因为整体项目庞大、构件种类繁杂、并且参与人员多，故存在一定偏差。

装饰部分由于算量软件计算，装饰面计算规则是不扣除装饰厚度，BIM 模型装饰计算规则是扣除装饰厚度，故工程量有误差，本次项目按不扣除装饰面厚度对比。

机电部分的偏差则较大，究其原因是因为 BIM 模型用自身明细表出量只计算了管道、风管、桥架本身的长度，其管件（弯头、三通、四通等）长度不计算在内，这与清单计算规则不符。理论上统计管件个数，并乘以每个管件长度，加上管道、风管、桥架本身的长度，即为与清单计算规则相符的工程量。

证书在线 8-3

应用 BIM 技术能够强化工程造价管理的主要原因在于（　　）。（2020 年真题）
A. BIM 可用来构建可视化模型　　　　B. BIM 可用来模拟施工方案
C. BIM 可用来检查管线碰撞　　　　　D. BIM 可用来自动算量

【解析】建筑信息建模（BIM）技术作用：实现建设工程全寿命周期集成管理；以下应值得关注和推广：①构建可视化模型；②优化工程设计方案；③模拟施工：从 3D 模型→4D 模型→5D 模型④强化造价管理（提高工程量计算准确性、BIM 自动算量功能、合理安排资源计划、控制工程设计变更、有效支持多算对比、积累和共享历史数据）。基于 BIM 的自动算量功能，可使工程量计算工作摆脱人为因素影响，得到更加客观的数据。

【本题答案】D

8.3.4　BIM 技术在项目跟踪阶段造价管理中的应用

本项目跟踪阶段，造价管理利用 BIM5D 协同管理平台，具体工作内容包括工程进度款支付预评审、工程变更签证测量和审核。

1. 工程进度款支付预评审

依据 BIM 模型结合施工单位申报情况及各参建方审批意见，合并相应施工任务清单，形成进度款支付清单，输出进度款核量清单及本期需结算的费用，以此作为进度款审核的资料依据。统计及详情如图 8.4 至图 8.6 所示。

图 8.4　BIM 模型展示工程进度

保障房土建部分每期产值对比汇总汇总						单位：万元
时间	BIM产值合计	跟踪产值合计	每期产值差值	BIM累计	跟踪累计	累计偏差
第一期	1204.86	1190.66	14.20	1204.86	1190.66	14.20
第二期	2609.83	2613.63	-3.80	3814.69	3804.30	10.39
第三期	2785.44	2787.07	-1.63	6600.13	6591.36	8.77
第四期	2526.51	2538.97	-12.46	9126.65	9130.34	-3.69
第五期	2490.15	2479.85	10.30	11616.80	11610.19	6.61
第六期	1520.55	1525.67	-5.12	13137.35	13135.86	1.50
第七期	1662.43	1651.05	11.38	14799.79	14786.91	12.88
第八期	1681.55	1683.72	-2.16	16481.34	16470.63	10.71
第九期	1741.83	1741.49	0.34	18223.17	18212.12	11.06
第十期	2291.24	2301.14	-9.90	20514.41	20513.26	1.15
第十一期	2964.20	2961.01	3.19	23478.61	23474.27	4.34
第十二期	472.26	472.62	-0.36	23950.87	23946.89	3.98
第十三期	1147.95	1154.65	-6.70	25098.81	25101.54	-2.72
第十四期	1299.59	1336.41	-36.82	26398.40	26437.95	-39.54
第十五期	1611.20	1408.27	202.93	28009.61	27846.21	163.39
合计	28009.61	27846.21	163.39			

图 8.5　各期产值对比分析

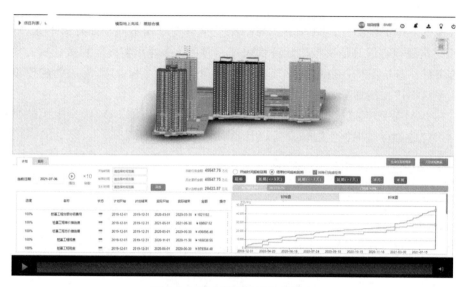

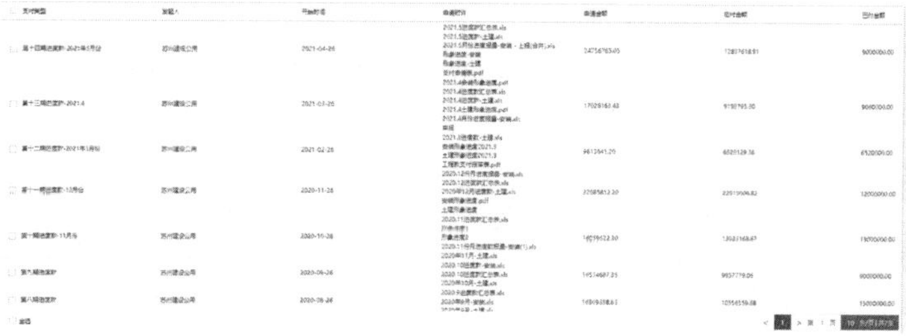

图 8.6　各期工程款支付情况

由此可见，BIM＋造价评审对进度款控制起到一定作用，利用 BIM 技术对项目资金进行提前计划，在审核过程中通过 BIM 平台直接了解项目资金及进度款支付情况，截止第十四期 BIM 工程量累计计划金额 33261.21 万元，BIM 审定累计金额 28009.61 万元，造价咨询审定金额 27846.21 万元。通过 BIM 平台数据分析，可以看出本项目进度稍有滞后，因此业主组织总包单位积极采取赶工措施。

BIM＋造价评审模式已初步成型，但完全实现 BIM 替代造价评审还有一定的差距，特选取 BIM 审定的产值和传统造价审定的产值的差值较大的部分进行详细原因分析。

(1) 地下主体工程部分，BIM 审核与跟踪造价审核方式不同。如有清单无模型构件，BIM 按照建筑面积，以其他模型构建替代表现，而造价跟踪以实际工程量计量。比如地下工程土方工程，基坑围护、措施费、规费等有清单无模型工程 BIM 无法创建模型，可根据地下工程面积按比例划分，用其他构件在项目上替代表示。

(2) 在 BIM 跟踪审核过程中，措施费和安全文明施工费等 BIM 模型上无法进行灵活拆分，但跟踪造价可以根据实际情况予以计量，如图 8.7 所示。

保障房地下工程第十四期产值审核								单位/万元
任务进度计划	分块	工程量	每一块金额	任务进度计划	分块	工程量	每一块金额	合计
1#楼地下室	S-21	548.00	323.16	1#楼、2#楼间地下车库	S-19	267.00	395.15	778.15
					S-20	210.00	383.01	
2#楼地下室	S-18	1366.00	482.19	6#、8#楼间及西侧地下车库	S-3	1145.00	640.15	995.33
					S-6	413.00	355.18	
3#楼地下室	S-17	462.00	192.54	7#楼北侧西侧地下库	S-1	543.00	420.51	623.37
					块二	304.00	202.86	
4#楼地下室	S-16	1355.00	498.61	3#、6#楼间地下车库	S-10	465.00	431.75	943.20
					S-13	262.00	511.45	
5#楼地下室	S-8	1058.00	305.56	5#、7#楼间地下车库	S-4	269.00	198.39	
					S-9	140.00	98.72	440.72
6#楼地下室	S-7	1199.00	422.54		S-5	170.00	143.61	
				5#楼西侧地下车库	S-11	308.00	410.84	1094.10
7#楼地下室	S-2	2524.00	378.42		S-12	254.00	683.26	
				2#、8#楼间地下车库	S-14	472.00	452.47	818.76
8#楼地下室	块三	2314.00	462.90		S-15	260.00	366.29	
人防单价措施费	397.47			非人防单价措施费	500.97			
人防总价措施费	244.20			非人防总价措施费	337.34			
人防规费	159.29			非人防规费	222.64			
人防税金	398.68			非人防税金	557.25			
	未完成							
	已完成							
	本期完成							
基坑围护工程单价措施费	6.88		土方工程分部分	610.51	桩基工程单价	6.89		
基坑围护工程分部分项费用	729.06		土方工程单价措	183.76	桩基工程分部	1021.10		
基坑围护工程规费	11.82		土方工程规费	12.69	桩基工程规费	16.50		
基坑围护工程税金	70.11		土方工程税金	75.29	桩基工程税金	97.94		
基坑围护工程总价措施费	31.28		土方工程总价措	29.63	桩基工程总价	43.69		

图 8.7　地下室进度款 BIM 审核表

(3) 地上主体工程部分，BIM 审核与跟踪造价审核方式不同。施工单位在进度款申报过程中一层楼做完一半也予申报，跟踪审计可根据实际完成情况审核半层，BIM 无法根据实际情况拆分，BIM 将本期完成的一半工程不计量，汇入下期计量（或者本期计量下期扣除），如图 8.8 所示。

时间第十期11月份													
	BIM平台	有清单有模型		有清单，无模型按总建筑面积				跟踪审计					综合合计单位：元
	形象进度	分部分项		分部分项其他	单价措施其他	砼其他	BIM与跟踪主体结构工程量对比偏差原因	分部分项		分部分项其他	单价措施其他	砼其他	跟踪审计按照合同总价百分比，换算楼层
		主体结构	二次结构					主体结构	二次结构				
1号楼/27层	本月完成	工程量	工程量	工程量/m^3	工程量/m^3	工程量/m^3		工程量	工程量	工程量	工程量	工程量	
	16-20层	649.40	254.26		707.12	1767.79		650.74	306.17			45.74	5.00
	5层	综合合价	综合合价	综合合价	综合合价	综合合价		综合合价	综合合价	综合合价	综合合价	综合合价	3.00
	二次1-5层	1526279.51	353149.33		141945.82	13881.09		1630564.14	325822.85		145631.28	11777.63	
2号楼/27		工程量	工程量	工程量/m^3	工程量/m^3	工程量/m^3		工程量	工程量	工程量	工程量	工程量	
	16-19层	547.60	212.98		753.98	1507.96		556.25	402.97			159.58	5.00
	4层	综合合价	综合合价	综合合价	综合合价	综合合价		综合合价	综合合价	综合合价	综合合价	综合合价	7.00
	二次1-4层	1264564.24	293826.09		147937.17	10457.81		1397825.76	359255.38		129823.02	17367.97	
3号楼/24		工程量	工程量	工程量/m^3	工程量/m^3	工程量/m^3		工程量	工程量	工程量	工程量	工程量	
	19-23层	622.17	254.17		696.53	1741.31		629.39	633.43			13.26	5.00
	5层	综合合价	综合合价	综合合价	综合合价	综合合价		综合合价	综合合价	综合合价	综合合价	综合合价	9.00
	二次1-5层	1484957.29	344362.23		135608.74	13602.83		1671125.38	614796.30		161464.96	8124.25	
4号楼/23		工程量	工程量	工程量/m^3	工程量/m^3	工程量/m^3		工程量	工程量	工程量	工程量	工程量	
	14-18层	1172.70	525.01		1292.72	3231.79		1171.07	499.92			78.08	5.00
	5层	综合合价	综合合价	综合合价	综合合价	综合合价		综合合价	综合合价	综合合价	综合合价	综合合价	4.00
	二次1-5层	2856900.65	683993.53		205434.40	36370.67		2981035.07	461448.38		193837.00	47166.31	
5号楼/27		工程量	工程量	工程量/m^3	工程量/m^3	工程量/m^3		工程量	工程量	工程量	工程量	工程量	
	17-20层	547.64	217.05		753.98	1507.96		556.25	293.28			167.41	4.00
	4层	综合合价	综合合价	综合合价	综合合价	综合合价		综合合价	综合合价	综合合价	综合合价	综合合价	6.00
	二次1-4层	1277402.60	298022.67		150239.92	10617.10		1427882.76	268610.89		122682.19	18542.70	
6号楼/22+27		工程量	工程量	工程量/m^3	工程量/m^3	工程量/m^3		工程量	工程量	工程量	工程量	工程量	
	16-19层	972.84	396.24		1411.70	2823.39		972.66	478.34			761.64	4.00
	4层	综合合价	综合合价	综合合价	综合合价	综合合价		综合合价	综合合价	综合合价	综合合价	综合合价	3.00
	二次1-4层	2318185.54	535126.09		239949.14	32493.45		2489727.79	493486.30		183237.06	70370.52	
7号楼/27		工程量	工程量	工程量/m^3	工程量/m^3	工程量/m^3		工程量	工程量	工程量	工程量	工程量	
	18-22层	1236.66	520.47		1298.93	3247.33	[illegible]	1186.63	605.74			29.90	4.50
	5层	综合合价	综合合价	综合合价	综合合价	综合合价		综合合价	综合合价	综合合价	综合合价	综合合价	6.00
	二次1-5层	3045974.33	705268.08		224310.08	38678.45		3069051.31	504641.62		218039.36	19139.36	
8号楼/22+27		工程量	工程量	工程量/m^3	工程量/m^3	工程量/m^3		工程量	工程量	工程量	工程量	工程量	
	18-22层	1235.08	587.12		1440.90	3602.25	[illegible]	1047.59	453.93			864.78	4.00
	5层	综合合价	综合合价	综合合价	综合合价	综合合价		综合合价	综合合价	综合合价	综合合价	综合合价	3.00
	二次1-5层	3003246.61	773642.17		243760.76	40888.67		2692888.47	432135.06		189424.80	79028.06	
单位工程产值合计		16777510.77	3987390.19		1489186.02	196990.06		17360100.69	3458196.78		1344139.67	271516.81	
本期地上产值合计				22451077.04						22433953.95			
本期地上产值	17123.09												

图 8.8　地上部分进度款 BIM 审核表

（4）二次结构和装饰装修工程部分，BIM审核与跟踪造价审核方式不同。BIM模型可挂接的进度计划均按照楼层进行划分，BIM在审核施工单位时，需确认某一层是否完成且合格方能计算确认的工程量。而造价审核可以按照工艺流程来划分，比如5层的ALC墙已经完成，但5层的腰梁未完成，造价审核时可以确认5层的ALC墙完成，审核为已完成的工程量，腰梁作为未完成的工程量，如图8.9所示。

楼号	植筋	导墙	ALC墙体	腰梁下墙体	腰梁上墙体	构造柱浇筑
1#楼	2-27F	2-27F	完成	2-27F	2~22F	2~18F
2#楼	2-27F	2-27F	完成	2~26F	2~21F	2~17F
3#楼	完成	完成	完成	完成	完成	2~21F
4#楼	完成	完成	完成	2~23F	2~21F	2~19F
5#楼	2~27F	完成	2~21F	2~26F	2~24F	2~20F
6#楼	2~27F	2~27F	2~19F	2~26F	2~24F	2~18F
7#楼	2~27F	完成	2~21F	2~25F	2~21F	2~16F
8#楼	2~机房层	完成	2~21F	2~25F	2~22F	2~16F
9#楼	完成	完成		完成	完成	一、二、三层完成

图8.9　二次结构施工进度表

根据以上分析BIM技术虽不能完全替代造价跟踪，但在进度款审批过程中仍能起到很大的作用，为各参建单位进度款支付提供有力的参考依据，加快进度款审核流程，借助BIM平台进度款审批流程，提高审批效率并及时存档，流程数据有迹可循，为后期项目结决算阶段提供重要数据。协助业主在事前、事中、事后对造价全方面控制。

特别提示

从本项目中可以看出，未来的造价咨询将不仅仅局限于传统造价，应用BIM技术实现更好的造价管理将势在必行。

2. 工程变更签证测量和审核

利用BIM三维技术，辅助计量及签证变更审核，并将变更签证录入到协同管理平台中，作为电子存档，方便业主和各参建单位的查阅。已录入的变更签证如图8.10所示。

签证编号	签证主题	发起单位	发起时间	申报金额	评审金额
016	签证014	苏州建设集团项目部	2021-03-29	22597.11	12249.86
012	结变07	苏州建设集团项目部	2021-03-29	857251.21	283823.72
011	工程量清单差错、漏项	苏州建设集团项目部	2021-04-01	9460466.66	8037256.26
010	签证009	苏州建设集团项目部	2021-03-29	196897.91	156155.81
009	结变03、签证单008	苏州建设集团项目部	2021-03-29	917460.56	788689.62
008	结变06、建变03	苏州建设集团项目部	2021-04-01	2892732.93	1973870.23
007	地上土建图纸会审	苏州建设集团项目部	2021-04-01	1430887.63	1186719.81
006	签证单005、签证单006、签证单006-01	苏州建设集团项目部	2021-03-29	61124.77	58170.95
005	结变04、结修01、结施第1号（人防）、建施第1号（人防）	苏州建设集团项目部	2021-03-29	664908.04	642967.65
004	地下土建图纸会审	苏州建设集团项目部	2021-03-29	534782.86	498469.57
当页合计				17039109.68	14408373.48
总计				15174061.91	12238240.01

全选　< 1 2 > 第 1 页　10 条/页 | 共13条

图8.10　已录入的变更签证

本项目的造价管理通过应用BIM技术，累计提出234个图纸问题，提交了各阶段汇报文件共19份，预计缩短工期约30天，减少了约50个签证，实际为业主节省约400万成本。因此可见BIM技术极大的提高了造价管理的成果，使得项目的成本在可控的情况下大大减少，由此产生的直接经济效益和间接经济效益将是以往没有BIM技术的造价管理所无法比拟的。

【案例概况】

某省的一项为70年大庆献礼工程，由于结构主体过于庞大和施工技术的复杂性，用传统的施工方案很难达到理想的施工效果，项目为了在保证施工质量的同时，合理规划施工变更、避免管线碰撞、保证按时完工等，项目团队运用BIM深化设计模型在施工阶段对设计方案的构造方式、工艺做法和工序安排进行优化，使深化设计后出具的模型完全具备可实施性，满足施工单位能按模型施工的严格要求，同时通过对深化设计，充分详细的对复杂节点、剖面进行优化补充，对工程量清单中未包括的施工内容进行补漏改造，准确调整施工预算；补充、完善及优化，进一步明确机电与装饰、土建和幕墙等其他专业各自的工作面，明确彼此可能交叉施工的内容，为各专业顺利配合施工创造有利条件。

【问题】

（1）简述传统工程造价管理存在的不足。

（2）简述BIM技术在工程造价管理的施工阶段的应用。

【案例解析】

1. 传统的造价管理在建筑项目中长期占据主导地位，但随着项目复杂度的提升和行业对精细化管理的需求增加，其不足之处逐渐显现。首先，传统造价管理主要依赖人工计算工程量，这种方法不仅效率低下，而且容易因人为因素导致计算错误，尤其是在面对复杂项目时，误差可能进一步放大。其次，传统造价管理缺乏有效的动态监控机制，难以实时反映项目成本的变化情况。一旦项目出现设计变更或施工调整，造价更新往往滞后，导致成本控制失去时效性和准确性。再次，传统造价管理在信息整合方面存在缺陷，不同阶段的造价数据难以有效衔接，设计、施工和运营阶段的成本信息无法形成统一的协同体系，各部门之间的信息孤岛问题严重，沟通成本高且容易出现信息不对称。最后，传统造价管理对风险的识别和应对能力较弱，难以对项目全生命周期内的成本风险进行全面评估和有效控制。这些不足使得传统造价管理在现代建筑项目中面临诸多挑战，难以满足精细化、动态化和协同化管理的要求。具体总结为传统工程造价管理存在以下不足之处。

（1）信息共享与协同效率低

（2）工作效率低

（3）数据准确性差

（4）风险控制能力弱

（5）数据管理复杂

（6）结算过程复杂

（7）初期规划不足

2. 在施工阶段，BIM技术为造价管理提供了强大的支持，显著提升了成本控制的效率和准确性。通过BIM模型，项目团队可以实现动态的成本管理和监控，实时跟踪施工过程中的成本变化。BIM技术能够将施工进度与成本数据进行集成，实现成本与进度的一

第8章 BIM技术用于造价管理：数字造价的拓展

体化管理，及时发现成本偏差和风险，并采取相应措施进行调整。此外，BIM模型的可视化功能可以帮助团队直观了解各个构件和材料的成本分布，从而对成本较高的部分进行优化。在施工过程中，BIM技术的碰撞检测功能可以提前发现设计与施工之间的冲突，避免因施工错误导致的返工和额外成本，进一步优化资源利用。这些应用不仅提高了造价管理的精细化水平，还为项目团队提供了更全面的决策支持，有效降低了成本超支的风险。BIM技术在工程造价管理的施工阶段的应用主要总结为以下四方面：

（1）BIM技术可用于施工方案模拟与优化。
（2）BIM技术可用于变更管理。
（3）BIM技术可用于进度款结算。
（4）BIM技术可用于动态成本分析。

本章小结

将BIM技术应用于造价管理是建筑行业数字化转型的重要举措。通过BIM技术的三维可视化、信息集成与动态更新功能，能够有效提升工程量计算的精准度和效率，实现造价管理从传统静态模式向全过程动态管控的转变。它不仅促进了项目各参与方之间的信息共享与协同工作，还为成本控制和决策优化提供了有力支持。尽管在应用过程中仍面临技术难度、数据标准化以及行业认知等方面的挑战，但随着技术的持续进步、人才的培养和行业标准的完善，BIM技术必将在造价管理中发挥更大的价值，推动建筑行业向更高效、更精准、更可持续的方向发展。

习 题

第8章 习题测试

一、单选题

1. BIM技术是指（　　）。
   A. 三维动画技术　　　　　　　　B. 建筑透视化技术
   C. 建筑信息化模型技术　　　　　D. 施工跟踪表达技术

2. BIM技术是一个（　　）模型，涵盖了建筑项目的几何信息、空间关系、地理信息、建筑构件的属性信息（如材料、性能、成本等）以及项目全生命周期中的时间信息（如施工进度、运维计划等）。
   A. 集成的数字信息　　B. 整合的动画漫游　　C. 传统的审查　　D. MagiCAD

3. 以下不属于BIM技术特点的是（　　）。
   A. 可视化　　　　B. 协同化　　　　C. 降本化　　　　D. 简洁化

4. 在现代工程造价管理的过程中，（　　）管理是非常关键的。
   A. 开放化　　　　B. 分类化　　　　C. 精细化　　　　D. 模拟化

5. BIM技术在投资决策阶段主要运用于（　　）
   A. 准确的算出工程量　　　　　　B. 核对工程进度款
   C. 进行施工成本误差分析　　　　D. 估算工程造价

6. 下列不属于BIM技术在工程造价管理的主要运用阶段是（　　）

A. 选址阶段　　　　B. 决策阶段　　　　C. 施工阶段　　　　D. 竣工阶段

二、多选题

1. 下列属于 BIM 技术的特点的是（　　）。
   A. 可视化　　　　B. 降本化　　　　C. 仿真化
   D. 集成化　　　　E. 高效化

2. 利用 BIM 技术可以降低（　　）。
   A. 资金风险　　　B. 成本　　　　　C. 能源损耗
   D. 对环境的污染　E. 预算的精确度

3. 在施工阶段，施工企业主要采用 BIM 模型（　　）工作高效有序实施。
   A. 控制施工成本　B. 二次搬运　　　C. 实现物资采购
   D. 施工部署　　　E. 统计

4. BIM 技术在造价管理中的宏观价值有（　　）。
   A. 帮助工程造价单位进入实时、动态、准确分析的时代
   B. 建设、施工、咨询单位的造价管理能力提升，大量节约投资
   C. 整个建筑业的透明度将大幅度提高，招投标和采购腐败大为减少
   D. 有利于低碳建造，建造过程能更加精细
   E. 基于 BIM 的自动化算量方法将造价工程师从繁琐的劳动中解放出来，为造价工程师节省更多的时间和精力用于更有价值的工作

5. BIM 技术在造价管理中的宏观价值有（　　）。
   A. 提高工程量计算的准确性　　　　B. 合理安排资源、加快项目进度
   C. 有效控制设计变更　　　　　　　D. 对项目多算对比有效支撑
   E. 实现历史数据积累和共享

6. BIM 技术可以运用到工程造价管理的哪些阶段？（　　）
   A. 决策阶段　　　B. 设计阶段　　　C. 招标阶段
   D. 施工阶段　　　E. 竣工阶段

三、简答题

1. 简述 BIM 技术的含义。
2. BIM 技术有哪些特点？
3. 简述 BIM 技术在工程造价管理中的宏观价值与微观价值。
4. BIM 技术的全过程造价管理主要包括了哪些阶段？

工作任务单 编制 BIM 概算工程量校验报告

任务名称	编制 BIM 概算工程量校验报告
任务目标	1. 能够根据给定的背景资料，以小组为单位完成 BIM 概算工程量校验报告的编制工作。 2. 需要小组全体成员共同参与，确保团队具备必要的专业技能和知识。 3. 收集施工作业模型、地方定额、项目分部分项工程清单划分、特殊构件信息等资料，为工程量统计提供基础数据。 4. 建立精度为 LOD300 的 BIM 模型，模型中须包含柱、梁、板、墙等基本组件，并建立房间组件以方便装修工程的数量计算。 5. 在 BIM 模型组件中加入工项名称、尺寸参数和未建立的实体组件的工项尺寸及参数，确保模型能够准确反映实际工程量。 6. 在 Revit 中启动明细表功能，根据拟计算的工项进行筛选，归类包含该工项的组件。 7. 使用 CD-IFC 模型质量自检工具对模型进行质量检查，确保模型符合规范要求。 8. 使用极智 BIMDesign 报建交付软件进行项目基点设置和房间布置，确保模型拆分时不会出现房间丢失的情况。 9. 按照专业要求对模型进行拆分，确保各专业模型的完整性和准确性。
任务内容	1. 工程名称：某商业综合体房建项目。 2. 建设地点：××省××市××区。 3. 项目批准文号：有。 4. BIM 试点工作文件：有。 5. 参建单位：略。 6. 总投资：约 120000 万元。 7. 建设规模：占地面积为 3.3 万 m^2，总建筑面积约 9.8 万 m^2，容积率 2.7。该工程包括：地上六层裙楼建筑上建公寓（西楼）、写字楼（东楼）两座塔楼，外加配套服务用房，配电房，消控及监控室和地下汽车库（含人防地库）等项目土建、安装施工总承包工程。地下室地下 1 层，地上最高 26 层。 8. 结构类型：主体结构为钢筋混凝土框架结构；基础类型：桩基础。 9. 合同工期：790 日历天。 本项目概算总金额为 65543.35 万元，其中工程建设费用 40565.28 万元，校验金额为 10583.5 万元，校验率 26.09%。主要内容包括土建和安装两大专业，涵盖地下和地上全部区域，模型元素包括墙梁板柱、垫层、门窗、管道、桥架、风管、设备等。主要内容包括土建和安装两大专业，涵盖地下和地上全部区域，模型元素包括墙梁板柱、垫层、门窗、管道、桥架、风管、设备等。
任务分配 （由学生填写）	<table><tr><td>小组</td><td>任务分工</td></tr><tr><td></td><td></td></tr><tr><td></td><td></td></tr></table>

续表

任务实施 (由学生填写)	

任务小结 (由学生填写)	

任务完成评价

评分表

评价内容	评价标准	组别：		姓名：		
		自评	小组互评	教师评价		
				任课教师	企业导师	增值评价
职业素养	（1）学习态度积极，能主动思考，能有计划地组织小组成员完成工作任务，有良好的团队合作意识，遵章守纪，计20分； （2）学习态度较积极，能主动思考，能配合小组成员完成工作任务，遵章守纪，计15分； （3）学习态度端正，主动思考能力欠缺能配合小组成员完成工作任务，遵章守纪，计10分； （4）学习态度不端正，不参与团队任务，计0分。					
成果	校验报告（校核、审核）无误，无返工，报告填写规范，工程量计算准确，字迹工整，如有错误按以下标准扣分，扣完为止。 （1）计算列表按规范编写，正确得10分，每错一处扣2分； （2）报告填写过程中每处错误扣5分。					
综合得分	综合得分＝自评分＊30％＋小组互评分＊40％＋老师评价分＊30％					

注：根据各小组的职业素养、成果给出成绩（100分制），本次任务成绩将作为本课程总成绩评定时的依据之一。

日期： 年 月 日

附录 AI 伴学内容及提示词

序号	AI 伴学内容	AI 提示词
1	AI 伴学工具	生成式人工智能（AI）工具，如 DeepSeek、Kimi、豆包、通义千问、文心一言、ChatGPT 等
2	第一章 工程造价控制：开启工程财富密码	工程造价管理的含义包括哪两个主要方面？
3		建设工程全面造价管理具体涵盖哪四个维度的管理？
4		全寿命周期造价管理中，成本覆盖的建设阶段有哪些？
5		全过程造价管理在设计阶段涉及哪些关键活动？
6		全要素造价管理的核心原则是什么？
7	第二章 工程造价构成：成本拼图大揭秘	土地使用费包括哪些组成部分？土地征用补偿费的计算标准如何确定？
8		与未来企业生产经营有关的费用主要包括哪些具体支出？如何估算这些费用？
9		在实行代建制的工程项目中，代建管理费的计列规则是什么？是否允许与管理费同时计列？
10		工程咨询服务费的定义是什么？其定价机制依据哪份国家文件规定？
11		专项评价费包含哪9类具体评价项目？请列举至少5项并简要说明其用途
12		危险与可操作性分析及安全完整性评价费适用于哪类工程项目？其评价重点是什么？
13	第三章 决策阶段控制：项目成败的分水岭	可行性研究的核心定义是什么？其在项目投资决策中的科学价值如何体现？
14		可行性研究报告如何作为环保审查和施工许可申请的基础文件？
15		可行性研究对降低投资风险的作用体现在哪些方面？列举3个典型风险控制场景
16		根据发改投资〔2006〕1325号文件，投资估算由哪三部分费用构成？
17		投资估算为何是可行性研究报告的关键组成部分？其对决策的影响体现在何处？

续表

序号	AI伴学内容	AI提示词
18	第四章 设计阶段控制：精打细算的设计之道	设计阶段为何被称为工程造价控制的"最重要阶段"？其控制目标的核心矛盾是什么？
19		工业建筑结构形式选择时，采用工业化体系建筑能带来哪些经济效益？
20		价值工程中"寿命周期成本"的具体构成要素有哪些？生产成本与使用成本如何影响最终产品价值？
21		多部门协作对价值工程实施有何关键作用？采购部门与财务部门分别贡献什么专业价值？
22		价值工程强调的"整体考虑"原则如何平衡生产企业与用户的利益冲突？
23	第五章 招投标阶段控制：博弈中的造价平衡	开标环节需遵守哪些法定程序以保证公平性？
24		公开招标相比邀请招标有何优势与局限？政府投资项目为何通常强制采用公开招标方式？
25		当工程量清单出现重大漏项时，根据单价合同与总价合同的不同约定，风险责任如何划分？
26		最高投标限价制度如何通过"价格透明化"破解传统标底模式下可能出现的围标问题？请从博弈论角度分析其抑制作用机理
27		如何通过"降低措施项目费"来提升报价竞争力？
28	第六章 施工阶段控制：技术与成本的双重把控之术	如何通过BIM技术优化施工阶段70%～80%工作量的监理效率？请列举三项关键技术应用点
29		若发包人要求取消某项工作并转由第三方实施，承包人可主张哪些索赔权利？
30		针对不利地质条件引发的索赔，承包人除勘察报告外需补充哪些关键证据？
31		哪些情况下工程量不予计量？
32		单价合同和总价合同的计量方式有什么区别？
33		如何通过资金计划预防工程资金浪费？
34	第七章 竣工验收阶段控制：工程造价的终极试炼场	为什么竣工决算能反映投资效益？
35		竣工决算对建设单位的核心作用是什么？
36		竣工决算与竣工结算在反映内容和作用上有何关键差异？
37		承包人拒绝维修缺陷时发包人如何处理？
38		工程渗漏案例中的责任如何认定？

续表

序号	AI伴学内容	AI提示词
39	第八章 BIM技术用于造价管理：数字造价的拓展	阻碍BIM技术在工程造价领域广泛应用的核心因素有哪些？
40		在施工阶段，如何利用BIM技术进行动态成本控制以减少变更和索赔风险？
41		BIM技术如何通过多源数据整合与方案模拟提升投资估算精度？请结合商业综合体案例说明
42		BIM模型为何能提高结算效率？
43		BIM模型生成的工程量清单相比传统手工算量有哪些优势？

参 考 文 献

崔武文，2010. 工程造价管理[M]. 北京：中国建材工业出版社.

柯洪，2022. 2022年版全国一级造价工程师职业资格考试应试指南：建设工程计价[M]. 北京：中国计划出版社.

全国造价工程师职业资格考试培训教材编审委员会，2023. 建设工程计价[M]. 3版. 北京：中国计划出版社.

王春梅，2015. 工程造价案例分析[M]. 2版. 北京：清华大学出版社.

王朝霞，张丽云，2022. 建筑工程定额与计价[M]. 6版. 北京：中国电力出版社.

袁建新，迟晓明，2008. 施工图预算与工程造价控制[M]. 2版. 北京：中国建筑工业出版社.

张凌云，2015. 工程造价控制：工程造价与工程管理类专业适用[M]. 3版. 北京：中国建筑工业出版社.

中国建设监理协会，2022. 建设工程投资控制：土木建筑工程[M]. 北京：中国建筑工业出版社.

中华人民共和国国家发展和改革委员会，中华人民共和国建设部，2006. 建设项目经济评价方法与参数[M]. 3版. 北京：中国计划出版社.